# Mathematik 6

**Autoren:**

Jochen Herling
Andreas Koepsell
Karl-Heinz Kuhlmann
Uwe Scheele
Wilhelm Wilke

**westermann**

Autoren der vorangegangenen Ausgabe von Mathematik 6:
Irmgard Eckelt, Jochen Herling, Karl-Heinz Kuhlmann, Ute Neuerbourg,
Uwe Scheele, Wilhelm Wilke

Zum Schülerband erscheint:
Arbeitsheft 6, Bestell-Nr. 123836
Arbeitsheft zum individuellen Fördern 6, Bestell-Nr. 125836
Lösungen 6 mit CD-ROM, Bestell-Nr. 291836

© 2007 Bildungshaus Schulbuchverlage
Westermann Schroedel Diesterweg Schöningh Winklers GmbH,
Georg-Westermann-Allee 66, 38104 Braunschweig
www.westermann.de

Das Werk und seine Teile sind urheberrechtlich geschützt. Jede Nutzung in
anderen als den gesetzlich zugelassenen bzw. vertraglich zugestandenen
Fällen bedarf der vorherigen schriftlichen Einwilligung des Verlages. Nähere
Informationen zur vertraglich gestatteten Anzahl von Kopien finden Sie auf
www.schulbuchkopie.de.

Für Verweise (Links) auf Internet-Adressen gilt folgender Haftungshinweis: Trotz
sorgfältiger inhaltlicher Kontrolle wird die Haftung für die Inhalte der externen
Seiten ausgeschlossen. Für den Inhalt dieser externen Seiten sind ausschließlich
deren Betreiber verantwortlich. Sollten Sie daher auf kostenpflichtige, illegale
oder anstößige Inhalte treffen, so bedauern wir dies ausdrücklich und bitten Sie,
uns umgehend per E-Mail davon in Kenntnis zu setzen, damit beim Nachdruck
der Verweis gelöscht wird.

Druck A[15] / Jahr 2024
Alle Drucke der Serie A sind im Unterricht parallel verwendbar.

Redaktion: Gerhard Strümpler
Herstellung: Reinhard Hörner
Typographie und Layout: Andrea Heissenberg, Jennifer Kirchhof, Braunschweig
Umschlaggestaltung: Andrea Heissenberg
Satz und Repro: media service schmidt, Hildesheim
Druck und Bindung: Westermann Druck GmbH,
Georg-Westermann-Allee 66, 38104 Braunschweig

ISBN 978-3-14-**121836**-7

# Zur Konzeption des neuen Unterrichtswerks Mathematik

Das neue Buch **Mathematik** lädt ein zum Entdecken, Lernen, Üben und Handeln.

Jedes Kapitel beginnt mit einer offen gestalteten **Doppelseite**, die sich als Denkanstoß zum projektorientierten Arbeiten eignet und zu einem Unterrichtsgespräch anregt.

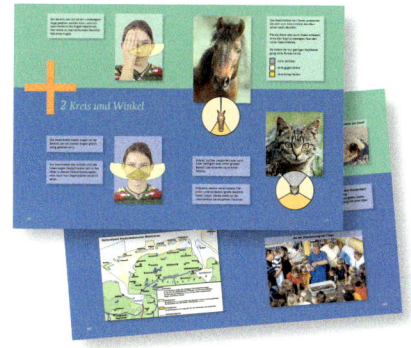

Anschließend werden die **grundlegenden Inhalte** erarbeitet und so anhand einfacher Übungsaufgaben die Grundvorstellungen bei den Schülerinnen und Schülern gefestigt.

Wichtige **Definitionen** und **Merksätze** stehen auf einem farbigen Fond, **Musteraufgaben** auf Karopapier, **Beispiele** sind hellgrün unterlegt.

Das **Grundwissen** enthält wichtige Ergebnisse und nützliche Verfahren des Kapitels.

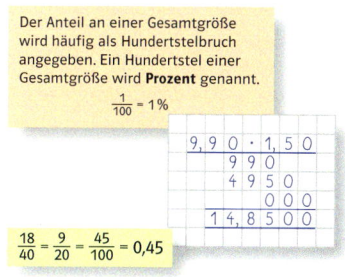

Beim **Üben und Vertiefen** wird das erworbene Wissen auf anspruchsvolle und problemhaltige Aufgaben angewendet.

Unter **Vernetzen** werden komplexe Aufgaben mit zusätzlichen mathematischen Inhalten bereitgestellt, die bisweilen auch andere Sozialformen und Unterrichtsmethoden verlangen.

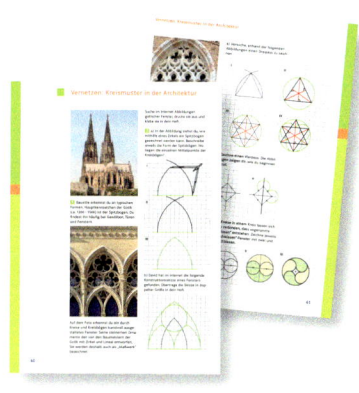

Die **Lernkontrolle** ermöglicht integrierendes Wiederholen auf zwei Lernniveaus:
In der **Lernkontrolle 1** sind Aufgaben aus dem jeweiligen Kapitel sowie Wiederholungsaufgaben zusammengefasst.
Die **Lernkontrolle 2** enthält auch vernetzte Übungen mit Themen aus früheren Kapiteln oder Jahrgängen.
Die Lösungen sind zur Selbstkontrolle am Ende des Buches angegeben.

Das neue Buch gibt auf speziellen Seiten ausführliche Hinweise zu den **prozessbezogenen Kompetenzen**, sei es zum sinnerfassenden Lesen (Seite 37), zur Gruppenarbeit (Seite 90), zu Ich-du-wir-Aufgaben (Seite 133, 167), zu Problemlösestrategien (Seite 163, 165) und zur Einführung in Geometriesoftware (Seite 55, 196, 197).

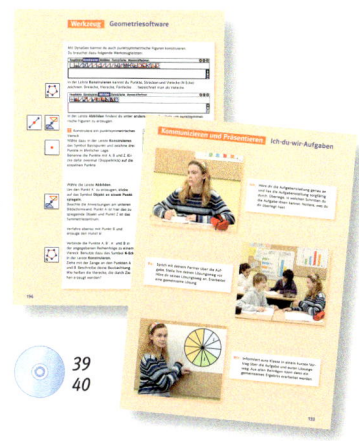

In der **mathematischen Reise** können die Schülerinnen und Schüler Gesetzmäßigkeiten spielerisch entdecken.

Das Kapitel **Wiederholung** am Ende des Buches enthält wesentliche Übungsaufgaben des vergangenen Schuljahres.

Mit der **CD** im Schülerband kannst du selbstständig am Computer üben. Gib nach dem Programmstart eine der Zahlen neben dem CD-Symbol ein, dann findest du schnell eine passende Übung.

# Inhalt

## 1 Dezimalzahlen

- 8 Die Olympiade im Altertum
- 10 Olympische Rekorde
- 12 Dezimalzahlen lesen und schreiben
- 13 Dezimalzahlen anordnen
- 15 Dezimalzahlen addieren und subtrahieren
- 16 Dezimalzahlen mit Zehnerzahlen multiplizieren und dividieren
- 17 Dezimalzahlen multiplizieren
- 19 Dezimalzahlen dividieren
- 21 Dezimalzahlen runden
- 22 Grundwissen: Dezimalzahlen
- 23 Üben und Vertiefen
- 24 Addieren und Subtrahieren
- 25 Multiplizieren und Dividieren
- 26 Verbindung der Grundrechenarten
- 27 Sachaufgaben
- 28 Vernetzen: Fußballbundesliga
- 30 Vernetzen: Einkaufen im Supermarkt
- 33 Vernetzen: Rechnen mit Näherungswerten
- 36 Vernetzen: Die Honigbiene
- 38 Lernkontrolle

## 2 Kreis und Winkel

- 40 Gesichtsfelder
- 42 Wir bestimmen die Größe unseres Gesichtsfeldes
- 45 Kreise
- 47 Kreisfiguren
- 48 Winkel
- 49 Winkel bezeichnen
- 50 Winkelgrößen bestimmen
- 51 Winkelgrößen mit der Winkelscheibe darstellen
- 52 Winkel messen und zeichnen
- 55 Geometriesoftware: Winkel messen
- 56 Grundwissen: Kreis und Winkel
- 57 Üben und Vertiefen
- 60 Vernetzen: Kreismuster in der Architektur
- 62 Vernetzen: Winkel in ebenen Figuren
- 64 Vernetzen: Orientieren mit Winkeln
- 66 Lernkontrolle

## 3 Brüche

- 68 Tangram
- 70 Brüche und Tangram
- 71 Brüche im Rechteck darstellen
- 72 Brüche darstellen
- 73 Erweitern und Kürzen
- 74 Brüche vergleichen
- 75 Gemischte Zahlen
- 76 Brüche an der Wäscheleine anordnen
- 77 Brüche am Zahlenstrahl
- 78 Bruchteile berechnen
- 79 Das Ganze bestimmen
- 80 Brüche und Dezimalzahlen
- 82 Brüche und Prozentzahlen
- 83 Grundwissen: Brüche
- 84 Üben und Vertiefen
- 87 Sachaufgaben
- 88 Vernetzen: Die Kettenschaltung
- 90 Kommunizieren und Präsentieren: Gruppenarbeit
- 91 Vernetzen: Periodenkreise
- 92 Lernkontrolle

## 4 Daten und Zufall

- 94 Zufallsexperimente
- 96 Wir untersuchen unser Glück
- 100 Zufallsexperimente und ihre Ergebnisse
- 101 Zufallsexperimente durchführen und auswerten
- 103 Arithmetisches Mittel
- 105 Median
- 106 Wahrscheinlichkeiten bestimmen*
- 109 Wahrscheinlichkeiten schätzen*
- 110 Grundwissen: Daten und Zufall
- 111 Grundwissen: Wahrscheinlichkeit
- 112 Üben und Vertiefen
- 116 Vernetzen: Daten aus Deutschland
- 118 Lernkontrolle

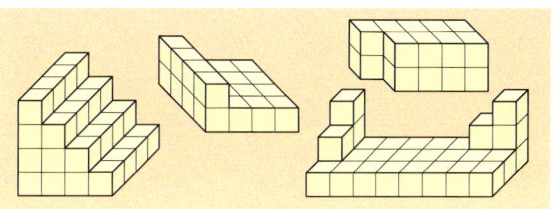

## 6 Körper und Flächen

- 138 Aquarien
- 140 Das neue Aquarium
- 142 Oberflächeninhalt von Quadern
- 143 Oberflächeninhalt von Quader und Würfel
- 145 Rauminhalte vergleichen
- 147 Raumeinheiten
- 148 Raumeinheiten umwandeln
- 150 Volumen von Quader und Würfel
- 151 Grundwissen: Körper und Flächen
- 152 Üben und Vertiefen
- 155 Vernetzen: Aquarium
- 157 Vernetzen: Niederschläge
- 158 Lernkontrolle

## 5 Brüche addieren und subtrahieren

- 120 Bruchteile
- 122 Gleichnamige Brüche addieren und subtrahieren
- 124 Ungleichnamige Brüche addieren und subtrahieren
- 126 Grundwissen: Brüche addieren und subtrahieren
- 127 Üben und Vertiefen
- 129 Sachaufgaben
- 130 Vernetzen: Mixgetränke
- 131 Vernetzen: Handball spielen
- 132 Vernetzen: Das Testament des Ali Baba
- 133 Kommunizieren und Präsentieren: Ich, du, wir-Aufgaben
- 134 Lernkontrolle
- 136 Mathematische Reise: Bruchrechnen in Ägypten

## 7 Sachprobleme

- 160 Auf Klassenfahrt
- 162 Sachprobleme erfassen und erkunden
- 164 Sachprobleme durch Schätzen, Messen und Überschlagen lösen
- 168 Sachprobleme durch Vorwärts- und Rückwärtsrechnen lösen
- 170 Sachprobleme durch Probieren lösen
- 172 Wir beobachten das Wetter
- 174 Das Wetter im Jahresverlauf
- 176 Temperaturänderungen
- 178 Das Wetter in Europa

# Inhalt

**8 Symmetrien und Muster**

- 180 Die Alhambra
- 182 Muster entwerfen
- 184 Verschiebung
- 186 Spiegelung
- 187 Spiegelbilder zeichnen
- 189 Eigenschaften der Achsenspiegelung
- 190 Drehung*
- 192 Drehsymmetrische Figuren*
- 193 Punktsymmetrie
- 195 Grundwissen: Symmetrie
- 196 Werkzeug: Geometriesoftware
- 197 Geometriesoftware: Punktsymmetrische Figuren konstruieren
- 198 Üben und Vertiefen
- 199 Vernetzen: Abbildungen und Symmetrie
- 200 Lernkontrolle

**Wiederholung**

- 218 Natürliche Zahlen
- 219 Addieren und Subtrahieren
- 220 Schriftliches Addieren und Subtrahieren
- 221 Multiplizieren und Dividieren
- 222 Schriftliches Multiplizieren und Dividieren
- 223 Längen
- 224 Umfang und Flächeninhalt von Rechteck und Quadrat
- 226 Geometrische Grundbegriffe

- 228 Lösungen zu den Lernkontrollen
- 237 Register
- 239 Bildquellennachweis

\* kein verpflichtender Lerninhalt in NRW

**9 Teiler und Vielfache**

- 202 Rund um Zahlen
- 204 Teiler und Primzahlen
- 206 Größter gemeinsamer Teiler und kleinstes gemeinsames Vielfaches
- 207 Teilbarkeitsregeln
- 208 Grundwissen: Teiler und Vielfache
- 209 Üben und Vertiefen
- 211 Vernetzen: Primzahlen entdecken
- 212 Vernetzen: Brüche und Teilbarkeit
- 213 Vernetzen: Tüftelaufgaben
- 214 Lernkontrolle
- 216 Mathematische Reise: Primzahlen

## Mathematische Zeichen und Gesetze

**Mengen**
$M = \{4, 5, 6, 7\}$    Menge aus den Elementen 4, 5, 6 und 7 in aufzählender Form
$\mathbb{N} = \{0, 1, 2, 3, \ldots\}$    Menge der natürlichen Zahlen
L    Lösungsmenge für eine Gleichung bzw. Ungleichung
{ }    leere Menge

**Beziehungen zwischen Zahlen**
    $\approx$    nahezu gleich
$a = b$    a gleich b        $a > b$    a größer als b
$a \neq b$    a ungleich b    $a < b$    a kleiner als b

**Verknüpfungen von Zahlen**
$a + b$    Summe *(lies:* a plus b)        $a \cdot b$    Produkt *(lies:* a mal b)
$a - b$    Differenz *(lies:* a minus b)    $a : b$    Quotient *(lies:* a geteilt durch b)

**Rechengesetze**
Vertauschungsgesetz (Kommutativgesetz)
$3 + 7 = 7 + 3$        $3 \cdot 7 = 7 \cdot 3$

Verbindungsgesetz (Assoziativgesetz)
$3 + (7 + 5) = (3 + 7) + 5$        $3 \cdot (7 \cdot 5) = (3 \cdot 7) \cdot 5$

Verteilungsgesetz (Distributivgesetz)
$6 \cdot (8 + 5) = 6 \cdot 8 + 6 \cdot 5$        $6 \cdot (8 - 5) = 6 \cdot 8 - 6 \cdot 5$

**Geometrie**
A, B, C, …    Punkte
$\overline{AB}$    Strecke mit den Endpunkten A und B
AB    Gerade durch die Punkte A und B
$\overrightarrow{AB}$    Strahl
g, h, k, …    Geraden
$g \parallel k$    g ist parallel zu h
$g \perp h$    g ist senkrecht zu k
P (3 | 4)    Punkt im Koordinatensystem mit den Koordinaten
    3 (x-Wert) und 4 (y-Wert)

$\alpha, \beta, \gamma, \delta$
$\measuredangle$ ASB        Winkel
$\measuredangle$ (a, b)

Über 1000 Jahre lang, von 776 v. Chr. bis 395 n. Chr., fanden in Olympia, einem Ort in Griechenland, alle vier Jahre im Spätsommer die Olympischen Spiele statt. Der Sage nach wurden sie von Herakles, dem griechischen Helden, zu Ehren des Gottes Zeus gegründet. Neben den Sportstätten stand ein Tempel mit einer 13 Meter hohen Statue des Zeus aus Elfenbein und Gold, die zu den sieben Weltwundern zählte.

# 1 Dezimalzahlen

Die Sportler kamen aus ganz Griechenland und den griechischen Kolonien rund um das Mittelmeer. Frauen durften damals an den Olympischen Spielen nicht teilnehmen.
In ihrer Heimat bereiteten sich die Sportler sorgfältig auf die Olympischen Spiele vor. Die meisten von ihnen besuchten Sportschulen, in denen sie von Trainern und Ärzten betreut wurden.

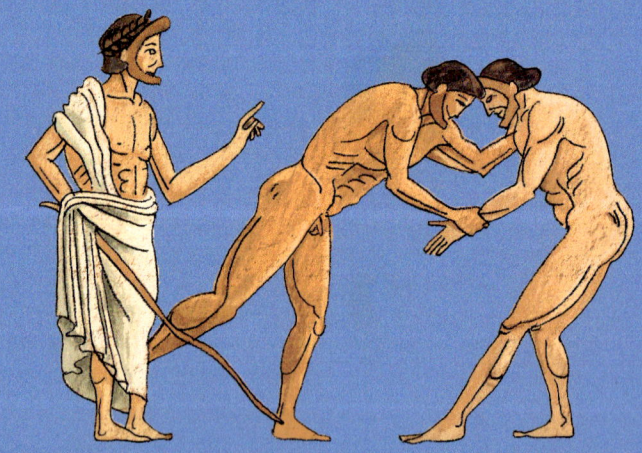

Das Programm der Olympischen Spiele sah verschiedene Laufwettbewerbe, Weitsprung sowie Speer- und Diskuswerfen vor. Darüber hinaus gab es Wettkämpfe im Ringen und Boxen, aber auch Pferde- und Wagenrennen.
Neben den sportlichen Wettkämpfen fanden auch Vorträge von Dichtern und Gelehrten statt.

Welcher Sportler einen Wettbewerb gewonnen hatte, wurde von Kampfrichtern entschieden. Die Kampfrichter mussten sich zu Beginn der Spiele durch einen Eid dazu verpflichten, unparteiisch zu urteilen. Ein Olympiasieger wurde mit einem Siegerkranz geehrt, der aus den Zweigen des heiligen Ölbaums beim Tempel des Zeus hergestellt war. Der Zweite und Dritte eines Wettbewerbs wurden nicht besonders ausgezeichnet.
Wer einen Olympiasieg errungen hatte, war bei allen Griechen hoch angesehen.

# Olympische Rekorde

Im Jahr 1896 fanden die ersten Olympischen Spiele der Neuzeit statt. Ihr Zeichen ist die olympische Flagge mit den fünf verschieden farbigen ineinander verschlungenen Ringen, die die fünf Erdteile darstellen. Seit 1924 gibt es zusätzlich die Olympischen Winterspiele. Die Anzahl der Sportarten und der Teilnehmer ist ständig gewachsen. Bei den Olympischen Spielen 2004 in Athen nahmen über 10 000 Sportler aus 202 Ländern an 301 Wettbewerben teil.

Heute werden bei Olympischen Spielen die Ergebnisse in vielen Sportarten, z. B. beim Laufen, Schwimmen und Rodeln, mithilfe moderner Messtechnik bestimmt. Dabei werden Zeiten auf hundertstel oder sogar tausendstel Sekunden genau gemessen.

Lies die Zeiten der Schwimmerinnen.

| Olympische Spiele 2004 50 m Freistil | | |
|---|---|---|
| Gold | Inge de Bruijn | 24,58 s |
| Silber | Malia Metella | 24,89 s |
| Bronze | Lisbeth Lenton | 24,91 s |

# Olympische Rekorde

In Athen siegte Julija Njeszjarenka beim 100-Meter-Lauf in 10,93 Sekunden und erhielt die Goldmedaille. Die Zweite war drei hundertstel Sekunden langsamer, die Dritte vier hundertstel Sekunden langsamer als die Siegerin.
Welche Zeiten erreichten Lauryn Williams und Veronica Campbell?

| 100-m-Lauf | |
|---|---|
| Gold | Julija Njeszjarenka |
| Silber | Lauryn Williams |
| Bronze | Veronica Campbell |

Am 18.10.1968 stellte Bob Beamon in Mexiko mit 8,90 m einen Weltrekord im Weitsprung auf, der erst 23 Jahre später übertroffen wurde. Die Messanlage war damals nur 8,50 m lang. Wie viel Zentimeter fehlten den Olympiasiegern an Bob Beamons Rekord?

| Weitsprung | | |
|---|---|---|
| 1972 | Randy Williams | 8,24 m |
| 1980 | Lutz Dombrowski | 8,54 m |
| 1988 | Carl Lewis | 8,72 m |
| 2004 | Dwight Phillips | 8,59 m |

Bei den Olympischen Winterspielen 2006 in Turin gewann der Italiener Armin Zöggeler die Goldmedaille im Rodeln der Einsitzer. Bei diesem Wettbewerb fahren alle Teilnehmer vier Mal über die Rodelbahn. Bei welchem Lauf war Zöggeler am schnellsten, bei welchem am langsamsten?

| Zeiten von Armin Zöggeler | |
|---|---|
| 1. Lauf | 51,718 s |
| 2. Lauf | 51,414 s |
| 3. Lauf | 51,430 s |
| 4. Lauf | 51,526 s |

# Dezimalzahlen lesen und schreiben

*Dreiunddreißig Komma neun fünf zwei Sekunden, das ist Weltrekord!*

**Olympische Spiele 2004 Radsport**

**500-m-Zeitfahren der Frauen**

| 1 | Anna Meares | 33,952 s |
| 2 | Yonghua Jiang | 34,112 s |
| 3 | Natalja Zylinskaja | 34,167 s |
| 4 | Simona Krupeckaite | 34,317 s |
| 5 | Yvonne Hijgenaar | 34,532 s |
| 6 | Victoria Pendleton | 34,626 s |
| 7 | Lori-Ann Muenzer | 34,628 s |
| 8 | Nancy Contreras Reyes | 34,783 s |

**1** Lies die Zeiten der Radsportlerinnen.

**2** In der Abbildung siehst du eine Stellenwerttafel, die nach rechts erweitert ist. Hinzugekommen sind die Zehntel (z), Hundertstel (h), Tausendstel (t), …

| H | Z | E | z | h | t | |
|---|---|---|---|---|---|---|
| 100 | 10 | 1 | $\frac{1}{10}$ | $\frac{1}{100}$ | $\frac{1}{1000}$ | |
| | | | 1 | 8 | | 1,8 |
| | | | 2 | 3 | 6 | 2,36 |
| | | 0 | 1 | 4 | 7 | 0,147 |
| | | 0 | 0 | 1 | 5 | 0,015 |
| | 2 | 4 | 8 | 0 | 2 | 24,802 |

Lies die Dezimalzahlen in der Stellenwerttafel.

**3** Lege in deinem Heft eine Stellenwerttafel an und trage ein.
a) 7 Zehntel
   8 Hundertstel
   9 Zehntel
b) 3 Hundertstel
   5 Tausendstel
   4 Tausendstel

c) 8 Zehntel 7 Hundertstel
   2 Hundertstel 4 Tausendstel
   6 Zehntel 9 Tausendstel

d) 4 Einer 5 Hundertstel 7 Tausendstel
   7 Einer 4 Zehntel 6 Tausendstel
   5 Zehner 1 Einer 1 Tausendstel

**4** Schreibe als Dezimalzahl.
a) 5 E 7 z 9 h
   9 z 3 h 2 t
   3 Z 1 h 6 t
b) 2 Z 6 E 5 z
   5 E 7 z 4 t
   7 h 8 t

**2 Zehntel 1 Hundertstel = 21 Hundertstel**
**4 Hundertstel = 40 Tausendstel**
**56 Hundertstel = 560 Tausendstel**
**3 Zehntel = 300 Tausendstel**

**5** a) Gib in Hundertstel an.
   5 Zehntel 6 Hundertstel
   7 Zehntel 4 Hundertstel
   4 Zehntel

b) Gib in Tausendstel an.
   8 Hundertstel 4 Tausendstel
   5 Hundertstel 2 Tausendstel
   2 Hundertstel

c) Gib in Tausendstel an.
   3 Hundertstel 4 Tausendstel
   72 Hundertstel
   9 Zehntel 6 Hundertstel

**6** Schreibe in Dezimalzahlen.
a) sieben Zehntel
   sechs Hundertstel
   vier Tausendstel
   neun Zehntel sechs Hundertstel
   vier Hundertstel acht Tausendstel
   zwei Zehntel sechs Tausendstel
b) vierundneunzig Hundertstel
   dreiundsiebzig Tausendstel
   achtundfünfzig Hundertstel
   dreihundert Tausendstel
   vierhundert fünf Tausendstel
   einhundertzwölf Tausendstel

**7** Bei den Olympischen Spielen 2004 gewannen Sportler aus den USA beim 200-Meter-Lauf alle drei Medaillen. Shawn Crawford siegte mit einer Zeit von 19,79 Sekunden. Bernard Williams war 22 hundertstel Sekunden und Justin Gatlin war 24 hundertstel Sekunden langsamer als Crawford.
Nach 20 Jahren war erstmals wieder ein deutscher Läufer im Finale. Tobias Unger kam 85 hundertstel Sekunden nach dem Olympiasieger ins Ziel und wurde Siebter. Wie lange benötigten Williams (Gatlin, Unger) für die 200-Meter-Strecke?

## Dezimalzahlen anordnen

| Olympische Spiele 2004 400-m-Lauf der Frauen ||
|---|---|
| Ana Guevara | 49,56 s |
| Dee Dee Trotter | 50,00 s |
| Monique Hennagan | 49,97 s |
| Natalja Antjuch | 49,89 s |
| Sanya Richards | 50,19 s |
| Tonique Williams-Darling | 49,41 s |

**1** Wer gewann die Gold-, Silber- und Bronzemedaille?

**So kannst du Dezimalzahlen vergleichen:**

1. Schreibe die Dezimalzahlen stellenrichtig untereinander. Ergänze, wenn nötig, Nullen.

2. Vergleiche die Ziffern, die genau untereinander stehen. Gehe dabei von links nach rechts vor. Die erste Stelle, an der die Ziffern verschieden sind, entscheidet, welche Dezimalzahl größer ist.

0,542 ▮ 0,539    2,53 ▮ 2,532

0,5**4**2         2,53**0**
0,5**3**9         2,53**2**

0,542 > 0,539    2,53 < 2,532

**2** Vergleiche die Dezimalzahlen. Setze >, < oder = ein.
a) 9,85 ▮ 9,58
   3,47 ▮ 3,59
   2,19 ▮ 2,22
b) 0,03 ▮ 0,031
   1,41 ▮ 1,1444
   2,08 ▮ 2,058
c) 7,382 ▮ 7,328
   4,987 ▮ 4,789
   6,808 ▮ 6,088
d) 10,01 ▮ 10,010
   12,02 ▮ 12,002
   14,09 ▮ 14,090

**3** Ersetze den Platzhalter durch eine passende Dezimalzahl.
a) 23,6 < ▮ < 23,9     b) 1,97 > ▮ > 1,94
   0,46 < ▮ < 0,49        1,01 > ▮ > 0,99
c) 1,237 < ▮ < 1,239   d) 0,44 > ▮ > 0,435
   3,41 < ▮ < 3,413       0,61 > ▮ > 0,6

**4** Ordne die Dezimalzahlen in einer Kette nach der Beziehung „ist kleiner als".
a) 2,134; 2,413; 2,314; 2,431; 2,143
b) 0,099; 0,909; 0,99; 0,999; 0,009
c) 14,41; 41,44; 14,44; 14,14; 14,11

**5** Ordne die Dezimalzahlen in einer Kette nach der Beziehung „ist größer als".
a) 0,676; 0,766; 0,776; 0,677; 0,667
b) 1,004; 1,04; 1,404; 1,44; 1,044
c) 0,08; 0,808; 0,0088; 0,088; 0,008

**6** In welcher Reihenfolge kamen die Sportlerinnen und Sportler ins Ziel?

a)
| 400-Meter-Lauf der Männer ||
|---|---|
| Alleyne Francique | 44,66 s |
| Brandon Simpson | 44,76 s |
| Davian Clarke | 44,83 s |
| Derrick Brew | 44,42 s |
| Jeremy Wariner | 44,00 s |
| Otis Harris | 44,16 s |

b)
| 200-Meter-Lauf der Frauen ||
|---|---|
| Aleen Bailey | 22,42 s |
| Alleyson Felix | 22,18 s |
| Debbie Ferguson | 22,3 s |
| Kim Gevaert | 22,42 s |
| Ivet Lalova | 22,57 s |
| Veronica Campbell | 22,05 s |

## Dezimalzahlen anordnen

**1** Auf dem Zahlenstrahl können nicht nur natürliche Zahlen, sondern auch Dezimalzahlen dargestellt werden. Im Beispiel siehst du, wo die Zahl 6,274 auf dem Zahlenstrahl liegt. Erkläre die Abbildung.

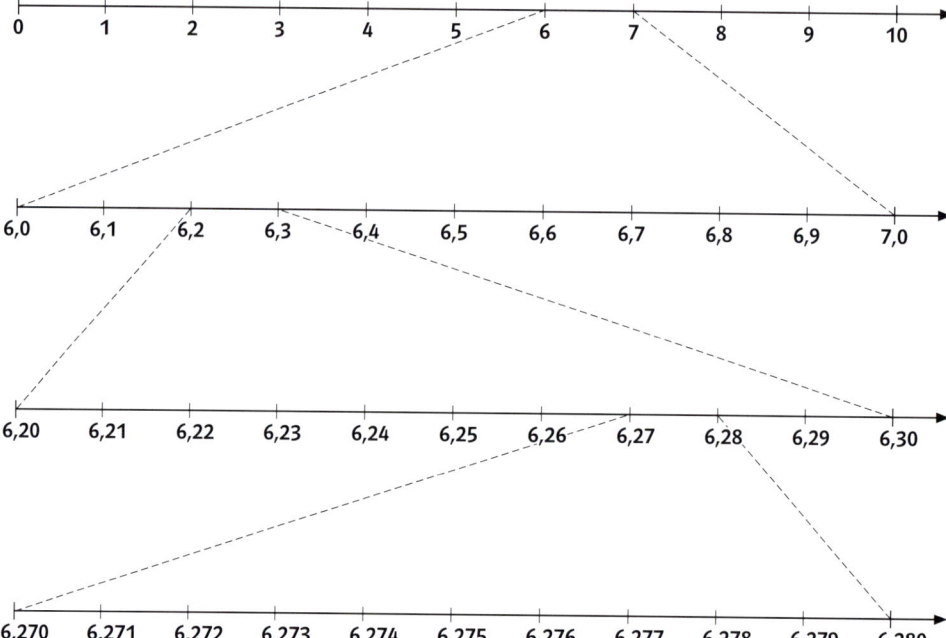

**2** Welche Dezimalzahlen sind auf dem Zahlenstrahl gekennzeichnet?

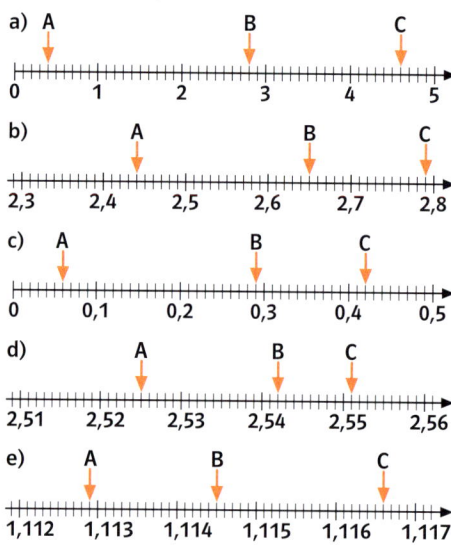

**3** a) Gehe auf dem Zahlenstrahl von 1,73 aus 0,1 (0,02; 0,07; 0,09) nach rechts. Welche Zahl findest du dort?
b) Gehe auf dem Zahlenstrahl von 4,68 aus 0,2 (0,03; 0,08; 0,09) nach links. Welche Zahl findest du dort?

**4** Nenne jeweils drei Zahlen, die zwischen den angegebenen Zahlen liegen.
a) 1,4 und 1,5
   3,8 und 3,9
   0,71 und 0,72

b) 1,7 und 1,8
   1,72 und 1,73
   1,728 und 1,729

c) 0,4 und 0,5
   0,24 und 0,25
   0,247 und 0,248

d) 0,69 und 0,7
   1,94 und 2
   2,99 und 3

e) 4,8 und 4,84
   4,8 und 4,82
   4,8 und 4,801

f) 0 und 0,1
   0 und 0,01
   0 und 0,0001

**5** Wie viele Dezimalzahlen liegen zwischen 1,7 und 1,8?

**6** Bei den Olympischen Spielen in Athen gewann der Chinese Liu Chang über 110-m-Hürden die Goldmedaille in der Weltrekordzeit von 12,91 s. Terrence Trammell wurde Zweiter mit einem winzigen Vorsprung vor Anier Garcia, der eine Zeit von 13,2 s erreichte. Überlege, welche Zeit Trammel für die Strecke benötigt haben könnte.

 16

# Dezimalzahlen addieren und subtrahieren

**1** Bei den Olympischen Winterspielen 2006 gab es im Zweierbob der Frauen einen deutschen Doppelsieg.

|  | 1. Lauf | 2. Lauf |
|---|---|---|
| Sandra Kiriasis<br>Anja Schneiderhanze | 57,16 s | 57,77 s |
| Susi Erdmann<br>Nicole Herschmann | 57,26 s | 57,75 |

a) Berechne für jedes Team die Gesamtzeit beider Läufe. Wer gewann die Goldmedaille, wer die Silbermedaille?
b) Wie groß war der Zeitunterschied zwischen beiden Teams?

**So kannst du Dezimalzahlen schriftlich addieren und subtrahieren:**

1. Schreibe Komma unter Komma, Einer unter Einer, Zehntel unter Zehntel, Hundertstel unter Hundertstel usw.
   Ergänze, wenn nötig, Nullen.
2. Addiere (subtrahiere) und setze das Komma.

$$4,58 + 10,26 = \square$$

```
   4,58
+ 10,26
  ─────
  14,84
```

$$9,7 - 3,251 = \square$$

```
  9,700
- 3,251
  ─────
  6,449
```

$4,58 + 10,26 = 14,84 \qquad 9,7 - 3,251 = 6,449$

**2** Berechne.
a) 4,52 + 7,87
    0,92 + 1,07
    1,77 + 4,26

b) 7,91 + 0,58
    11,05 + 2,76
    60,4 + 9,88

c) 2,71 − 1,09
    0,729 − 0,261
    1,055 − 0,827

d) 11,982 − 5,72
    10,005 − 8,054
    41,9 − 22,661

e) 6,09 + 5,911 + 0,912 + 3,1
    23,8 + 0,93 + 1,688 + 8,04
    0,85 + 0,805 + 0,721 + 3,5

f) 9,3 − 2,723
    1,007 − 0,09
    0,909 − 0,0999

g) 4,11 − 1,887
    0,4 − 0,013
    1,009 − 0,9

**3** Sina hat 3 Fehler gemacht. Schreibe Aufgaben und Lösungen richtig ins Heft.

```
1,51 + 11,4 = 26,5
2,3 − 1,05 = 1,15
5,9 − 0,05 = 5,4
```

**4** Bestimme den Platzhalter.
a) 4,51 + ■ = 6,74
    ■ + 3,07 = 11,2

b) 2,88 − ■ = 0,77
    ■ − 6,21 = 8,1

c) 0,63 + ■ = 1,31
    ■ + 0,81 = 0,99

d) ■ − 0,012 = 0,009
    12,091 − ■ = 9,3

**5** Beim Viererbob der Männer werden vier Läufe an zwei aufeinander folgenden Tagen gefahren.
a) Berechne für jeden Bob die Gesamtzeit.
b) Bestimme den Zeitunterschied zwischen dem Ersten und dem Zweiten sowie zwischen dem Zweiten und dem Dritten.

|  | 1. Lauf | 2. Lauf | 3. Lauf | 4. Lauf |
|---|---|---|---|---|
| GER | 55,2 s | 55,3 s | 54,8 s | 55,12 s |
| RUS | 55,22 s | 55,45 s | 54,87 s | 55,01 s |
| SUI | 55,26 s | 55,37 s | 55 s | 55,2 s |

# Dezimalzahlen mit Zehnerzahlen multiplizieren und dividieren

**Computerpanne beim Bezahlen mit der Scheckkarte**

## Statt 81 € kostete Jeans gleich 8100 €

Hannover. Rund 13000 Bankkunden aus Nord- und Ostdeutschland ist wegen eines Computerfehlers beim Einsatz ihrer Euroscheckkarte gleich das Hundertfache des Rechnungsbetrages abgebucht worden.
Ein fehlerhafter Computer hatte Anfang der Woche von Tausenden Konten statt insgesamt 1,4 Millionen Euro gleich 140 Millionen Euro abgezogen und Geschäften sowie Tankstellen gutgeschrieben. Bei der Abrechnung der Zahlungen rutschte aus bisher noch ungeklärter Ursache das Komma um zwei Stellen nach rechts. Aus 100 € wurden so 10 000 €. Wer beispielsweise für 30 € tankte und mit Scheckkarte bezahlte, bekam 3000 € vom Konto abgebucht, die Jeans für 81 € explodierte zur superteuren Designerklamotte für stolze 8100 €.

Jacke 49,90 €
Turnschuhe 68,95 €
DVD-Player 139,99 €
Fernsehgerät 459 €
Laptop 899 €

**1** a) Welcher Betrag wäre bei den betroffenen Kunden irrtümlich für die Jacke (Turnschuhe, DVD-Player, Fernsehgerät, Laptop) vom Konto abgebucht worden?
b) Wie viel Euro wären jeweils vom Konto abgebucht worden, wenn ein Computer irrtümlich immer das Zehnfache (Tausendfache) des Preises berechnet hätte?

**2** Ein Computer hat irrtümlich das Hundertfache des Rechnungsbetrags berechnet.
a) Für ein Paar Schuhe hat er 4990 € (7550 €, 3990 €, 11 500 €) abgebucht. Wie teuer waren die Schuhe?
b) Dem Kunden einer Tankstelle hat der Computer 4567 € (7231 €, 3689 €) abgebucht. Für wie viel Euro hat der Kunde tatsächlich Benzin getankt?

---

**Multiplizieren mit 10, 100, 1000, …**

Eine Dezimalzahl wird mit 10, 100, 1000, … multipliziert, indem das Komma um 1, 2, 3, … Stellen nach rechts rückt. Für fehlende Ziffern werden Nullen geschrieben.

16,83 ·      10 = 168,3
16,83 ·    100 = 1683
16,83 · 1000 = 16830

**Dividieren durch 10, 100, 1000, …**

Eine Dezimalzahl wird durch 10, 100, 1000, … dividiert, indem das Komma um 1, 2, 3, … Stellen nach links rückt. Für fehlende Ziffern werden Nullen geschrieben.

34,51 :      10 = 3,451
34,51 :    100 = 0,3451
34,51 : 1000 = 0,03451

---

**3** a) 28,7 · 10
    8,21 · 10
    1,77 · 100

b) 24,89 : 10
   46,24 : 10
   457,2 : 100

**4** a) 0,0942 · 10
    0,0102 · 100
    0,0082 · 100

b) 3,87 : 1000
   0,431 : 100
   0,009 : 100

c) 94,311 · 100
   4,528 · 1000
   0,647 · 100

d) 12,41 : 100
   8,01 : 100
   5,57 : 100

c) 32,7 : 1000
   0,0072 · 1000
   1,007 : 100

d) 0,004 · 1000
   0,006 : 1000
   0,0003 · 100

# Dezimalzahlen multiplizieren

**1** Um die Größe eines Computerbildschirms anzugeben, wird die Länge der Diagonalen gemessen. Dabei wird die Einheit Zoll verwendet. Zoll ist die deutsche Übersetzung der englischen Längeneinheit Inch.
a) Fabian rechnet aus, wie lang die Diagonale eines 17-Zoll-Monitors in Zentimetern ist. An welcher Stelle muss er beim Ergebnis ein Komma setzen?
b) Gib die Länge der Diagonalen eines 19-Zoll-Monitors in Zentimetern an.

```
1 foot (ft) = 12 inches = 30,48 cm
1 yard (yd) = 3 feet    = 91,44 cm
```

**2** a) Die Regeln des modernen Fußballspiels wurden zuerst in England aufgestellt. Dabei wurden auch die Maße der Tore festgelegt. Gib die Maße eines Fußballtores in Zentimetern und Metern an.
b) Wird ein Spieler im Strafraum des Gegners gefoult, erhält die angreifende Mannschaft einen Strafstoß. Ausgeführt wird dieser Strafstoß von einem Punkt aus, der 12 yards von der Torlinie entfernt liegt. Gib den Abstand in Metern an. Stimmt die Bezeichnung Elfmeter?

**3** Geschwindigkeitsbegrenzungen für Autofahrer werden in Großbritannien in miles per hour (Meilen pro Stunde) angegeben.
Wie viele Kilometer pro Stunde darf ein Auto innerhalb von Ortschaften (außerhalb von Ortschaften, auf der Autobahn) höchstens fahren?

```
1 mile
= 1760 yards
= 1609,344 m
≈ 1,6 km
```

# Dezimalzahlen multiplizieren

1 Pound (£) = 100 Pence (p)

**4** Sina und Vanessa sind mit ihrer Klasse in England. Sie betrachten die Angebote der Geschäfte.

a) Sina hat den Preis der CD genau ausgerechnet. An welcher Stelle muss sie beim Ergebnis ein Komma setzen?

```
9,9 0 · 1,5 0
      9 9 0
    4 9 5 0
        0 0 0
  1 4 8 5 0 0
```

b) Wie viel Euro kostet eine CD für £ 12,50?

---

**So kannst du zwei Dezimalzahlen multiplizieren:**

1. Multipliziere zunächst, ohne auf das Komma zu achten.

2. Das Ergebnis hat so viele Stellen nach dem Komma wie beide Dezimalzahlen zusammen.

$2,34 \cdot 2,5 = $ ▨     $3,7 \cdot 0,021 = $ ▨

```
2,3 4 · 2,5       3,7 · 0,0 2 1
    4 6 8               7 4
  1 1 7 0               3 7
  5,8 5 0           0,0 7 7 7
```

$2,34 \cdot 2,5 = 5,85$     $3,7 \cdot 0,021 = 0,0777$

---

**5** Multipliziere schriftlich.

a) 1,6 · 2,5    b) 5,7 · 9,5    c) 2,7 · 0,22
    2,3 · 9,2        8,6 · 7,9        3,71 · 55
    4,5 · 8,5        6,5 · 0,44      6,59 · 1,1

d) 0,09 · 27,71     e) 9,04 · 18,003
    65,56 · 0,002       25,9 · 3,52
    11,43 · 1,23        8,018 · 6,5

L   0,13112   0,594   2,86   2,4939   4
7,249   14,0589   21,16   38,25   52,117
54,15   67,94   91,168   162,74712
204,05

**6** Multipliziere im Kopf.

a) 0,4 · 0,7          b) 0,8 · 0,004
    0,5 · 0,9             0,6 · 0,0009
    0,6 · 0,8             0,008 · 0,03
    0,7 · 0,9             0,002 · 0,07

c) 11 · 0,4           d) 0,8 · 0,007
    12 · 0,003           0,09 · 0,05
    22 · 0,02            0,004 · 0,5
    15 · 0,03            0,08 · 0,02

 39

**7** Bei den Multiplikationen fehlt jeweils ein Komma. Gib an, wo dieses Komma gesetzt werden muss.

a) 71,48 · 0,942 = 6 7 3 3 4 1 6
    173,8 · 0,068 = 1 1 8 1 8 4
    0,042 · 83,8 = 3 5 1 9 6

b) 1 0 2 5 · 1,045 = 1 0 7,1 1 2 5
    0,451 · 1 1 1 = 5,0 0 6 1
    8,88 · 9 9 9 0 9 = 8 8 7,1 9 1 9 2

c)     3,5 · 3,2 = 1 1 2 0
       1,5 · 8,2 = 1 2 3
       6,6 · 4 5 = 2 9,7

**8** Wie viel Euro kostet jedes Kleidungsstück?

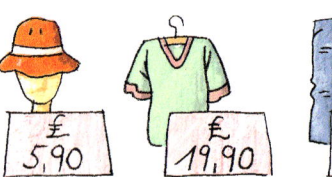

18

# Dezimalzahlen dividieren

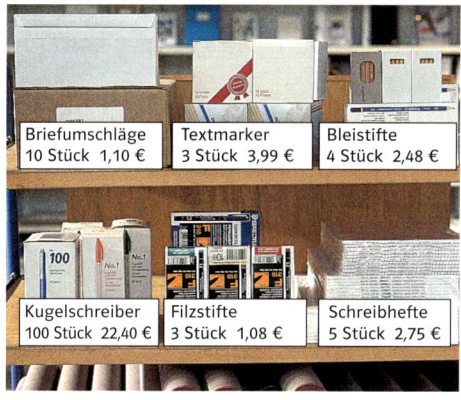

**1** In den Regalen des Schreibwarengeschäfts liegen verschiedene Artikel. Wie viel Euro kostet jeweils ein Artikel?

2,75 € : 5 = ▢
275 ct : 5 = ▢ ct = ▢ €

**2** Berechne durch Umwandeln.
a) 1,25 € : 5  b) 1,80 m : 4
   2,40 € : 6     2,25 m : 3

42,65 : 5 = ▢

42,65 : 5 = 8,53
<u>40</u>
 26
 <u>25</u>
  15
  <u>15</u>
   0

42,65 : 5 = 8,53

*Setze beim Überschreiten des Kommas auch im Ergebnis ein Komma.*

**4** Im Ergebnis der Divisionsaufgaben fehlt jeweils das Komma. Stelle mithilfe eines Überschlags fest, an welcher Stelle das Komma gesetzt werden muss.

a) 
12,86 : 2 = 643
48,84 : 6 = 814
44,92 : 4 = 1123

b)
121,62 : 3 = 4054
422,8 : 7 = 604
77,75 : 25 = 311

c)
118,2 : 3 = 394
4698,4 : 8 = 5873
244,08 : 12 = 2034

**5** a) Für zwölf CD-ROMs bezahlt Fenja 6,48 €. Wie viel Euro kostet eine CD-ROM?
b) Kevin kauft eine Packung mit sechs Badmintonbällen für 12,90 €. Wie viel Euro hat er für einen Badmintonball bezahlt?

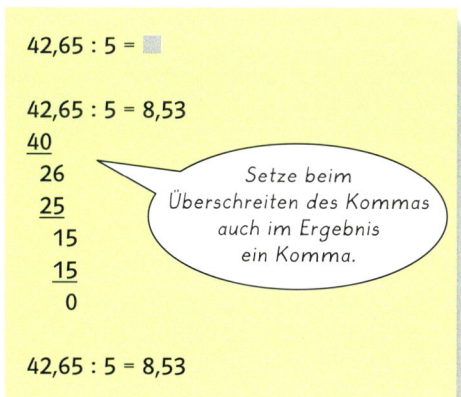

**3** Dividiere schriftlich.
a) 8,19 : 3   b) 9,44 : 4    c) 102,2 : 7
   96,8 : 4      91,8 : 6       92,56 : 4
   99,4 : 7      71,5 : 5       6,552 : 3

d) 2,4753 : 2        e) 451,7696 : 8
   342,78 : 3           1217,065 : 5
   7331,5 : 11          31 250,88 : 9

**L** 1,23765  2,184   2,36   2,73   14,2
14,3  14,6  15,3  23,14  24,2  56,4712
114,26  243,413  666,5  3472,32

**6** Dividiere schriftlich wie in den Beispielen.
a) 2 : 8      b) 9 : 5     c) 0,342 : 2
   9 : 12       27 : 6        0,147 : 3
   7 : 20       15 : 8        1,68 : 7
   4 : 25       17 : 4        0,288 : 9

d) 0,5392 : 8        e) 0,04059 : 11
   4,5192 : 3           0,07938 : 9
   6,006 : 12           0,080604 : 6
   2,827 : 11           0,003528 : 8

## Dezimalzahlen dividieren

**7**

*Eine Euromünze wiegt 7,5 Gramm. Wie viele Münzen liegen auf der Waage?*

**9** Vergleiche die Divisionsaufgaben.
a) 8 : 2 = 4   b) 150 : 30 = 5
   80 : 20 = 4      1500 : 300 = 5
   800 : 200 = 4    15 000 : 3000 = 5
   8000 : 2000 = 4  150 000 : 30 000 = 5

c) 5 : 2 = 2,5   d) 12 : 8 = 1,5
   50 : 20 = 2,5    120 : 80 = 1,5
   500 : 200 = 2,5  1200 : 800 = 1,5
   5000 : 2000 = 2,5   12 000 : 8000 = 1,5

**8** Berechne durch Umwandeln.

9,60 m : 1,20 m = ▪ cm : ▪ cm = ▪

a) 3,20 m : 1,60 m      b) 13,50 € : 1,50 €
   9,90 m : 1,10 m         3,5 kg : 0,5 kg

> Das Ergebnis einer Divisionsaufgabe ändert sich nicht, wenn beide Zahlen (Dividend und Divisor) mit 10, 100, 1000, … multipliziert werden.

*Im Beispiel wird das Komma um zwei Stellen nach rechts verschoben.*

**So kannst du eine Dezimalzahl durch eine Dezimalzahl dividieren:**

1. Multipliziere beide Dezimalzahlen (Dividend und Divisor) mit 10, 100, 1000, …, so dass der Divisor eine natürliche Zahl wird.

2. Dividiere. Setze beim Überschreiten des Kommas auch im Ergebnis ein Komma.

6,974 : 0,11 = ▪

697,4 : 11 = 63,4
66
 37           Probe:
 33           63,4 · 0,11
 44             6 3 4
 44             6 3 4
  0            6,9 7 4

6,974 : 0,11 = 63,4

**10** Dividiere schriftlich.
a) 25,74 : 1,1      b) 29,16 : 0,9
   3,462 : 0,6         4,288 : 0,8
   3,852 : 1,2         16,03 : 0,7

c) 0,1645 : 0,07    d) 6,405 : 0,03
   2,2484 : 0,04       0,122 : 0,05
   34,665 : 0,15       0,096 : 0,12

e) 0,8 : 0,016      f) 276,5 : 0,0025
   1,8 : 0,012         0,002898 : 0,009
   9,9 : 0,015         0,002056 : 0,008

L  0,257  0,322  0,8  2,35  2,44  3,21
   5,36  5,77  22,9  23,4  32,4  50
   56,21  150  213,5  231,1  660  110 600

**11** Dividiere im Kopf.
a) 0,8 : 0,4   b) 0,36 : 0,12   c) 0,8 : 0,02
   4,8 : 0,6      0,54 : 0,09       4,5 : 0,15

**12** Im Ergebnis der Divisionsaufgaben fehlt jeweils das Komma. Stelle mithilfe eines Überschlags fest, an welcher Stelle das Komma gesetzt werden muss.

a)
2,135 : 0,7 = 3 0 5
1,77 : 0,3 = 5 9
20,12 : 0,4 = 5 0 3

b)
0,204 : 0,2 = 1 0 2
4,455 : 1,1 = 4 0 5
29,85 : 1,5 = 1 9 9

c)
1,015 : 0,05 = 2 0 3
6,124 : 0,02 = 3 0 6 2
0,4509 : 0,003 = 1 5 0 3

**13** Beim Tanken ihres Rollers zahlt Concetta 8,71 € für 6,5 Liter Benzin. Wie viel Euro kostet ein Liter Benzin?

# Dezimalzahlen runden

**1** Ein Liter Super kostet 137,9 Cent. Herr Schuh tankt 45 Liter.
a) Wie viel Euro muss er bezahlen?
b) Warum muss der Geldbetrag gerundet werden?

**Runden auf Hundertstel**

Bei 0, 1, 2, 3, 4 runde ab.

Bei 5, 6, 7, 8, 9 runde auf.

$$1{,}457 \approx 1{,}46$$

– Diese Stelle gibt an, ob auf- oder abgerundet wird.
– Auf diese Stelle soll gerundet werden.

**2** Runde
a) auf Hundertstel
0,359
2,492
0,685

b) auf Zehntel
0,45
4,58
2,751

c) auf Tausendstel
0,7922
0,7458
1,6662

d) auf Hundertstel
7,4947
1,7038
0,6371

e) auf Zehntel
0,9233
0,7751
2,9612

f) auf Einer
8,49
1,801
3,625

**3** Die Dezimalzahl ist auf Hundertstel gerundet. Wie groß könnte sie vor dem Runden gewesen sein? Gib jeweils drei Möglichkeiten an.
a) 0,46
b) 3,72
c) 4,95
d) 5,1

**4** Erkläre, auf welche Stelle gerundet wurde.
a) 3,5673 ≈ 3,57
   0,6711 ≈ 0,7
   0,0872 ≈ 0,09

b) 0,8452 ≈ 0,8
   1,2387 ≈ 1,239
   31,78 ≈ 31,8

c) 0,0087 ≈ 0,01
   1,097 ≈ 1,1
   2,863 ≈ 3

d) 1,499 ≈ 1,5
   5,97 ≈ 6
   0,999 ≈ 1

**5** Runde das Ergebnis sinnvoll.
a) Für die Zubereitung eines Obstsalates hat Rasmus 1,645 kg Apfelsinen, 2,233 kg Äpfel, 1,231 kg Weintrauben und 0,943 kg Bananen gekauft.
b) Bei der Sparkasse kostet ein Dollar 0,646 €. Für die Reise in die USA kauft Herr Wessel 366 Dollar.
c) Der Hockenheimring ist 4,489 km lang. Beim Formel-1-Rennen werden 67 Runden gefahren.
d) Dominiks Zimmer ist 4,67 m lang und 2,53 m breit. Wie groß ist die Grundfläche?

**6** Erkläre, wie hier gerundet wurde.
a) Berlin hat 3,392 Millionen Einwohner.
b) 2006 lebten 6,6 Milliarden Menschen auf der Erde.

**7** Runde die Zeiten der Marathonläuferinnen auf ganze Minuten.

**Olympische Spiele 2004**

**Ergebnis des Marathonlaufs der Frauen**

| Platz | Läuferin | Zeit |
| --- | --- | --- |
| 1 | Mizuki Noguchi | 2:26:20 h |
| 2 | Catherine Ndereba | 2:26:32 h |
| 3 | Deena Kastor | 2:27:20 h |
| 4 | Elfenesh Alemu | 2:28:15 h |
| 5 | Reiko Tosa | 2:28:44 h |
| 6 | Olivera Jevtic | 2:31:15 h |

# Grundwissen: Dezimalzahlen

Dezimalzahlen können in eine erweiterte Stellenwerttafel eingeordnet werden.

|  | H | Z | E | z | h | t | wir schreiben | wir lesen |
|---|---|---|---|---|---|---|---|---|
|  | 100 | 10 | 1 | $\frac{1}{10}$ | $\frac{1}{100}$ | $\frac{1}{1000}$ |  |  |
| 1 Einer 6 Zehntel |  |  | 1 | 6 |  |  | 1,6 | Eins Komma sechs |
| 7 Zehntel 2 Hundertstel |  |  | 0 | 7 | 2 |  | 0,72 | Null Komma sieben zwei |

**Runden von Dezimalzahlen auf Hundertstel**

Auf diese Stelle soll gerundet werden.

Bei 0, 1, 2, 3, 4 runde ab.

$1{,}368 \approx 1{,}37$

Bei 5, 6, 7, 8, 9 runde auf.

Diese Stelle gibt an, ob auf- oder abgerundet wird.

Bei der schriftlichen Addition und Subtraktion von Dezimalzahlen stehen Komma unter Komma, Einer unter Einern, Zehntel unter Zehnteln, …

14,702 + 0,57 =

```
  14,702
+  0,570
    1
+ 15,272
```

14,702 + 0,57 = 15,272

1,7 − 0,125 =

```
  1,700
- 0,125
   1 1
  1,575
```

1,7 − 0,125 = 1,575

Eine Dezimalzahl wird mit 10, 100, 1000, … multipliziert (durch 10, 100, 1000, dividiert), indem das Komma um 1, 2, 3, … Stellen nach rechts (links) rückt. Für fehlende Ziffern werden Nullen geschrieben.

1,428 · 10 = 14,28
0,782 · 100 = 78,2
0,732 : 10 = 0,0732
12,4 : 1000 = 0,0124

Beim schriftlichen Multiplizieren von zwei Dezimalzahlen wird zunächst nicht auf das Komma geachtet.

Das Ergebnis hat so viele Stellen nach dem Komma wie beide Dezimalzahlen zusammen nach dem Komma haben.

3,607 · 2,08 =

```
3,6 0 7 · 2,0 8
  7 2 1 4
    2 8 8 5 6
    7,5 0 2 5 6
```

3,607 · 2,08 = 7,50256

Beim schriftlichen Dividieren von zwei Dezimalzahlen werden beide Zahlen mit 10, 100, 1000, … multipliziert, so dass der Divisor eine natürliche Zahl wird.

Sobald man beim Dividieren das Komma überschreitet, wird im Quotienten das Komma gesetzt.

1,278 : 0,09 =

```
127,8 : 9 = 14,2
 9
 37
 36
 18
 18
  0
```

1,278 : 0,09 = 14,2

# Üben und Vertiefen

**1** Schreibe als Dezimalzahl.
a) acht Zehntel vier Hundertstel
sechs Zehntel neun Tausendstel
drei Hundertstel fünf Tausendstel
b) sechzehn Hundertstel
vierunddreißig Hundertstel
fünfundneunzig Tausendstel
c) elf Zehntel
zweihundertzwölf Tausendstel
vierhundertdrei Tausendstel

**2** Setze jeweils das Komma so, dass die Ziffer 8 den Stellenwert Zehntel hat.
782   1855   1118   7805   26 803

**3** Welchen Stellenwert hat die Ziffer 6 in der Dezimalzahl 4,63 (5,006; 6,03; 0,961; 7,601)?

**4** Welche Dezimalzahlen sind gleich?

0,088 und 0,0880

0,0707 und 0,7070

1,0200, 1,020 und 1,02000

4,0303, 4,30300 und 4,03030

**5** Zeichne das Teilstück des Zahlenstrahls von 7 bis 8 in einer Länge von 10 cm. Markiere die Punkte für 7,3 (7,9; 7,15; 7,72; 7,48; 7,06).

**6** Ordne die Dezimalzahlen der Größe nach. Beginne mit der kleinsten.
a) 4,55   4,45   5,44   4,54   5,45   5,54
b) 0,102   0,201   0,112   0,212   0,221
c) 7,15   1,75   5,71   5,17   1,57   7,51
d) 1,444   1,4   1,4044   1,404   1,40444
e) 0,11   0,0111   0,1011   1,101   0,001
f) 3,223   3,322   3,332   3,233   3,323

**7** a) Gehe auf dem Zahlenstrahl von 1,3 aus jeweils um 0,6 nach rechts. Welche Zahlen sind dort markiert?

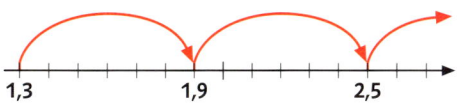

b) Gehe auf dem Zahlenstrahl von 5,4 aus jeweils um 0,3 nach links. Welche Zahlen sind dort markiert?

**8** Runde
a) auf Zehntel: 0,78   34,52   2,062   0,072   11,067   18,72   3,72   9,96
b) auf Hundertstel: 12,503   31,987   0,0061   1,8062   2,302   5,696
c) auf Tausendstel: 0,7777   0,0808   21,7053   1,0088   0,0002   1,0997

**9** Überlege, bei welchen Angaben das Runden sinnvoll ist.
Ein Liter Benzin kostet 134,9 Cent.
Wir sind heute 12,067 km gewandert.
Die Siegerzeit im 100-m-Lauf war 9,85 s.
Die Apfelsinen wiegen 3,147 kg.
Die Schraube ist 6,48 cm lang.
Der Brief wiegt 20,7 g.
Eine Tafel Schokolade kostet 0,69 €.
Die Temperatur beträgt 14,8 °C.
Ein Dollar entspricht 1,276 €.
Der Hockenheimring ist 4,574 km lang.

**10** Gib die Einwohnerzahlen der Städte in Millionen mit zwei Stellen nach dem Komma an. Ordne sie der Größe nach.

|  |  |
|---|---|
| Berlin | 3 392 425 Einwohner |
| Hamburg | 1 738 483 Einwohner |
| London | 7 421 209 Einwohner |
| Madrid | 3 155 359 Einwohner |
| Mailand | 1 271 898 Einwohner |
| Paris | 2 138 551 Einwohner |
| Prag | 1 180 100 Einwohner |
| Rom | 2 553 873 Einwohner |
| Warschau | 1 694 825 Einwohner |
| Wien | 1 631 082 Einwohner |

**11** Gib fünf Dezimalzahlen an, die beim Runden auf Zehntel 7,5 (1,2; 0,6; 3) ergeben.

**12** Wie viel Meter beträgt die Länge des Weges zum Aussichtsturm (zum Strandbad, zum Kurhaus) mindestens, wie viel Meter höchstens?

## Addieren und Subtrahieren

**1** Schreibe Komma unter Komma und berechne.
a) 2,73 + 5,1 + 0,47
   0,821 + 0,5 + 0,61
   11,7 + 4,51 + 0,73

b) 3,09 − 2,7
   0,74 − 0,085
   1,984 − 0,67

c) 13,08 − 7,433
   8,428 − 5,9
   14,856 − 10,1

d) 12 − 7,8 − 3,6
   2,44 − 0,539 − 0,2
   0,805 − 0,3 − 0,47

e) 5,923 + 7,5 + 10,741 + 0,86
   100,6 + 23,09 + 13,707 + 56,04
   34,007 + 5,936 + 72,01 + 10,1

L  0,035   25,024   122,053   193,437
   4,756   1,701   8,3   1,931   0,39   0,6
   16,94   2,528   1,314   5,647   0,655

**2** Ordne die Ergebnisse der Größe nach. Wie heißt das Lösungswort?
a)
| 0,78 + 1,03 | M | 12,4 − 4,92 | R |
| 1,005 + 0,34 | A | 8,1 − 3,899 | E |
| 0,105 + 0,0862 | H | 3,4 + 0,107 | M |

b)
| 0,75 + 2,45 | H | 4,75 + 4,5 | N |
| 8,7 − 3,33 | A | 8,63 − 4,3 | R |
|  |  | 3,4 − 1,6 | S |
| 3,95 + 2,55 | U | 9,49 − 1,95 | B |
| 4,17 − 2,05 | C | 2,75 + 5,75 | E |

**3** Bestimme jeweils den Platzhalter.
a) 12,5 + ■ = 136
   ■ + 1,1 = 14,72
   22,5 + ■ = 27,44

b) 36,8 − ■ = 35,55
   ■ − 12,2 = 44,3
   56,8 − ■ = 49,36

c) ■ + 21,1 = 56,76
   46,7 + ■ = 84,08
   ■ + 42,42 = 138,8

d) ■ − 25,5 = 47,7
   67,1 − ■ = 16,65
   ■ − 31,15 = 86,51

**4** a) Ergänze zu 1.
0,4   0,58   0,03   0,592   0,002
b) Ergänze zu 10.
7,5   2,3   1,2   4,05   8,888

**5** Das Ergebnis jeder Aufgabe führt dich zur nächsten Aufgabe.
a)
3,4 + 0,105 = ■
4,135 + 3,37 = ■
7,505 + 0,236 = ■
3,505 + 0,63 = ■
9,0 − 5,6 = ■
7,741 + 1,259 = ■

b)
1,717 + 0,423 = ■
6,707 − 6,0 = ■
5,992 + 0,715 = ■
5,149 + 0,843 = ■
2,14 + 3,009 = ■
0,707 + 1,01 = ■

**6** Berechne die Klammer zuerst.
a) 20,6 − (13,87 + 4,07)
   45,7 + (22,9 − 11,8)
   (67,02 − 15,9) − 51,1

b) (5,79 − 4,2) − 0,77
   3,091 − (5,41 − 3,88)
   0,982 − (0,08 + 0,105)

L  2,66   0,82   1,561   0,797   56,8   0,02

**7** Fasse geschickt zusammen.

> 3,6 + 7,2 − 1,6 + 1,8
> = (3,6 − 1,6) + (7,2 + 1,8)
> = 2 + 9
> = 11

a) 2,4 + 5,3 − 2,3 + 9,6
   5,7 + 3,1 + 4,9 + 3,3
   3,55 + 2,6 + 1,45 + 4,4

b) 3,77 + 1,21 + 3,89 − 0,77
   0,72 + 0,51 + 0,28 + 0,49
   1,255 + 7,4 − 3,4 + 3,745

**8** Setze >, < oder = ein.
a) 2,47 + 1,92   ■   4,21 + 0,11
   7,02 + 1,4   ■   9,72 − 1,08
   0,05 + 0,9   ■   1,7 − 0,88

b) 0,203 − 0,07   ■   0,03 + 0,104
   6,02 − 5,99   ■   0,02 + 0,012
   8,7 − 3,441   ■   4,7 + 0,555

# Multiplizieren und Dividieren

**1** Berechne im Kopf.
a) 3,47 · 10
0,835 · 100
21,99 · 1000

b) 201,67 : 100
45,703 : 1000
0,237 : 100

c) 0,0442 · 100
215,04 : 1000
0,00081 : 100

d) 1,85 · 1000
0,00551 · 100
2,7 : 1000

e) 0,0092 · 10 000
0,013 · 10 000
0,0371 · 100 000

f) 8,2 : 10 000
0,21 : 10 000
0,5 : 100 000

**2** Berechne schriftlich.
a) 4,31 · 0,23
2,091 · 1,5
1,159 · 0,048

b) 5,7 · 0,034
8,14 · 0,93
41,092 · 1,7

c) 19,26 : 0,6
0,40908 : 0,7
18,8408 : 0,08

d) 0,3444 : 0,12
0,38984 : 0,11
0,2148 : 0,015

e) 3,251 · 2,7
0,02662 : 0,22
0,03765 : 1,5

f) 200,5 · 0,41
0,0052 · 3,07
76,128 · 1,2

L  8,7777  0,0251  7,5702  0,9913
2,87  69,8564  63,44  0,121  82,205
0,015964  14,32  32,1  0,5844  235,51
3,544  3,1365  0,055632  0,1938

**3** Bei richtiger Lösung erhältst du ein Lösungswort.
4,291 : 0,7
19,44 : 0,3
0,3654 : 0,06
21,36 : 0,4
34,3 : 0,7
4,008 : 0,08

0,6543 : 0,09
64,08 : 1,2
4,752 : 0,06
0,7997 : 0,11
2,7 : 0,0003
57,28 : 0,8

**4** Erkläre, welche Fehler Christopher gemacht hat.

a)
```
1 9,7 · 1 8
    1 9 7
  1 5 7 6
  3 5 4 6
```
```
6,5 3 · 2,1
  1 3 0 6
      6 5 3
1 3 7,1 3
```
```
3,2 7 · 1,8
    3 2 7
  2 6 1 6
  5 8,8 6
```
```
4,3 · 2,0 9
      8 6
    3 8 7
  1,2 4 7
```

b)
```
1,3 7 1 : 0,3
1 3,7 1 : 3 = 4 5,7
1 2
  1 7
  1 5
    2 1
    2 1
      0
```
```
9,0 8 : 0,4
9,0 8 : 4 = 2,2 7
8
1 0
  8
  2 8
  2 8
    0
```
```
2,3 8 4 : 0,0 4
2 3,8 4 : 4 = 5 9,6
2 0
  3 8
  3 6
    2 4
    2 4
      0
```
```
0,0 8 6 1 : 0,7
0,8 6 1 : 7 = 1,2 3
  7
  1 6
  1 4
    2 1
    2 1
      0
```

**5** Berechne den Quotienten.
a) 13 : 4
19 : 8
37 : 20

b) 7 : 8
1 : 8
3 : 16

c) 7 : 20
4 : 25
9 : 50

d) 87 : 40
23 : 50
57 : 200

e) 27 : 80
63 : 400
82 : 500

f) 1 : 40
5 : 32
1 : 32

**6** Fasse wie in den Beispielen geschickt zusammen.

0,25 · 1,6 · 4
= (0,25 · 4) · 1,6
=      1   · 1,6
= 1,6

0,2 · 3,1 · 0,5
= (0,2 · 0,5) · 3,1
=      0,1   · 3,1
= 0,31

a) 0,2 · 7,3 · 5
3,4 · 4 · 0,25
0,05 · 20 · 3,9
0,5 · 3,1 · 0,2

b) 2,5 · 9,7 · 0,4
0,5 · 27 · 0,2
4,2 · 0,25 · 0,4
0,025 · 2,3 · 400

## Verbindung der Grundrechenarten

**Alles für die Schule**
| | |
|---|---|
| Zeichenblock (DIN-A3) | 1,99 € |
| Heft (DIN-A4) | 0,45 € |
| Geo-Dreieck | 1,25 € |
| Bleistift | 0,55 € |
| Fineliner | 0,95 € |

**1** a) Armin kauft acht Hefte, ein Geodreieck, zwei Fineliner und zwei Bleistifte. Wie viel Euro muss er bezahlen?
b) Sara kauft fünf Hefte, ein Geodreieck und einen Fineliner. Sie bezahlt mit einem Fünf-Euro-Schein.
c) Andy hat sechs Euro. Er muss unbedingt einen Zeichenblock, ein Geodreieck und vier Hefte kaufen. Reicht das Geld noch für einen Fineliner?

$$2,03 + 2,53 \cdot 7,1$$
$$= 2,03 + 17,963$$
$$= 19,993$$

**Nebenrechnungen**

```
 2,53 · 7,1         2,030
 1771             +17,963
  253              19,993
17,963
```

**2** Beachte die Regel: „Punkt vor Strich". Bei richtiger Lösung erhältst du jeweils ein Lösungswort.
a) 3,2 · 1,5 + 6,24      b) 11,76 : 0,8 + 7,02
   2,3 · 5,3 − 5,68         0,96 + 2,16 : 0,3
   12,2 + 3,4 · 2,8         3,42 + 0,52 : 0,4
   4,1 · 2,6 − 2,5          2,464 : 0,7 − 0,64

c) 6,28 · 3,5 − 27,06 · 0,6
   11,5 · 1,2 − 27,3 · 0,4
   2,85 · 2,2 − 3,1 · 0,5
   7,4 · 0,12 + 9,58 · 0,4

d) 1,008 : 0,12 − 6,64 · 0,4
   0,6655 : 0,11 − 0,4755 : 0,15
   0,13 · 0,54 + 10,733 · 0,6
   27,45 · 0,24 + 12,61 · 1,2

| 5,744 B | 21,72 N | 11,04 K |
| 6,51 I | 8,16 O | 2,88 E | 4,72 T |

$$(4,3 + 2,5) \cdot (6,3 − 1,8)$$
$$= 6,8 \cdot 4,5$$
$$= 30,6$$

**Nebenrechnungen**

```
  4,3      6,3      6,8 · 4,5
+ 2,5    − 1,8       2 7 2
  6,8      4,5       3 4 0
                    30,6 0
```

**3** Berechne die Klammern zuerst.
a) (5,4 − 2,6) · (0,4 + 6,2)
   (15,6 + 3,6) : (3,7 − 2,5)
   (6,7 + 2,8 + 9,1) · (8,2 − 6,7)

b) (8,05 − 7,15) · (4,22 + 3,62 + 2,26)
   (23,6 − 7,88) : (23,81 − 23,69)
   25,3 − (12,02 − 7,44) · 2,5

**L**   9,09   13,85   16   18,48   27,9   131

```
   8 · 3,4              7 · 5,9
= 8 · (3 + 0,4)       = 7 · (6 − 0,1)
= 8 · 3 + 8 · 0,4     = 7 · 6 − 7 · 0,1
= 24 + 3,2            = 42 − 0,7
= 27,2                = 41,3
```

**4** Zerlege einen Faktor wie in den Beispielen. Rechne dann im Kopf.
a) 6 · 5,2    b) 8,1 · 4    c) 7 · 7,9
   8 · 9,1       4,3 · 5       4,9 · 3
   9 · 6,5       11,2 · 3      1,9 · 9

**5** a) Multipliziere die Summe aus 4,5 und 6,7 mit 2,5.
b) Dividiere die Differenz aus 24,9 und 5,4 durch 1,3.
c) Subtrahiere von 72,8 das Siebenfache von 7,8.
d) Addiere zu 11,4 das Produkt aus 3,5 und 5,4.
e) Multipliziere die Differenz aus 16,6 und 2,4 mit 1,5.

**6** a) Die Summe aus drei Summanden beträgt 31,7. Der erste Summand ist 6,75, der zweite Summand ist 21,05.
b) Ein Produkt aus drei Faktoren beträgt 3,9. Der erste Faktor ist 1,5, der zweite 0,8.

# Sachaufgaben

1 yard: 91,44 cm

| Ausländische Währungen | | |
|---|---|---|
| USA | 1 $ | 0,781 € |
| Großbritannien | 1 £ | 1,492 € |
| Schweiz | 100 sfr | 63,248 € |
| Schweden | 100 skr | 5,042 € |

**1** Die Regeln des Tennis wurden zuerst in England aufgestellt. Beim Einzel ist das Spielfeld 26 yards lang und 9 yards breit. Gib den Flächeninhalt des Spielfeldes in Quadratmetern an. Runde sinnvoll.

**2** a) Die 13 Mädchen und 17 Jungen der Klasse 6.2 machen einen Ausflug mit dem Reisebus. Der Bus kostet 378 €. Wie viel Euro muss jedes Kind bezahlen?
b) Um wie viel Euro erhöhen sich die Fahrtkosten für jeden Schüler, wenn zwei Jungen nicht mitfahren?

**3** a) Maria passt manchmal auf das Kind der Nachbarn auf. Dafür bekommt sie 4,50 € pro Stunde. Im vergangenen Monat hat sie 103,50 € verdient.
b) Auch Franziska erhöht ihr Taschengeld durch Babysitten. Im Juni hat sie 25 Stunden gearbeitet und dabei 95 € verdient.

**4** a) Im März ist Frau Kruppa mit ihrem Wagen 1200 Kilometer gefahren und hat dabei 87 Liter Benzin verbraucht.
Berechne den durchschnittlichen Benzinverbrauch für 100 Kilometer.
b) Im April hat ihr Wagen 54 Liter Benzin für 750 Kilometer verbraucht.
Hat sich der durchschnittliche Benzinverbrauch verändert?

**5** Frau Werthmann tankt 45 Liter Benzin und bezahlt dafür 64,35 €. Bei einer anderen Tankstelle bezahlt Herr Klinger 43,20 € für 30 Liter Benzin.
Wer hat das preiswertere Benzin getankt?

**6** Herr Eggenwirth kauft bei der Bank 150 amerikanische Dollar (75 britische Pfund, 50 Schweizer Franken, 1500 schwedische Kronen). Wie viel Euro muss er bezahlen?

**7** Familie Kath unternimmt einen Segeltörn und legt dabei in einer Woche 56,5 Seemeilen zurück. Wie viele Kilometer sind das?

1 Seemeile (sm) = 1,852 km

**8** a) Eine Euromünze ist 2,33 mm dick. Wie hoch ist ein Stapel von 20 Euromünzen?
b) Ein Stapel von 30 Centmünzen ist 50,1 mm hoch. Wie dick ist eine Centmünze?
c) Eine Zwei-Euro-Münze ist 2,2 mm dick. Die Höhe eines Stapels aus Zwei-Euro-Münzen beträgt 55 mm. Aus wie vielen Münzen besteht der Stapel?

**9** a) Bei der Tour de France benötigte der Sieger für eine 189 Kilometer lange Etappe 4,5 Stunden. Wie viel Kilometer legte er im Durchschnitt pro Stunde zurück?
b) Auf einer anderen Etappe brauchte er bei einer durchschnittlichen Geschwindigkeit von 48,5 km pro Stunde für die Strecke 5,2 Stunden. Berechne die Länge der Etappe.

## Vernetzen: Fußballbundesliga

Maßstab 1 : 4 000 000

## Vernetzen: Fußballbundesliga

**1** Auf der Karte sind die Heimatstädte aller Vereine der Fußballbundesliga in der Saison 2006/07 eingezeichnet. Alemannia Aachen ist bei Hannover 96 zu Gast. Welche Entfernung (Luftlinie) legt die Mannschaft aus Aachen für dieses Spiel zurück? Vergleiche dein Ergebnis mit den Angaben eines Routenplaners im Internet.

> Der Maßstab 1 : 4 000 000 bedeutet:
>
> 1 cm auf der Karte entspricht
> 4 000 000 cm in der Wirklichkeit.
>
> 1 cm = 4 000 000 cm = 40 km

**Ergebnisse des 6. Spieltags**

| | |
|---|---|
| Borussia Dortmund – Hannover 96 | 2:2 |
| Alemannia Aachen – VfL Bochum | 2:1 |
| VfL Wolfsburg – FC Bayern München | 1:0 |
| Eintracht Frankfurt – Hamburger SV | 2:2 |
| 1. FC Nürnberg – FSV Mainz 05 | 1:1 |
| Werder Bremen – Borussia M'gladbach | 3:0 |
| Arminia Bielefeld – FC Energie Cottbus | 3:1 |
| Bayer 04 Leverkusen – FC Schalke 04 | 3:1 |
| Hertha BSC Berlin – VfB Stuttgart | 2:2 |

**2** Welche Mannschaft unterstützen die Fußballfans?

*Unsere Mannschaft hatte am 6. Spieltag die weiteste Anreise zu ihrem Spielort.*

**3** Borussia Dortmund spielte in der Hinrunde auswärts gegen München, Stuttgart, Mönchengladbach, Cottbus, Nürnberg, Bremen, Frankfurt und Schalke.
Wie viele Kilometer legte die Mannschaft bei diesen Auswärtsspielen insgesamt zurück?

**4** Zwischen welchen beiden Städten liegt die größte (zweitgrößte, drittgrößte) Entfernung?

**5** Wie lang war der gesamte Reiseweg deines Lieblingsvereins in der Saison 2006/07?

**6** Überlege, welcher Verein in dieser Bundesligasaison insgesamt die größte (kleinste) Entfernung zurücklegen musste.

## Vernetzen: Einkaufen im Supermarkt

**1** Sandra und Sascha wollen neben anderen Lebensmitteln auch Cornflakes, Quark und Milch einkaufen. Außerdem sollen sie Haushaltsrollen, Geschirrspülmittel und Papiertaschentücher mitbringen.
Überlege, welche Angebote am preisgünstigsten sind. Gibt es außer dem Preis auch noch andere Gründe für die eine oder andere Packungsgröße?

**2** David bastelt häufig mit Papier und Pappe. Überlege, für welchen Klebestift er sich entscheiden soll.

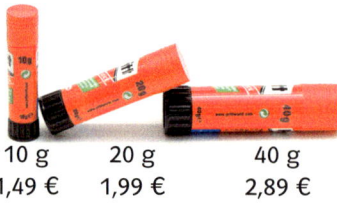

| 10 g | 20 g | 40 g |
| --- | --- | --- |
| 1,49 € | 1,99 € | 2,89 € |

**3** Zum Malen verwendet Johanna Fasermalstifte. Welche Packung soll sie kaufen?

20 Stück (einfach)  1,69 €
10 Stück (edel)  2,49 €
10 Stück (Tinte mit Lebensmittelfarbstoffen)  3,49 €

**4** Sarah trinkt gerne Apfelsaft. Für welches Angebot soll sie sich entscheiden?

**5** Sucht weitere Produkte, die in unterschiedlichen Verpackungen angeboten werden.
Überlegt, welche Gründe für oder gegen die verschiedenen Packungsgrößen sprechen.

# Vernetzen: Einkaufen im Supermarkt

**8** Vergleiche die beiden Angebote.

NUSS NOUGAT CREME
400 g   1,39 €
750 g   2,49 €

**9** Maria und Alexander besitzen mehrere Geräte, die mit 1,5-Volt-Batterien oder entsprechenden Akkus betrieben werden. Vor der Fahrt in die Ferien überlegen sie, welche Anschaffungen am preisgünstigsten und am sinnvollsten sind.
Tipp: Löse die Aufgabe nach der Ich-du-wir-Methode. Beachte dazu die Hinweise auf Seite 133.

**6** Daniel braucht neue DVDs. Er hat ausgerechnet, wie viel Euro eine DVD aus dem Zwölferpack kostet.

```
12er-Pack

12 DVDs kosten 9,99 €

1 DVD kostet 9,99 € : 12 ≈ 0,83

9,99 : 12 = 0,8325 ≈ 0,83
0
 9 9
 9 6
   3 9
   3 6
     3 0
     2 4
       6 0
       6 0
         0
```

Batterien (LR 6):
4er-Pack .................. 3,57 €
6er-Pack .................. 4,08 €

Akkus (bis zu 1000-mal aufladbar)
2er-Pack .................. 4,59 €

Hochleistungsakkus
(bis zu 7500-mal aufladbar):
4er-Pack ................. 14,29 €

Ladegerät:
klein..................... 5,09 €
elektr. geregelt ......... 10,50 €

Energiekosten pro Ladevorgang:
unter 0,003 €

a) Berechne, wie viel Euro eine DVD aus dem Zwanzigerpack kostet. Runde sinnvoll. Wie groß ist der Preisunterschied bei einer DVD?
b) Für welches Angebot soll sich Daniel entscheiden?

**10** Sucht im Supermarkt nach Produkten, die in unterschiedlichen Verpackungsmengen zu verschiedenen Preisen angeboten werden.
Vergleicht die Preise. Entscheidet euch für ein bestimmtes Angebot und begründet eure Entscheidung. Berücksichtigt dabei außer dem Preis auch andere Gesichtspunkte.

**7** Ein Geschirrspülmittel wird in zwei Packungsgrößen angeboten: 32 Tabs für 4,39 € und 60 Tabs für 7,69 €. Berechne für jede Packungsgröße den Preis für ein Tab. Runde sinnvoll. Wie groß ist der Preisunterschied bei einem Tab?

## Vernetzen: Einkaufen im Supermarkt

**11** Zehn CD-ROMs werden für 4,99 € angeboten. In einer Tabelle kannst du ausrechnen, wie viel Euro eine (zwei, drei ...) CD-ROM kosten würden.

4,99 : 10 = 0,499
≈ 0,50

| Anzahl | Preis € |
|---|---|
| 10 | 4,99 |
| 1 | 0,50 |
| 2 | 1,00 |
| 3 | 1,50 |
| 4 | 2,00 |

Die Preise zu den verschiedenen Anzahlen kannst du in ein Koordinatensystem eintragen.

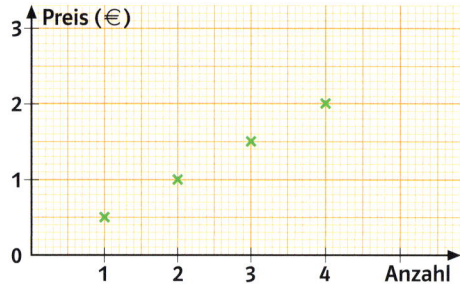

a) Berechne die Kosten für fünf (sechs, sieben, acht, neun) CD-ROMs und trage sie in die Tabelle ein.
b) Zeichne ein Koordinatensystem (x-Achse und y-Achse jeweils 10 cm lang) und teile die Achsen wie in der Abbildung ein.
Trage jede Anzahl mit dem zugehörigen Preis als Punkt in das Koordinatensystem ein. Was stellst du fest?

**12** Im Supermarkt werden drei DIN-A4-Hefte zu einem Gesamtpreis von 1,59 € angeboten.
a) Berechne, wie viel Euro ein DIN-A4-Heft kosten würde.
b) Lege eine Tabelle an und trage den Preis für ein Heft (zwei, drei, vier, ... zehn Hefte) in die Tabelle ein.
c) Trage die Werte aus der Tabelle als Punkte in ein Koordinatensystem ein (x-Achse: 1 Heft ≙ 1 cm, y-Achse: 1 € ≙ 1 cm).

**13** a) Berechne den Preis für einen Riegel Trix (Bolasti).
b) Lege für beide Sorten jeweils eine Tabelle an und trage den Preis für einen (zwei, drei, ... zehn) Riegel ein.
c) Zeichne ein Koordinatensystem (x-Achse: 1 Riegel ≙ 1 cm; y-Achse: 1 € ≙ 1 cm). Trage für beide Sorten jede Anzahl mit dem zugehörigen Preis als Punkt in das Koordinatensystem ein.

**14** a) Lege für jede Marke eine Tabelle an und trage den Preis für eine Haushaltsrolle (zwei, drei, ... zehn Rollen) ein.
b) Trage die Werte der drei Tabellen als Punkte in dasselbe Koordinatensystem ein (x-Achse: 1 Rolle ≙ 1 cm; y-Achse: 1 € ≙ 1 cm).
c) Woran kannst du im Koordinatensystem das preisgünstigste (teuerste) Angebot erkennen?

**15** Im Koordinatensystem sind die Preise für farbiges Kopierpapier bei zwei unterschiedlichen Verpackungsmengen dargestellt.

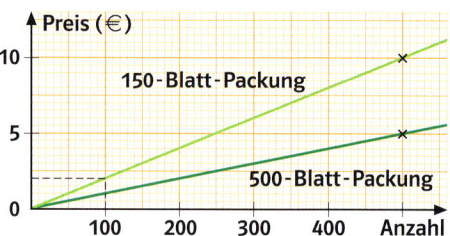

a) Lies aus dem Koordinatensystem zu jeder Verpackungsmenge den Preis für 100 (200, 300) Blatt Papier ab.
b) Woran kannst du im Koordinatensystem das preisgünstigere Angebot erkennen?

## Vernetzen: Rechnen mit Näherungswerten

1,255 kg
3,7 kg

**1** Sarah hat das Gewicht des schwereren Pakets mit einer Personenwaage bestimmt, das Gewicht des anderen Pakets mit einer Haushaltswaage.
a) Die Personenwaage gibt das Gewicht nur auf 0,1 kg = 100 g genau an. Begründe, dass das schwerere Paket mindestens 3650 g und höchstens 3749 g wiegt.
b) Wie groß ist das Gesamtgewicht beider Pakete mindestens (höchstens)?
c) Überlege, welche Angabe für das Gesamtgewicht sinnvoll ist.

**2** Mit einer Personenwaage wurde festgestellt, dass das Gewicht einer Packung Plastikkugeln 5,5 kg beträgt. Da die Personenwaage das Gewicht nur auf 0,1 kg = 100 g genau angibt, liegt das tatsächliche Gewicht zwischen 5450 g und 5549 g. 5,5 kg ist ein **Näherungswert** für das Gesamtgewicht der Packung Plastikkugeln.
Später wurde mit einer Haushaltswaage gemessen, dass die Verpackung 0,375 kg wiegt. Welche Gewichtsangabe ist für den Inhalt sinnvoll?

**3** Vervollständige die Tabelle in deinem Heft.

| Näherungswert | Bereich für den exakten Wert |
|---|---|
| 3,5 | zwischen ▪ und ▪ |
| 0,78 | zwischen ▪ und ▪ |
| 3,5 + 0,78 | zwischen ▪ und ▪ |
| 3,5 − 0,78 | zwischen ▪ und ▪ |

---

Messwerte und Ergebnisse von Rechnungen mit Messwerten sind immer **Näherungswerte,** deren Genauigkeit von der Messung abhängt.
Wird bei einem Näherungswert die mögliche Abweichung nicht angegeben, so setzen wir voraus, dass der Näherungswert durch Runden entstanden ist.
Die Ziffern des Näherungswertes werden **zuverlässige Ziffern** genannt.

| Näherungswert | Bereich für den exakten Wert | Anzahl der zuverlässigen Ziffern |
|---|---|---|
| 2,4 | zwischen 2,35 und 2,44 | 2 |
| 0,07 | zwischen 0,065 und 0,074 | 1 |
| 2,45 | zwischen 2,445 und 2,454 | 3 |

Bei der Addition und Subtraktion von Näherungswerten wird auf die Stelle gerundet, an der die letzte zuverlässige Ziffer des ungenauesten Wertes steht.

Bei der Anzahl zuverlässiger Ziffern werden Nullen links von der ersten von Null verschiedenen Ziffer (Anfangsnullen) nicht mitgezählt.

---

0,74 m + 1,8 m = ▪

  0,7[4]   letzte zuverlässige Ziffer: Hundertstel (genauerer Wert)
+ 1,[8]    letzte zuverlässige Ziffer: Zehntel (ungenauerer Wert)
  2,5 4

*Runde auf die letzte zuverlässige Ziffer des ungenaueren Werts.*

0,74 m + 1,8 m = 2,54 ≈ 2,5

**4** Bestimme jeweils die Anzahl der zuverlässigen Ziffern, berechne das Ergebnis und runde.
a) 0,63 m + 2,7 m
   3,5 m + 0,51 m
   0,517 m + 5,6 m

b) 3,167 t + 0,24 t
   115 kg − 4,7 kg
   2,091 g + 8,2 g

c) 2,51 m² − 1,8 m²
   7,88 cm² − 4,1 cm²
   4,765 m² + 3,7 m²

d) 1,3 g − 0,036 g
   43,7 t − 0,721 t
   3,4 g + 0,171 g

## Vernetzen: Rechnen mit Näherungswerten

**5** a) Lea hat Länge und Breite der abgebildeten Holzplatte jeweils auf zwei Nachkommastellen genau gemessen und dann den Flächeninhalt ausgerechnet.

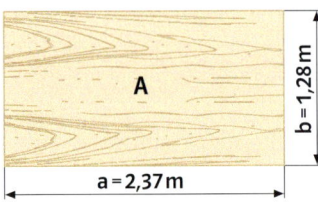

> Exakte Länge a:
> zwischen 2,365 m und 2,374 m
>
> Exakte Breite b:
> zwischen 1,275 m und 1,284 m
>
> Kleinstmöglicher Wert für A:
> A = 2,365 m · 1,275 m = 3,015375 m²
>
> Größtmöglicher Wert für A:
> A = 2,374 m · 1,284 m = 3,048216 m²

Gib den Unterschied zwischen dem größtmöglichen und dem kleinstmöglichen Wert für A in Quadratmetern (Quadratzentimetern) an.

b) Die Messwerte 2,37 m und 1,28 m haben jeweils drei zuverlässige Ziffern: die Meterangabe und die beiden Nachkommastellen (Zentimeter). Daher wird auch der Flächeninhalt mit drei Ziffern angegeben.

> **Rechnung mit den Messwerten:**
>
> A = 2,37 m · 1,28 m = 3,0336 m²
> A ≈ 3,03 m²

Bestimme den Unterschied zwischen dem gerundeten Wert für A und dem größtmöglichen (kleinstmöglichen) Wert für A.

**6** Angegeben sind Messwerte für die Länge und die Breite eines Rechtecks. Gib den Flächeninhalt des Rechtecks mit der richtigen Anzahl von Ziffern an.
a) a = 23,5 m    b = 16,7 m
b) a = 2,7 m     b = 9,5 m
c) a = 0,221 m   b = 0,125 m

**7** Der Inhalt eines Zehn-Liter-Eimers Wandfarbe reicht aus, um eine Fläche mit einem Flächeninhalt von 80 m² zu streichen.
Max hat gemessen, dass die Höhe der Kellerwand 2,14 m beträgt, und dann ausgerechnet, wie viel Meter Kellerwand er mit einem Eimer Farbe streichen kann.

> Gegeben:  Flächeninhalt A = 80 m²
>           Höhe b = 2,14 m
> Gesucht:  Länge a
>
> Rechnung:
> a = 80 m² : 2,14 m = 37,38317 ... m

Ein Näherungswert (Flächeninhalt A = 80 m²) hat zwei zuverlässige Ziffern, der andere (Höhe b = 2,14 m) hat drei zuverlässige Ziffern. Beim Ergebnis richtet sich die Anzahl der Ziffern nach dem ungenauesten Wert. Daher wird die Länge a mit zwei Ziffern angegeben. Gib die Länge a richtig an.

**8** Angegeben sind Messwerte für den Flächeninhalt und die Breite eines Rechtecks. Gib die Länge a des Rechtecks mit der richtigen Anzahl von Ziffern an.
a) A = 70 m²     b = 1,9 m
b) A = 120 m²    b = 3,5 m
c) A = 85,7 m²   b = 0,9 m

> Bei der Multiplikation und Division von Näherungswerten wird das Ergebnis auf die Anzahl zuverlässiger Ziffern gerundet, die der ungenaueste Wert hat. Anfangsnullen werden dabei nicht mitgezählt.

# Vernetzen: Rechnen mit Näherungswerten

zulässiges Gesamtgewicht: 7,49 t
Eigengewicht mit Fahrer: 5,19 t

**9** Der abgebildete Lkw soll dreizehn Kisten transportieren: Zwei Kisten wiegen jeweils 0,4 t, fünf Kisten jeweils 190 kg und sechs Kisten jeweils 89 kg. Kann der Lkw alle Kisten auf einmal transportieren?

**10** a) Ein erwachsener Mann legt mit einem Schritt rund 0,75 m zurück. Wie viel Meter legt er mit 5500 Schritten zurück?
b) Wie viele Schritte muss ein Schüler mit einer Schrittlänge von 0,60 m machen, um eine gleichlange Strecke zurückzulegen?

**11** Theresas Zimmer ist 3,65 m lang und 3,15 m breit. Es soll mit Teppichboden ausgelegt werden. Ein Quadratmeter Teppichboden kostet rund 27 €.
Mit welchen Kosten für den Teppichboden muss die Familie rechnen?

> Preis: 27 € (2 zuverlässige Ziffern)
> Länge: 4,24 m (3 zuverlässige Ziffern)
> Breite: 3,52 m (3 zuverlässige Ziffern)
>
> Flächeninhalt:
> A = 4,24 m · 3,52 m = 14,9248 m²
> ≈ 14,92 m²
>
> *Runde bei Zwischenergebnissen auf eine Stelle mehr als zuverlässige Ziffern vorhanden sind.*
>
> Kosten für den Teppichboden:
> 14,92 · 27 € = 402,84 € ≈ 400 €

**12** Bestimme einen Näherungswert für die Kosten eines neuen Teppichbodens.

| | Länge des Zimmers (m) | Breite des Zimmers (m) | geschätzter Preis pro m² |
|---|---|---|---|
| a) | 4,23 | 2,86 | 23 € |
| b) | 3,68 | 3,12 | 27 € |
| c) | 4,32 | 3,00 | 30 € |
| d) | 5,10 | 4,18 | 16,50 € |

**13** Ein rechteckiges Gartengrundstück ist 30,60 m lang und 23,20 m breit. Es soll neu eingezäunt werden.
An einer Ecke des Grundstücks steht ein 2,95 m breiter und 4,25 m langer Geräteschuppen. Ein Gartentor von 2,50 m wurde bereits gekauft.
a) Fertige eine Skizze an.
b) Wie viele Zaunelemente müssen insgesamt gekauft werden? Beachte, dass die Anzahl der Zaunelemente nicht abgerundet werden darf.
c) Bestimme einen Näherungswert für die Gesamtkosten.

Pfosten 3,95 €
1,60 m hoch
Zaunelement 19,95 €
1,50 m breit

*In manchen Sachzusammenhängen muss aufgerundet werden.*

## Vernetzen: Die Honigbiene

Die Honigbiene ist die bekannteste der 500 in Deutschland vorkommenden Bienenarten. Diese Bienen leben in Gemeinschaften von 8000 bis 40 000 Mitgliedern zusammen. Jedes Bienenvolk hat eine Königin und 500 bis 1000 Drohnen, das sind männliche Bienen. Die übrigen Bienen heißen Arbeiterinnen. Eine Arbeiterin ist etwa 1 cm groß, eine Drohne 2 cm und die Königin 2,2 cm.

Die Königin erzeugt den Nachwuchs, Sie legt täglich bis zu 2000 Eier. Die einzige Aufgabe der Drohnen ist es, eine Königin zu begatten. Die Arbeiterinnen verrichten je nach ihrem Lebensalter unterschiedliche Tätigkeiten. Die jüngeren Arbeiterinnen kümmern sich um die Nachkommen, die älteren sammeln Nektar oder schaffen Wasser heran. Eine Arbeiterin lebt etwa sechs Wochen, eine Königin bis zu fünf Jahre.

Zur Ernährung brauchen Bienen außer dem Honig vor allem Wasser, das von den Wasserholerinnen in den Bienenstock gebracht wird.
Eine ausgewachsene Biene benötigt täglich 0,001 g Wasser, jede Brutzelle des Bienennachwuchses mindestens 0,02 g.

Eine Biene fliegt täglich sieben bis fünfzehn Mal aus. Dabei entfernt sie sich bis zu zwei Kilometer von ihrem Stock. Pro Minute besucht sie durchschnittlich zwölf Blüten. Um ihre Honigblase zu füllen, muss sie je nach Ergiebigkeit 15 bis 100 Blüten anfliegen.
Ein Ausflug dauert 25 bis 45 Minuten.

Beim Fliegen kann eine Biene eine Geschwindigkeit von 50 Kilometern pro Stunde erreichen. Wenn sie beladen ist, fliegt sie aber höchstens 20 Kilometer pro Stunde.
Dabei schlägt sie 250 mal pro Minute mit den Flügeln.
Die Energie für ihren Flug gewinnt sie aus dem Zucker des Honigs in ihrer Honigblase. Für einen Kilometer Flug benötigt sie etwa 0,002 g Zucker.

Eine Arbeiterin wiegt 0,1 g. Wenn sie vom Sammeln mit gefüllter Honigblase in den Bienenstock zurückkehrt, wiegt sie um die Hälfte mehr.

Vernetzen: Die Honigbiene

**1** Übertrage den Steckbrief der Honigbiene in dein Heft und füge die fehlenden Zahlen und Größen ein. Ergänze ihn durch weitere Angaben, die du im Text findest.

**2** Erkläre die unterschiedlichen Aufgaben von Arbeiterin, Drohne und Königin.

**3** Wie viel Gramm wiegt eine mit Nektar beladene Sammelbiene?

**4** a) Von jedem Ausflug bringt eine Sammelbiene 0,05 g Nektar mit. Wie viel Gramm Nektar transportiert sie täglich?
b) Eine Arbeiterin ist in ihrem Leben drei Wochen lang als Sammlerin tätig. Wie viel Gramm Nektar sammelt sie in dieser Zeit?
c) Aus drei Kilogramm Nektar wird ein Kilogramm Honig hergestellt. Wie oft müssen die Bienen ausfliegen, um ein Kilogramm Honig zu gewinnen?

**5** a) Wie lange ist eine Sammelbiene täglich außerhalb des Bienenstocks unterwegs?
b) Wie oft schlagen in dieser Zeit ihre Flügel?

## Argumentieren und Kommunizieren

### Einem Text Informationen entnehmen

1. Lies den Text im Ganzen durch. Schreibe in einem Satz auf, wovon der Text handelt.
2. Lies jeden einzelnen Abschnitt des Textes langsam und konzentriert.
Schreibe zu jedem Abschnitt eine Überschrift auf.
3. Schreibe die Aussagen des Textes auf, die du für besonders wichtig hältst.
4. Schreibe die Wörter auf, die du nicht kennst. Kläre ihre Bedeutung, indem du ein Lexikon benutzt oder deinen Lehrer fragst.
5. Berichte einem Mitschüler oder einer Mitschülerin, was du gelesen hast.

**6** a) Wie viele Kilometer legt eine Sammelbiene täglich zurück?
b) Wie viel Gramm Zucker benötigt sie täglich?

**7** Wie viele Eier legt eine Bienenkönigin durchschnittlich in einer Stunde (in einer Minute)?

**8** a) Wie viel Gramm Wasser benötigt ein Bienenstock mit 40 000 Bienen und 5000 Brutzellen täglich? Wie viel Liter sind das?
b) Eine Wasserholerin kann an einem Tag 20 Mal zu einem nahegelegenen Bach fliegen und bei einem Flug 0,01 g Wasser transportieren. Wie viele Wasserholerinnen sind zur Versorgung des Bienenstocks notwendig?

**9** Überlege dir weitere Aufgaben zur Honigbiene. Gib sie einem Mitschüler oder einer Mitschülerin zum Lösen.

**10** Suche in einem Biologiebuch oder im Internet nach weiteren Informationen über Honigbienen.

## Lernkontrolle 1

**1** Schreibe als Dezimalzahl.
a) neun Zehntel
   acht Hundertstel
   vier Tausendstel

b) sechs Zehntel drei Hundertstel
   fünf Hundertstel zwei Tausendstel
   sieben Zehntel ein Tausendstel

**2** Setze <, > oder = ein.
a) 3,78 ■ 3,87
   9,03 ■ 9,023
   0,042 ■ 0,204

b) 2,310 ■ 2,31
   7,887 ■ 7,878
   0,002 ■ 0,020

**3** Runde
a) auf Hundertstel
   3,476
   0,9649
   6,0861

b) auf Zehntel
   2,46
   0,082
   1,017

**4** Berechne im Kopf.
a) 5,67 · 10
   1,702 · 100
   0,0334 · 1000

b) 21,4 : 10
   13,5 : 100
   5,22 : 1000

**5** Addiere schriftlich.
a) 3,82 + 12,06 + 0,92
b) 0,0032 + 0,427 + 0,52

**6** Subtrahiere schriftlich.
a) 3,78 − 1,23    b) 0,3 − 0,029

**7** Multipliziere schriftlich.
a) 2,641 · 4,3    b) 2,052 · 0,83

**8** Dividiere schriftlich.
a) 23,76 : 0,4    b) 0,5742 : 0,06

**9** Erkläre, welche Fehler Kevin gemacht hat.
a) 13,2 + 0,87 = ■    b) 2,3 − 0,832 = ■

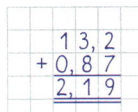
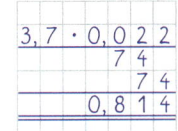
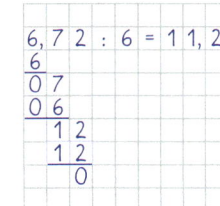

c) 3,7 · 0,022 = ■    d) 6,72 : 6 = ■

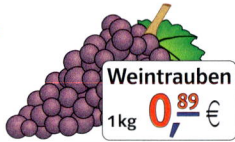

**10** Ein Liter Benzin kostet 134,9 Cent. Herr Leise tankt 48 Liter. Wie viel Euro muss er bezahlen?

**11** Markus kauft 1,562 kg Bananen und 0,462 kg Weintrauben. Wie viel Euro muss er bezahlen?

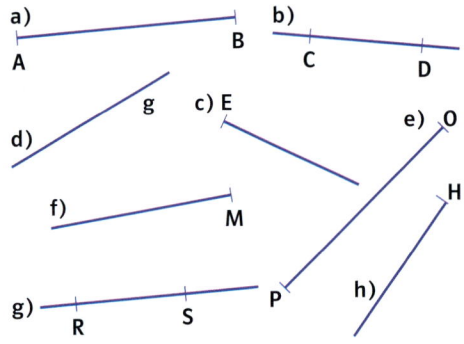

## Wiederholung

**1** Gib an, ob es sich in der Abbildung um eine Gerade, eine Strecke oder einen Strahl handelt?

**2** Welche Geraden sind parallel zueinander, welche Geraden sind senkrecht zueinander?

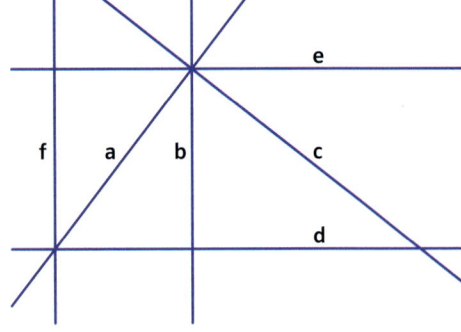

# Lernkontrolle 2

**1** Schreibe als Dezimalzahl.
a) acht Zehntel vier Hundertstel
neun Hundertstel zwei Tausendstel

b) achtundvierzig Hundertstel
siebenundzwanzig Tausendstel
zwölf Zehntel

**2** Ordne der Größe nach.
a) 3,4; 3,43; 3,443; 3,34; 3,334
b) 0,7787; 0,8787; 0,7788; 0,87; 0,778
c) 0,0203; 0,0032; 0,302; 0,03; 0,023
d) 1,001; 1,01; 1,101; 1,11; 1,011

### Olympische Spiele Athen 2004
### 400-Meter-Lauf, Männer

| Blackwood | Jamaika | 45,55 s |
|---|---|---|
| Brew | USA | 44,42 s |
| Clarke | Jamaika | 44,83 s |
| Djhone | Frankreich | 44,94 s |
| Francique | Grenada | 44,66 s |
| Harris | USA | 44,16 s |
| Simpson | Jamaika | 44,76 s |
| Wariner | USA | 44,00 s |

**3** a) In welcher Reihenfolge kamen die Läufer ins Ziel?
b) Runde die Ergebnisse des 400-Meter-Laufs auf Zehntelsekunden.

**4** Multipliziere schriftlich.
a) 11,6 · 3,04      b) 0,0632 · 0,0057
3,24 · 0,51            0,0026 · 0,0094

**5** Dividiere schriftlich.
a) 1,976 : 0,8     b) 0,1806 : 0,07
0,5202 : 0,9         0,2056 : 0,04

**6** Beachte die Regel „Punktrechnung vor Strichrechnung".
a) 2,7 + 6 : 8 + 4,1
b) 2,5 · 3,4 − 13 : 4
c) 1,4 · 1,5 + 2,9 + 2 : 0,4

**7** Erkläre, welche Fehler Rebekka gemacht hat.
3,82 · 0,053 =      1,596 : 0,07 =

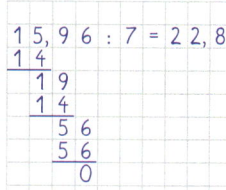

**8** Seit dem letzten Tanken ist Frau Then 640 Kilometer gefahren. Sie tankt 48 Liter Benzin.
Wie viel Liter Benzin verbraucht das Auto auf einem Kilometer (auf 100 Kilometern)?

**9** Frau Müllers Auto hat einen durchschnittlichen Verbrauch von 6,2 Litern Benzin auf 100 Kilometern. Sie ist 550 Kilometer gefahren.
Wie viel Liter Benzin hat ihr Auto verbraucht?

**1** Übertrage die Punkte A und B sowie die Gerade g in dein Heft. Zeichne eine Parallele zu g durch A und eine Senkrechte zu g durch B.

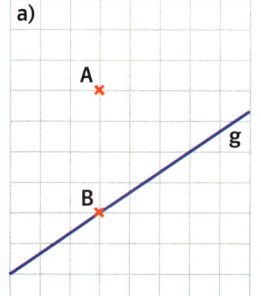
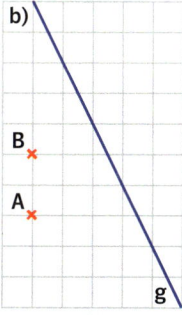

**2** Miss den Abstand der Punkte A und B von der Geraden g.

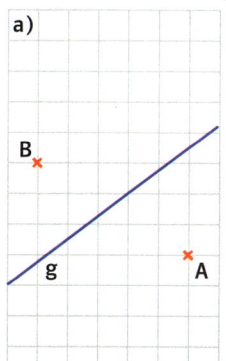
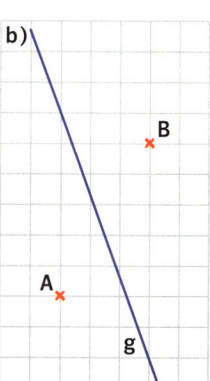

**Wiederholung**

Der Bereich, der mit einem unbewegten Auge gesehen werden kann, wird als Gesichtsfeld eines Auges bezeichnet. Hier siehst du das horizontale Gesichtsfeld eines Auges.

# 2 Kreis und Winkel

Das Gesichtsfeld beider Augen ist der Bereich, der von beiden Augen gleichzeitig gesehen wird.

Das Gesichtsfeld des rechten und des linken Auges überschneiden sich in der Mitte. In diesem Überschneidungsbereich kann man Gegenstände räumlich sehen.

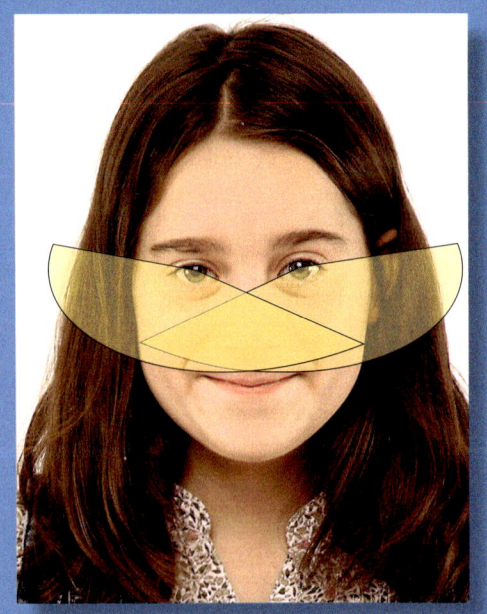

Das Gesichtsfeld von Tieren unterscheidet sich vom Gesichtsfeld des Menschen recht deutlich.

Pferde, Rehe oder auch Hasen erfassen, ohne den Kopf zu bewegen, fast den vollen Gesichtskreis.

Sie haben bei nur geringer Kopfbewegung volle Rundumsicht.

- ◼ nicht sichtbar
- ◻ einäugiges Sehen
- ◼ räumliches Sehen

Katzen, Luchse, Leoparden oder auch Adler verfügen über einen großen Bereich des scharfen räumlichen Sehens.

Erläutere, warum verschiedene Tierarten unterschiedlich große Gesichtsfelder haben. Denke dabei an die Lebensweise der einzelnen Tierarten.

# Wir bestimmen die Größe unseres Gesichtsfeldes

**1** Dieses Foto entspricht etwa dem Gesichtsfeld des Menschen. Das horizontale Gesichtsfeld beider Augen ist der Bereich der Umgebung, der von beiden Augen gleichseitig gesehen wird.

Du kannst mithilfe einer Mitschülerin oder eines Mitschülers in einem Selbstversuch die Größe deines horizontalen Gesichtsfeldes bestimmen. Führe dazu die folgenden Anweisungen aus.

*Anschließend schaue ich starr nach vorne und bewege meine Arme langsam nach vorn. Jetzt sehe ich so gerade meine Daumen.*

*Zunächst strecke ich meine beiden Arme mit weit nach oben gerichteten Daumen aus und biege beide Arme so weit wie möglich nach hinten.*

*Schätzt die Größe des Winkels zwischen meinen Armen.*

# Wir bestimmen die Größe unseres Gesichtsfeldes

**2** Durch den folgenden Versuch könnt ihr den Winkel des Gesichtsfeldes einer Mitschülerin oder eines Mitschülers ermitteln und auf dem Schulhof markieren.

Zeichnet mit Kreide und mithilfe einer Schnur zunächst einen nicht zu kleinen Kreis auf den Schulhof.

Eine Schülerin oder ein Schüler stellt sich auf den Mittelpunkt des Kreises, sieht genau geradeaus und bewegt den Kopf nicht.

a) Beschreibt anhand der Abbildungen, wie ihr den Winkel des Gesichtsfeldes bestimmen und markieren könnt.

b) Wiederholt den Versuch. Bestimmt eine andere Mitschülerin oder einen anderen Mitschüler für die Kreismitte.

c) Führt einen Versuch durch, mit dem ihr jeweils das horizontale Gesichtsfeld des rechten und des linken Auges ermitteln könnt.

## Wir bestimmen die Größe unseres Gesichtsfeldes

**3** Mit einem Perimeter lässt sich die Größe eines Gesichtsfeldes genauer bestimmen. Die Abbildung zeigt ein Perimeter, das du aus einem rechteckigen Stück fester Pappe anfertigen kannst.

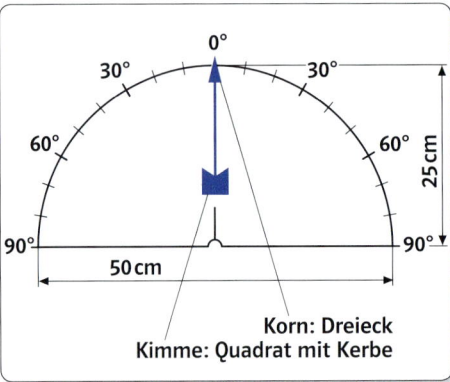

Korn: Dreieck
Kimme: Quadrat mit Kerbe

Die Informationen über Winkelgrößen können dir helfen, die Gradeinteilung am Rand des Perimeters vorzunehmen.

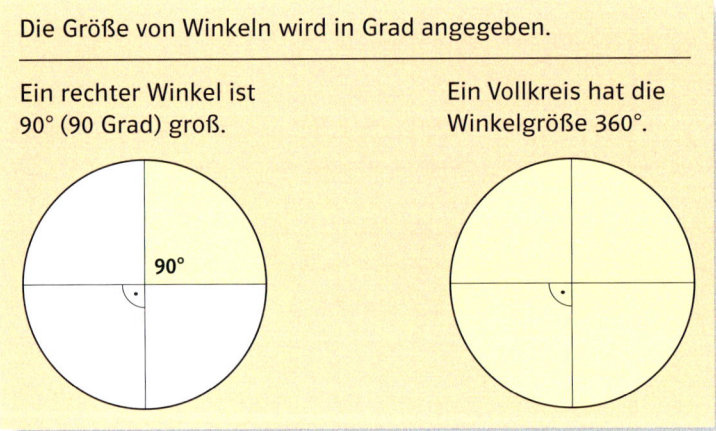

Die Größe von Winkeln wird in Grad angegeben.

Ein rechter Winkel ist 90° (90 Grad) groß.

Ein Vollkreis hat die Winkelgröße 360°.

Mithilfe der folgenden Anweisungen kannst du in Partnerarbeit die Größe deines Gesichtsfeldes bestimmen:

1. Halte das Perimeter wie abgebildet vor dein Gesicht und fixiere mit dem rechten Auge das Dreieck. Dein linkes Auge ist geschlossen.
2. Deine Mitschülerin oder dein Mitschüler bewegt einen Bleistift vom äußersten rechten Rand langsam nach vorne. Der Bleistift ragt dabei 1 cm über den Rand.
3. Gib an, wann der Bleistift sichtbar wird und wann er wieder aus deinem Blickfeld verschwindet.
4. Deine Mitschülerin oder dein Mitschüler markiert deine Angaben auf der Gradeinteilung.
5. Führe diesen Versuch anschließend mit dem linken Auge durch.

a) Zeichne einen Halbkreis mit der abgebildeten Gradeinteilung in dein Heft. Markiere das Gesichtsfeld deines rechten und deines linken Auges mit verschiedenen Farben.

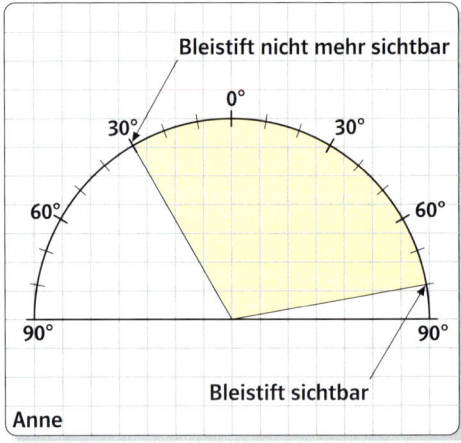

Anne

b) Wie groß ist der Winkel des Bereiches, in dem sich die Gesichtsfelder deiner Augen überschneiden?
c) Wie groß sind jeweils die seitlichen Bereiche, die du nur mit einem Auge erfassen kannst?

# Kreise

**1** Die Räder eines Fahrrads haben die Form eines Kreises. Nenne weitere kreisförmige Gebrauchsgegenstände. Bestimme, wenn möglich, zu den Kreisen den Durchmesser.

Ein 28-Zoll-Rad hat ungefähr einen Durchmesser von 71 cm.

**3** Zeichne einen Kreis mit dem angegebenen Radius.
Markiere zuvor den Mittelpunkt M.
Zeichne einen Radius ein.
a) 3 cm   b) 4,5 cm   c) 15 mm
d) 3,6 cm   e) 27 mm   f) 4,3 cm
g) 2,3 cm   h) 0, 48 dm   i) 5,2 cm

Die Mehrzahl von „Radius" heißt „Radien".

**2** a) Aus der abgebildeten Holzplatte will Sonja eine kreisförmige Scheibe schneiden. Beschreibe, wie sie zunächst mithilfe einer Holzleiste einen Kreis auf der Holzplatte zeichnet.

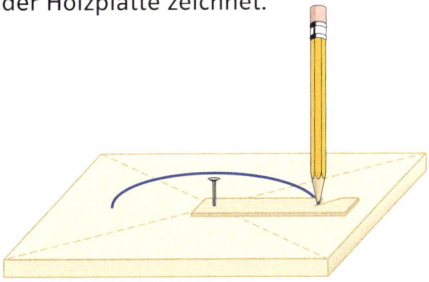

**4** Zeichne einen Kreis mit dem angegebenen Durchmesser.
Markiere zuvor den Mittelpunkt M.
Zeichne einen Durchmesser ein.
a) 6 cm   b) 5,4 cm   c) 48 mm
d) 4,6 cm   e) 8 cm 4 mm   f) 0,96 dm

b) Zeichne mit verschiedenen Hilfsmitteln jeweils einen Kreis auf dem Fußboden deines Klassenraumes oder auf dem Schulhof.
c) Wie würdest du vorgehen, um in einem Garten ein kreisförmiges Blumenbeet anzulegen? Erkundige dich in einer Gärtnerei.

**5** Zeichne einen Kreis mit r = 3 cm und einen zweiten mit r = 3,5 cm. Ordne die beiden Kreise so an, dass sie
a) keinen gemeinsamen Punkt haben,
b) einen gemeinsamen Mittelpunkt haben,
c) sich berühren,
d) sich schneiden,
e) ineinander liegen,
f) ineinander liegen und sich berühren.

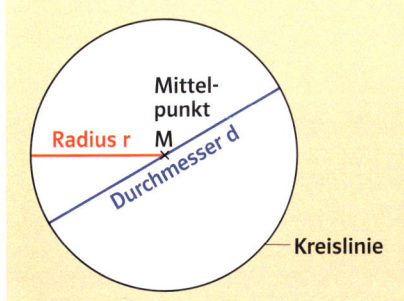

Eine Strecke vom **Mittelpunkt M** zu einem Punkt der Kreislinie heißt **Radius r.**

Der **Durchmesser d** verläuft durch den Mittelpunkt des Kreises.

Der Durchmesser d ist doppelt so lang wie der Radius r.

## Kreise

**6** Treffen die folgenden Aussagen zu? Notiere deine Begründung.

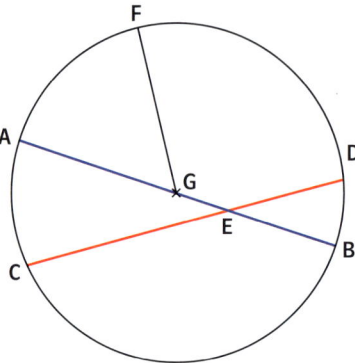

a) Der Punkt E ist der Mittelpunkt des Kreises.
b) Die Strecke $\overline{FG}$ ist halb so lang wie die Strecke $\overline{AB}$.
c) Die Strecke $\overline{CD}$ ist länger als die Strecke $\overline{AB}$.

**7** a) Zeichne ein Quadrat mit der Seitenlänge 5 cm.
b) Zeichne einen Kreis, der genau in das Quadrat passt. Zeichne einen zweiten Kreis, der durch die Eckpunkte des Quadrats verläuft.
Überlege zunächst, wo der Mittelpunkt dieser Kreise liegen muss.
c) Bestimme jeweils Radius und Durchmesser.

**8** a) Beschreibe anhand der Abbildung, wie du mithilfe des Zirkels ein Sechseck mit gleich langen Seiten (**regelmäßiges Sechseck**) zeichnen kannst.

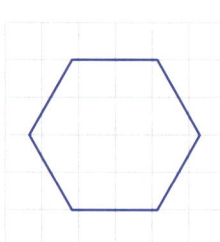

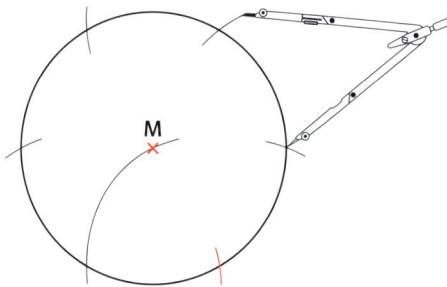

b) Zeichne ein regelmäßiges Sechseck in einen Kreis mit dem Radius r = 3 cm ein.
c) Zeichne in einen Kreis mit r = 4 cm ein gleichseitiges Dreieck.

**9** Eine Projektgruppe stellt für einen Wandertag verschiedene Ausflugsziele zusammen.
a) Erläutere, warum die Gruppe wie abgebildet drei Kreise auf der Karte um ihren Schulstandort gezeichnet hat.

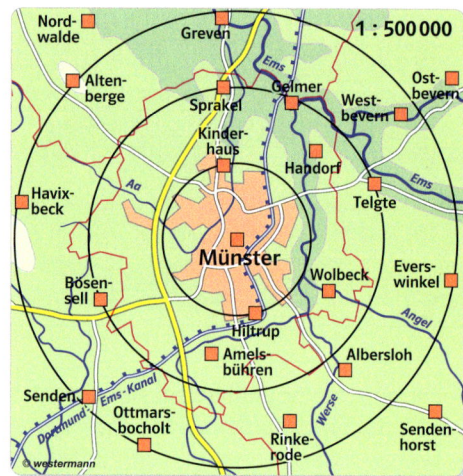

b) Wie viele Kilometer (Luftlinie) sind jeweils die Orte Greven, Hiltrup und Sprakel vom Schulort entfernt?
c) Bestimme ohne zu messen die Entfernung (Luftlinie) Kinderhaus und Hiltrup (Bösensell und Telgte, Havixbeck und Everswinkel). Begründe deine Lösung.

**10** Der Radius eines Tennisballs beträgt ungefähr 3,2 cm. Eine quaderförmige Schachtel soll drei Tennisbälle aufnehmen. Wie groß müssen die Kantenlängen der Schachtel mindestens sein?

**11** Mit einer Schieblehre kann zum Beispiel der Durchmesser einer Münze sehr genau bestimmt werden.

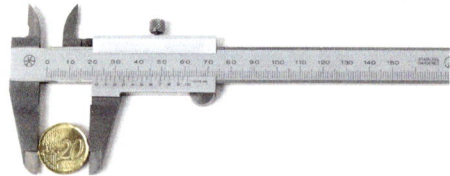

Überlegt in Partnerarbeit eine Messmethode, mit der sich der Durchmesser kreisförmiger Gegenstände genau bestimmen lässt. Beachte die Hinweise auf der Seite 133.

# Kreisfiguren

**1** a) Zeichne die einzelnen Kreisfiguren mit dem angegebenen Radius in dein Heft. Suche für jede Figur einen Namen.

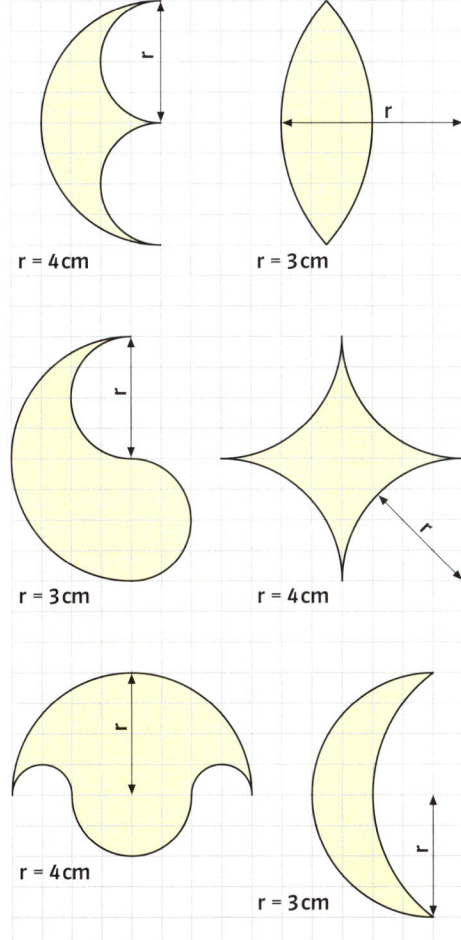

**2** Die Schalen vieler Schnecken und Meerestiere sind spiralförmig aufgebaut. Die an Land lebende Weinbergschnecke bildet eine Schale aus, die ihr zum Schutz gegen Fressfeinde dient. Zeichne mithilfe der Abbildungen eine Spirale. Überlege zunächst, an welcher Stelle deines Blattes du den Anfang der Spirale setzen willst.

*Schale eines Nautilus*

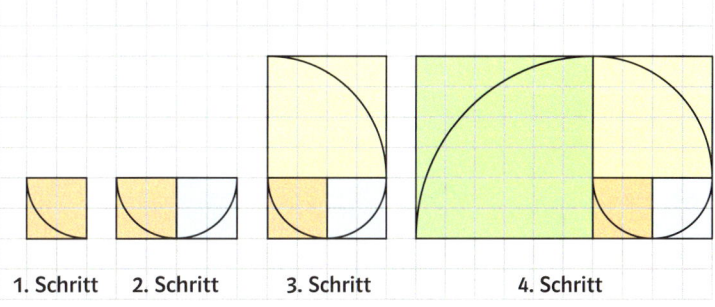

1. Schritt  2. Schritt  3. Schritt  4. Schritt

**3** a) Übertrage das folgende Kreismuster in dein Heft. Überlege zunächst, wo die Kreismittelpunkte liegen.

b) Entwirf selbst eine Kreisfigur. Fordere ein Mitglied deiner Tischgruppe auf, die Figur nachzuzeichnen.

b) Entwirf selbst verschiedene Kreismuster. Benutze dazu gleich große oder verschieden große Kreise.

## Winkel

**1** In deiner Umwelt treten an vielen Stellen Winkel auf.

Rehe sind Fluchttiere. Die Augen eines Rehs liegen seitlich am Kopf. Dadurch kann es auch schräg von hinten anschleichende Raubtiere entdecken. Das Gesichtsfeld eines Rehs umfasst etwa 300 Grad. Andere Fluchttiere wie der Hase oder die Waldschnepfe können, ohne den Kopf zu wenden, den vollen Gesichtskreis von 360 Grad erfassen.

Die Augen des Waldkauzes sind starr nach vorne gerichtet. Sein Gesichtsfeld ist nicht sehr groß (160°). Dank seines beweglichen Kopfes, der um 270 Grad drehbar ist, kann er seine Beute schnell finden.
Beschreibe weitere Beispiele aus dem Alltag, bei denen Winkel vorkommen.

**2** Die verschiedenfarbigen Lichtbündel eines Leuchtfeuers helfen den Seeleuten, sich auf dem Meer zu orientieren. Wie viele farbig markierte Winkel erkennst du in der abgebildeten Zeichnung?

**3** a) Weißt du, wo es einen „toten Winkel" gibt?
b) Was ist gemeint, wenn ein Fußballspieler aus „spitzem Winkel" auf das Tor schießt?

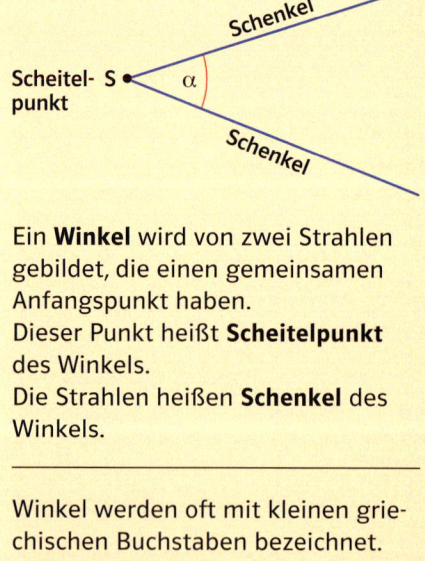

Ein **Winkel** wird von zwei Strahlen gebildet, die einen gemeinsamen Anfangspunkt haben.
Dieser Punkt heißt **Scheitelpunkt** des Winkels.
Die Strahlen heißen **Schenkel** des Winkels.

---

Winkel werden oft mit kleinen griechischen Buchstaben bezeichnet.

| alpha | beta | gamma | delta | epsilon |
|-------|------|-------|-------|---------|
| α | β | γ | δ | ε |

# Winkel bezeichnen

**1** Auf dem Zifferblatt der abgebildeten Uhr ist der Winkel farbig markiert, den der große Zeiger während einer bestimmten Zeitspanne überstrichen hat. Gib die Anzahl der Minuten an.

a) 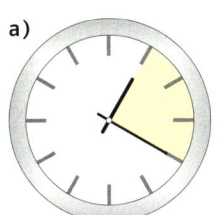  b)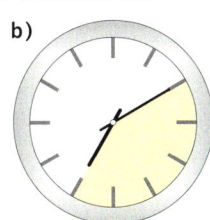
c) 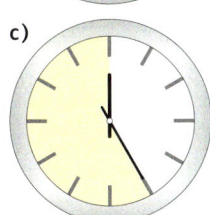  d)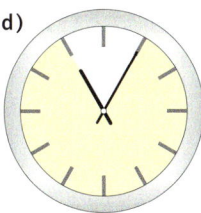

**2** Der rot gefärbte Winkel entsteht, wenn der Strahl a entgegen dem Uhrzeigersinn (linksherum) auf b gedreht wird. Beschreibe, wie der grün gefärbte Winkel entsteht.

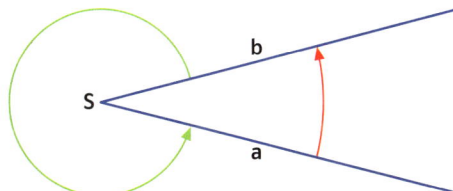

Wird ein Strahl um seinen Anfangspunkt gedreht, so entsteht ein Winkel.

**3** In den folgenden Beispielen siehst du, wie ein Winkel durch seine Schenkel bezeichnet wird.

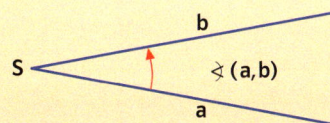

∢ (a, b) bezeichnet den Winkel, der bei einer **Linksdrehung** des **Schenkels a** auf **Schenkel b** überstrichen wird.

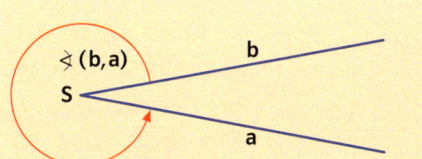

∢ (b, a) bezeichnet den Winkel, der bei einer **Linksdrehung** des **Schenkels b** auf **Schenkel a** überstrichen wird.

Überprüfe, ob der markierte Winkel richtig bezeichnet ist.

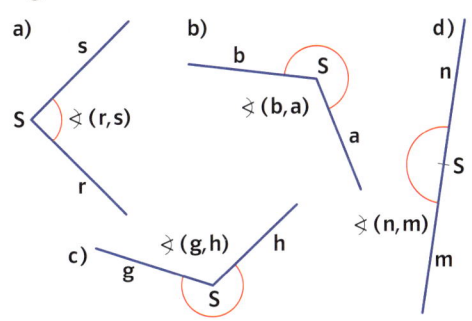

**4** Du kannst einen Winkel auch durch seinen Scheitelpunkt und je einen Punkt auf seinen Schenkeln bezeichnen. Bezeichne den markierten Winkel. Schreibe so: α = ∢ (a, b) = ∢ ASB

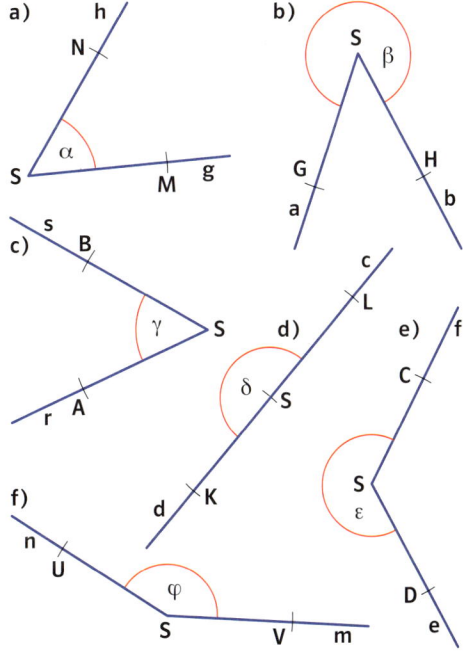

*Ein Winkel wird hier stets gegen den Uhrzeigersinn bezeichnet.*

Griechischer Buchstabe: phi (φ)

*Wenn der Winkel durch drei Punkte bezeichnet wird, steht der Scheitelpunkt stets in der Mitte.*

α = ∢ RST

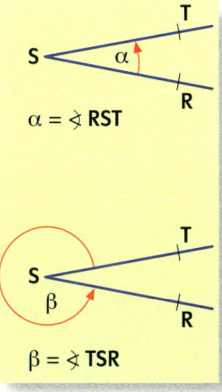

β = ∢ TSR

49

# Winkelgrößen bestimmen

**1** In vielen Bereichen des Alltags – zum Beispiel beim Bau von Straßen und Brücken – müssen bestimmte Winkel mit großer Genauigkeit gemessen und gezeichnet werden.
Zum Messen eines Winkels wird die Einheit „Grad" verwendet.
Die Einheit 1 Grad beruht auf der Unterteilung des Vollwinkels in 360 gleich große Teile. Diese Unterteilung wurde wahrscheinlich vor etwa 4000 Jahren von den Sumerern festgelegt. Der griechische Astronom Hipparch hielt diese Unterteilung als Erster schriftlich fest. Heutige Landvermesser benutzen die Winkeleinheit „Gon". Wie viel Grad sind ein Gon? Suche die Antwort in einem Lexikon oder im Internet.

Zum Messen eines Winkels wird ein Kreis (Vollwinkel) in 360 gleiche Teile geteilt.

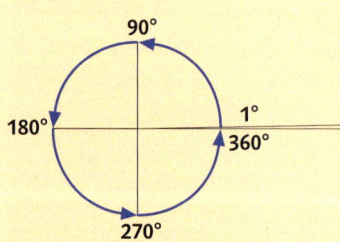
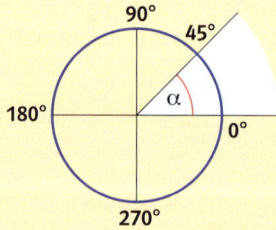

Die Größe eines Winkels wird in der Einheit **Grad** angegeben.
1 Grad (1°) ist der 360. Teil eines Vollwinkels.

Wir sagen:
α ist 45 Grad groß

Wir schreiben: α = 45°

**2** In der folgenden Übersicht siehst du, wie die Winkel ihrer Größe nach eingeteilt werden.

**Spitze Winkel** sind größer als 0° und kleiner als 90°.
$0° < α < 90°$

Ein **rechter Winkel** ist 90° groß.
$α = 90°$

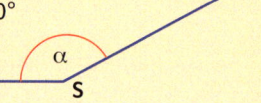

**Stumpfe Winkel** sind größer als 90° und kleiner als 180°.
$90° < α < 180°$

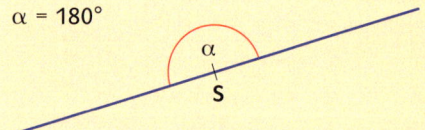

Ein **gestreckter Winkel** ist 180° groß.
$α = 180°$

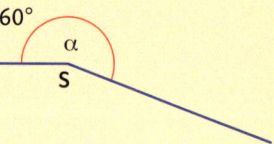

**Überstumpfe Winkel** sind größer als 180° und kleiner als 360°.
$180° < α < 360°$

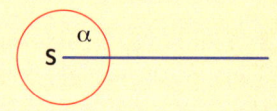

Ein **Vollwinkel** ist 360° groß.
$α = 360°$

Ordne die abgebildeten Winkel jeweils ihrer Winkelart zu.

a) 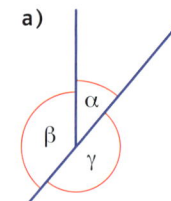   b)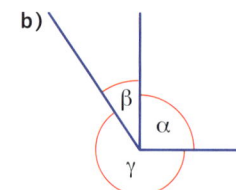

# Winkelgrößen mit der Winkelscheibe darstellen

**1** Fertigt in Partnerarbeit eine Winkelscheibe an. Dazu benötigt ihr zwei verschieden farbige Tonkartonbögen. Zeichnet zunächst auf jeden Bogen einen Kreis mit dem Radius 7 cm und schneidet anschließend die Kreise sorgfältig aus.

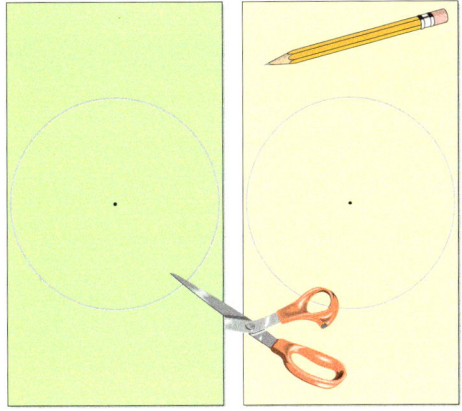

Wie ihr weiterarbeiten könnt, zeigen die folgenden Abbildungen.

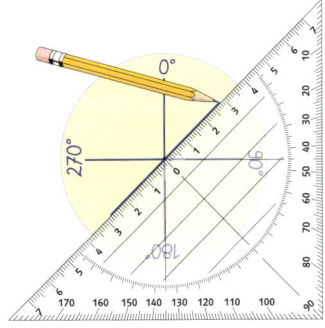

Jede Scheibe bis zum Mittelpunkt einschneiden.

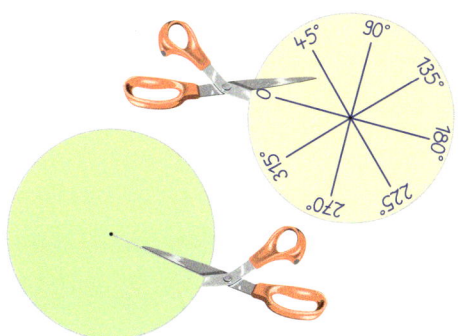

Steckt die beiden Scheiben wie abgebildet ineinander.

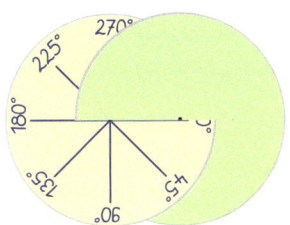

Durch Drehen der einen Scheibe in der anderen könnt ihr nun unterschiedliche Winkel einstellen.
Wenn ihr mithilfe der Winkelskala auf der abgebildeten gelben Scheibe einen Winkel bestimmter Größe einstellt, so erscheint der gleiche Winkel ohne Skala auf der grünen Scheibe.

Winkel einstellen

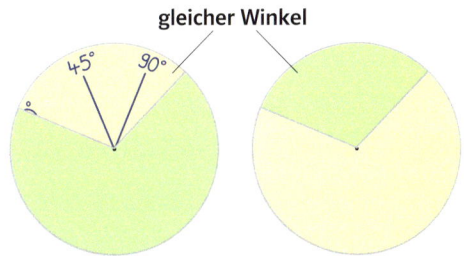

Mithilfe der Winkelscheibe könnt ihr das Schätzen von Winkelgrößen üben.

*Gib auch die Winkelart an.*

Ein Partner stellt mit der Skala einen Winkel ein, der andere sieht nur den Winkel auf der Rückseite und schätzt dessen Größe.

## Winkel messen und zeichnen

**1** Das Geodreieck ist ein Werkzeug, mit dem du die Größe eines Winkels messen kannst.

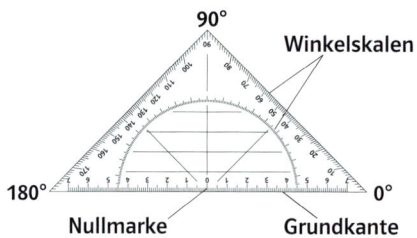

a) Suche auf deinem Geodreieck die Skalenwerte 0°, 10°, 30°, 45°, 73°, 90°, 128°, 137°, 155° und 180°. Was stellst du fest?

b) Die folgenden Abbildungen zeigen dir, wie du mithilfe des Geodreiecks die Größe eines Winkels messen kannst.

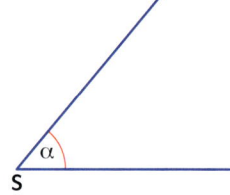

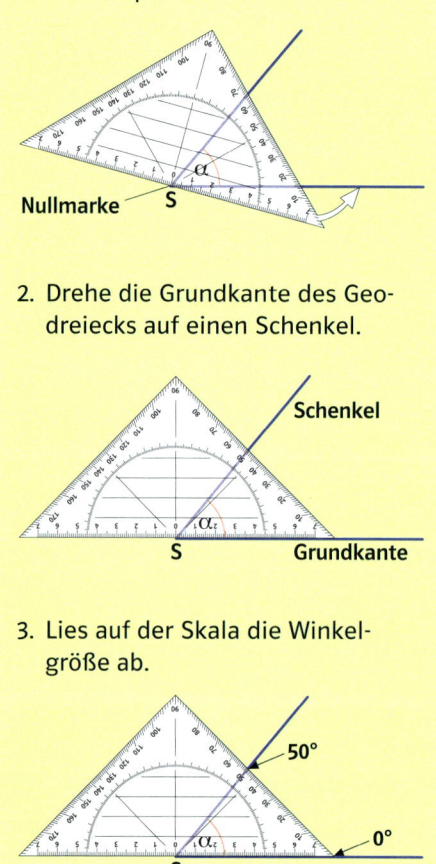

1. Lege die Nullmarke auf den Scheitelpunkt S.
2. Drehe die Grundkante des Geodreiecks auf einen Schenkel.
3. Lies auf der Skala die Winkelgröße ab.

Bestimme mit dem Geodreieck die Größe der abgebildeten Winkel. Schätze zunächst die Winkelgröße.

| Winkel | α | β | |
|---|---|---|---|
| geschätzte Größe | 60° | | |
| gemessene Größe | | | |

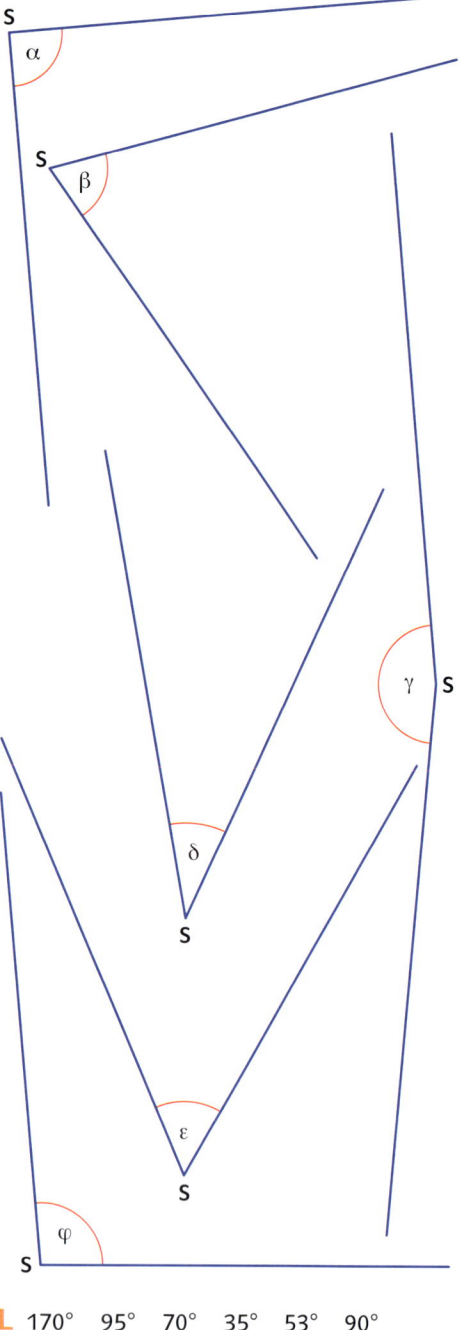

L 170°  95°  70°  35°  53°  90°

# Winkel messen und zeichnen

**2** In den Abbildungen sind zwei Verfahren dargestellt, einen 130° großen Winkel zu zeichnen.
Beschreibe die beiden Verfahren.

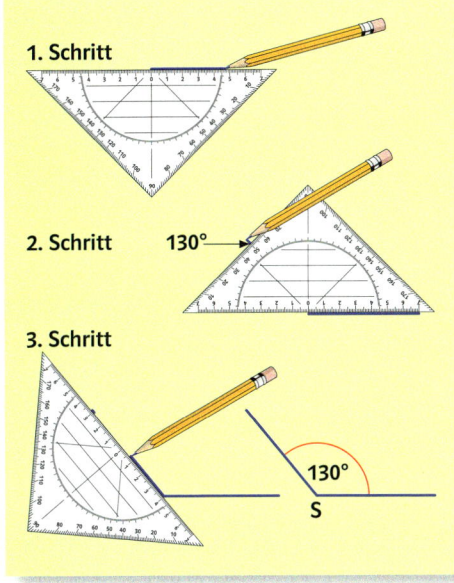

**4** Die Größe des abgebildeten Winkels α liegt zwischen 180° und 360°.
a) Erläutere, wie mithilfe des Geodreiecks die Winkelgröße bestimmt wird.

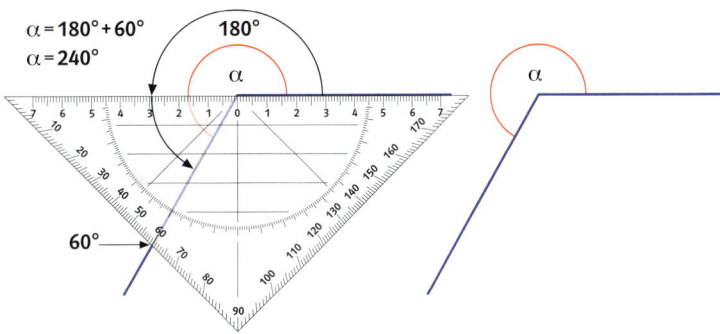

b) Finde einen zweiten Lösungsweg. Begründe ihn.
c) Bestimme die Größe der abgebildeten Winkel. Schätze zunächst.

Beachte dazu die Hinweise auf Seite 133.

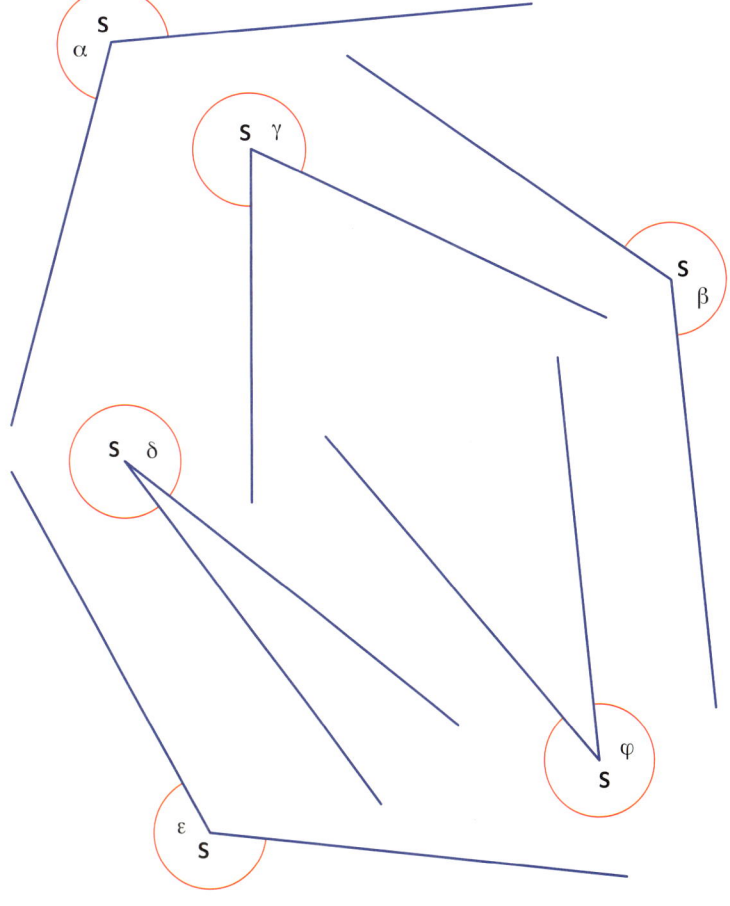

**3** Zeichne jeweils einen Winkel der vorgegebenen Größe. Markiere den Winkel mit einem Kreisbogen.
a) 40°  80°  25°  15°  100°  165°
b) 175°  180°  70°  45°  105°  90°
c) 153°  93°  18°  114°  66°  144°
d) 8°  107°  133°  155°  34°  123°

**L** 345°  235°  250°  295°  230°  325°

# Winkel messen und zeichnen

**5** Erläutere, wie in dem Beispiel ein 250° großer Winkel gezeichnet wird. Beschreibe eine weitere Möglichkeit, den Winkel zu zeichnen.

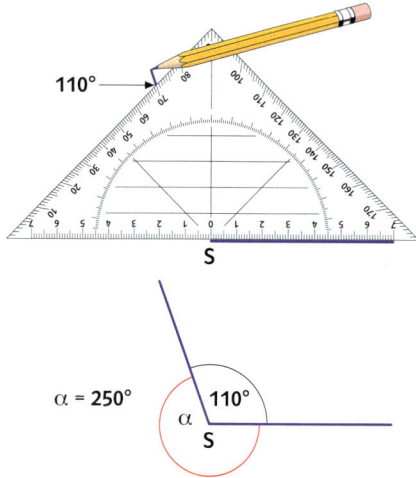

Zeichne jeweils einen Winkel der angegebenen Größe. Markiere den Winkel mit einem Kreisbogen.
a) 240°  210°  270°  320°  190°  350°
b) 195°  285°  305°  205°  315°  345°
c) 208°  186°  314°  293°  344°  197°
d) 332°  227°  206°  318°  188°  353°

**6** Bestimme die Größe der abgebildeten Winkel. Ergänze die Tabelle im Heft.

Griechischer Buchstabe: omega (ω)

| Winkel | α | |
|---|---|---|
| Winkelart | spitzer W. | |
| geschätzte Größe | 80° | |
| gemessene Größe | | |

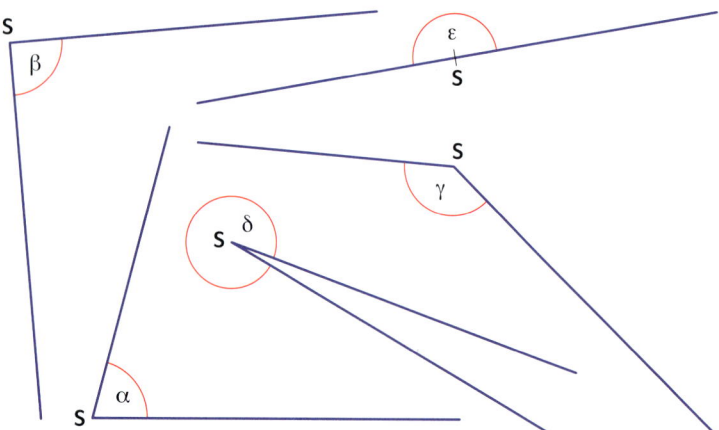

**7** Bestimme mit dem Geodreieck die Größe der markierten Winkel.

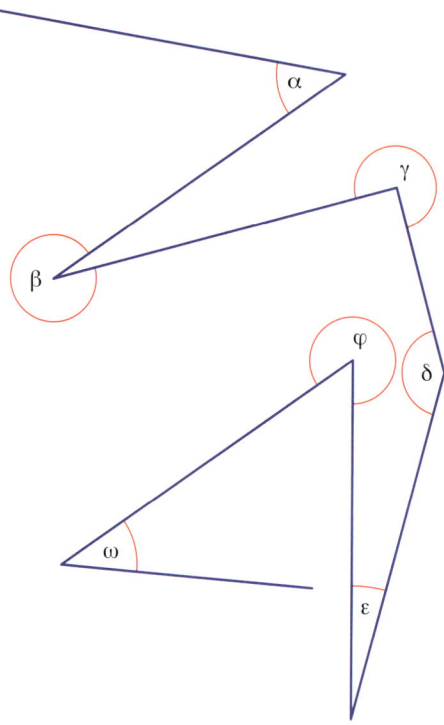

**8** Zeichne in ein Koordinatensystem (Einheit 1 cm) einen Winkel ∢ (a, b). Der Scheitelpunkt des Winkels ist der Punkt S. Schenkel a geht durch Punkt A, Schenkel b durch Punkt B. Miss die Größe des Winkels.
a) S (2 | 1)    A (6 | 0,5)    B (2,5 | 5)
b) S (2,5 | 2)    A (7,5 | 1,5)    B (5,5 | 4,5)
c) S (2 | 8)    A (1 | 6)    B (8,5 | 9,5)
d) S (4,5 | 6,5)    A (9,5 | 8,5)    B (8,5 | 5)

**9** Zeichne das Gesichtsfeld eines Hundes und eines Frosches in dein Heft.

Hund 250°

Frosch 330°

# Geometriesoftware: Winkel messen

*Wir messen Winkel mithilfe eines Geometrieprogramms.*

**1** Erzeuge auf dem Zeichenblatt deines Geometrieprogramms einen beliebig großen Winkel ∢ ASB.
Führe dazu die folgenden Schritte aus:

1. Zeichne eine Halbgerade (Strahl). Du musst den Anfangspunkt und einen Punkt auf der Halbgeraden angeben.

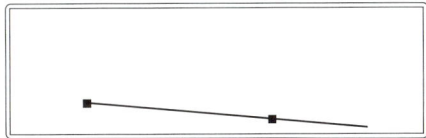

2. Benenne den Anfangspunkt der Halbgeraden mit S und den zweiten Punkt mit A.

3. Zeichne eine zweite Halbgerade. Wähle als Anfangspunkt S. Benenne den zweiten Punkt mit B.

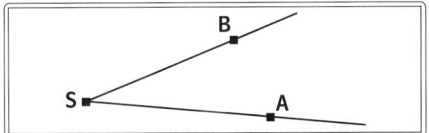

**2** Mithilfe der folgenden Anweisungen kannst du die Größe des Winkels ∢ ASB bestimmen:

1. Leiste „Messen & Rechnen" aktivieren.

2. Symbol „Winkel messen" anklicken.

3. Punkte in der Reihenfolge A, S und B angeben.

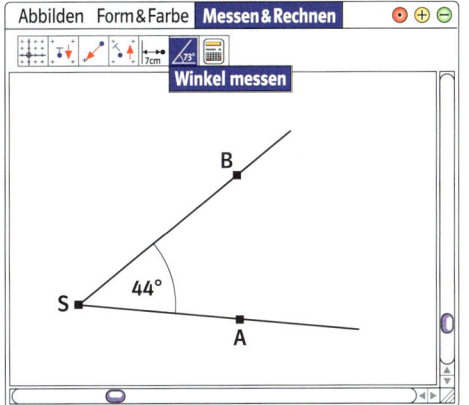

Bestimme die Größe des Winkels ∢ ASB. Bewege mithilfe der Maus den Punkt B. Der Mauszeiger wird dabei zu einer Zange, wenn er sich dem Punkt nähert. Erzeuge so einen rechten, stumpfen, gestreckten und überstumpfen Winkel.

**3** Zeichne auf dem Zeichenblatt des Geometrieprogramms einen Streckenzug. Wähle dazu in der Leiste „Konstruieren" das Symbol „Strecke zwischen 2 Punkten". Benenne die einzelnen Streckenpunkte.

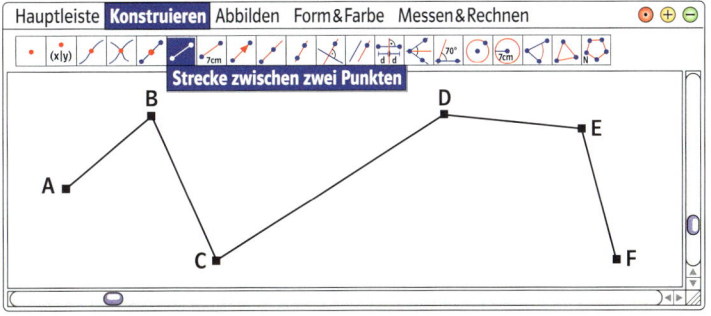

Fordere deine Mitschülerin oder deinen Mitschüler auf, alle auftretenden Winkel zu bestimmen.

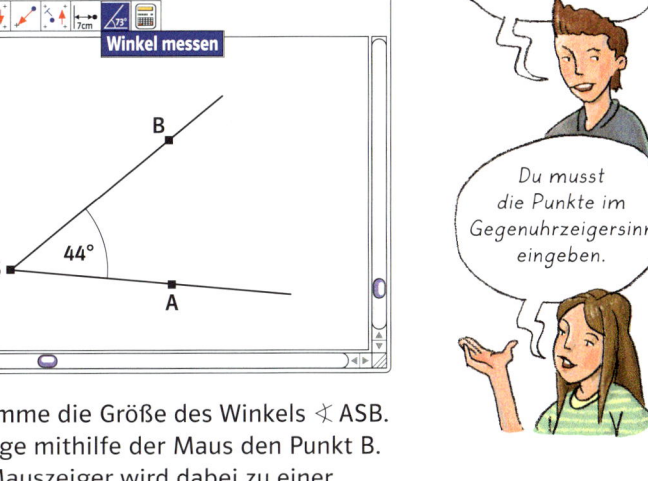

*Einen Winkel musst du für das Geometrieprogramm durch drei Punkte festlegen.*

*Du musst die Punkte im Gegenuhrzeigersinn eingeben.*

# Grundwissen: Kreis und Winkel

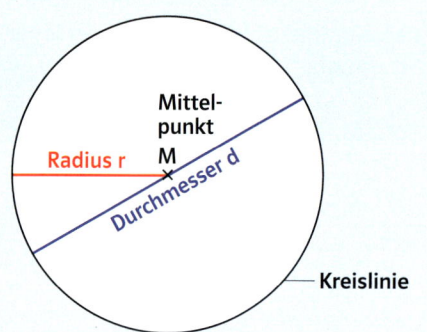

Eine Strecke vom **Mittelpunkt M** zu einem Punkt der Kreislinie heißt **Radius r.**
Der **Durchmesser d** verläuft durch den Mittelpunkt des Kreises.
Der Durchmesser d ist doppelt so lang wie der Radius r.

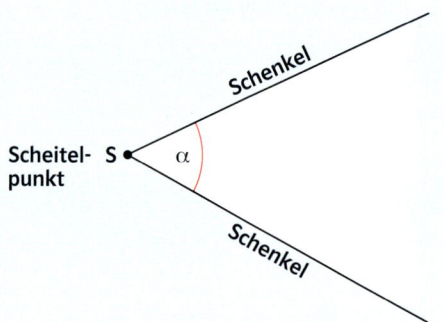

Ein **Winkel** wird von zwei Strahlen gebildet, die einen gemeinsamen Anfangspunkt haben.

Dieser Punkt heißt **Scheitelpunkt** des Winkels.

Die Strahlen heißen **Schenkel** des Winkels.

Ein Winkel kann mit kleinen griechischen Buchstaben, durch die Nennung seiner Schenkel oder durch seinen Scheitelpunkt und je einen Punkt auf seinen Schenkeln bezeichnet werden.

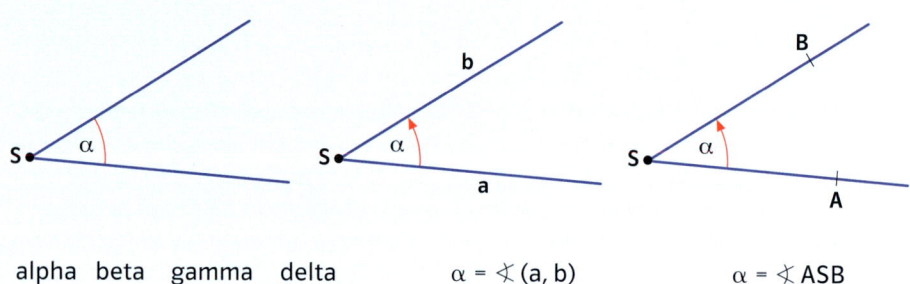

alpha  beta  gamma  delta
  α      β      γ       δ

$\alpha = \sphericalangle (a, b)$

$\alpha = \sphericalangle ASB$

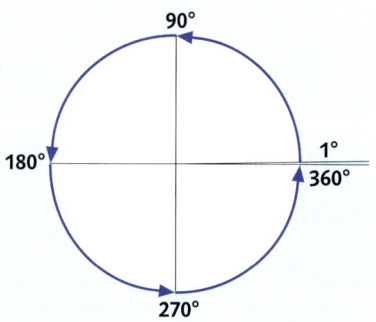

Zum **Messen eines Winkels** wird ein Kreis (Vollwinkel) in 360 gleiche Teile geteilt.
Die Größe eines Winkels wird in der Einheit Grad angegeben. 1 Grad (1°) ist der 360. Teil eines Vollwinkels.

# Üben und Vertiefen

**1** a) Beschreibe, wie mit den abgebildeten Hilfsmitteln jeweils ein Kreis gezeichnet wird.
b) Mit welchen Hilfsmitteln lassen sich unterschiedlich große Kreise zeichnen? Begründe deine Antwort.

**2** Zeichne einen Kreis mit dem angegebenen Radius. Markiere zunächst den Mittelpunkt M. Zeichne einen Radius ein.
a) 2,5 cm   b) 4,3 cm   c) 16 mm
d) 0, 5 dm   e) 28 mm   d) 2,4 cm

**3** a) Welchen Ort haben die auf der Karte eingezeichneten Kreise als gemeinsamen Mittelpunkt?
b) Bestimme jeweils die Entfernung von Krefeld, Mönchengladbach und Köln zum Mittelpunktsort.

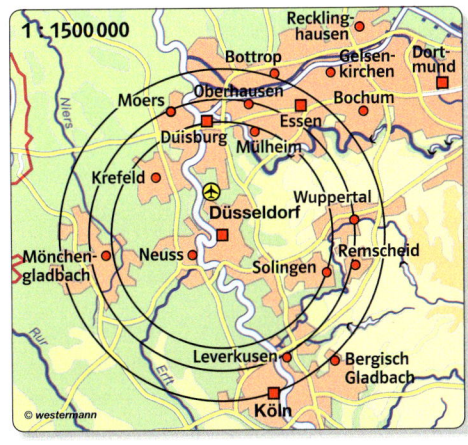

**4** Kreise mit gleichem Mittelpunkt heißen **konzentrische Kreise.**
Zeichne konzentrische Kreise in dein Heft und male die Ringe mit verschiedenen Farben aus. Du erhältst schöne Farbmuster.

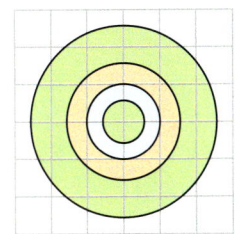

**5** a) Auf dem Zifferblatt der abgebildeten Uhr ist der Winkel markiert, den der große Zeiger während einer bestimmten Zeitspanne überstrichen hat. Gib die Anzahl der Minuten an.

I                II

 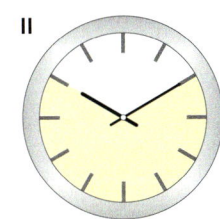

b) Zeichne zunächst ein Zifferblatt in dein Heft (Radius 3 cm). Markiere anschließend den Winkel, den der große Zeiger in 20 (40, 45, 55) Minuten überstrichen hat.

**6**

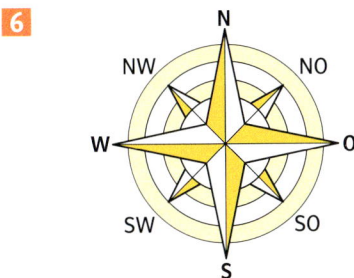

Wie groß ist der Winkel, den die Wetterfahne bei einer Winddrehung von
a) S nach W       b) SO nach NW
c) W nach SW      d) N nach NO
e) O nach S       f) SW nach W
überstrichen hat? Es gibt jeweils zwei Lösungen. Begründe.

*Einer vollen Drehung entspricht ein Winkel von 360°.*

## Üben und Vertiefen

**7** Bestimme mithilfe des Geodreiecks die Größe der abgebildeten Winkel. Schätze zunächst die Winkelgröße. Ergänze die Tabelle im Heft.

| Winkel | α | |
|---|---|---|
| Winkelart | stumpfer W. | |
| geschätzte Größe | 120° | |
| gemessene Größe | | |

**8** Zeichne jeweils einen Winkel der angegebenen Größe. Markiere den Winkel mit einem Kreisbogen.
a) 30°   70°   80°   15°   110°   115°
b) 165°   170°   60°   55°   115°   90°
c) 143°   83°   28°   124°   76°   152°

**9** a) Du willst einen überstumpfen Winkel zeichnen. Beschreibe, wie du diesen Winkel zeichnen kannst.
b) Zeichne jeweils einen Winkel der angegebenen Größe:
260°   215°   195°   325°   274°   337°

**10** Diktiere einer Mitschülerin oder einem Mitschüler die Gradzahlen verschiedener spitzer, stumpfer und überstumpfer Winkel. Fordere sie oder ihn auf, die Winkel zu zeichnen.

**11** a) Beim Kugelstoßen steht der Sportlerin oder dem Sportler zum Schwungholen ein Kreis mit einem Durchmesser von 2,135 m (7 engl. Fuß) zur Verfügung.

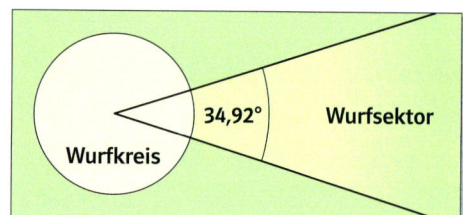

Zeichne die abgebildete Wettkampfanlage im Maßstab 1 : 100. Runde zuvor die gegebenen Größen sinnvoll.
b) Auch beim Speerwerfen sind die Größen für die Anlaufbahn und den Wurfsektor genau festgelegt.
Zeichne anhand der Abbildung eine Wettkampfanlage. Wähle einen geeigneten Maßstab.

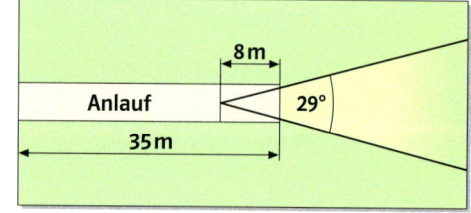

c) Suche im Internet nach Sportarten, bei denen die Größe von Kreisen und Winkeln in ihren Wettkampfanlagen genau festgelegt ist.

## Üben und Vertiefen

**12** Zeichne in ein Koordinatensystem (Einheit 1 cm) einen Winkel ∢ (a, b). Der Scheitelpunkt des Winkels ist der Punkt S. Schenkel a geht durch Punkt A, Schenkel b durch Punkt B. Miss die Größe des Winkels.
a) S (2 | 1,5)   A (6,5 | 0)   B (0 | 7,5)
b) S (3 | 8)     A (4 | 2)     B (2 | 4)
c) S (7 | 8)     A (3,5 | 7)   B (6 | 2)
d) S (9,5 | 2,5) A (6,5 | 1)   B (7,5 | 6,5)

**13** Zeichne einen Kreis mit einem Radius von 5 cm. Unterteile den Kreis in gleich große Felder. Die Winkel am Kreismittelpunkt sollen jeweils 40° (120°, 60°, 72°) groß sein. Woran kannst du erkennen, dass du richtig gezeichnet hast?

**14**

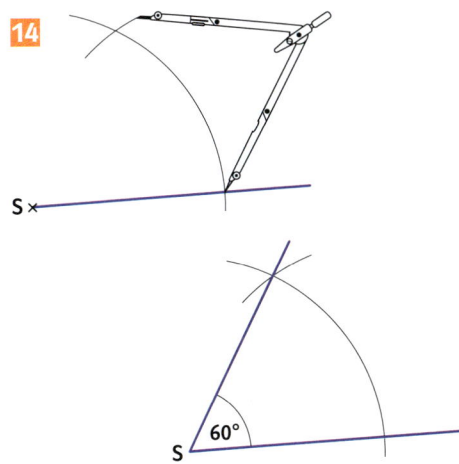

a) Vural hat nur mit Zirkel und Lineal einen 60° großen Winkel konstruiert. Erläutere anhand der Abbildung in einem kurzen Text, wie er diese Konstruktion ausgeführt hat.
b) Konstruiere einen 60° (120°, 240°, 300°) großen Winkel.

**15**

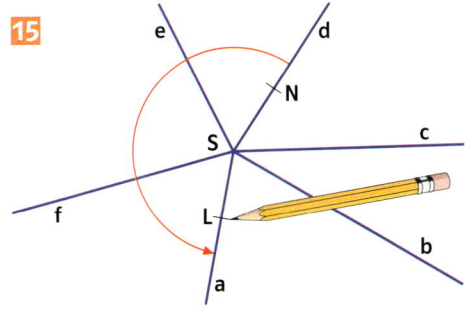

**16** a) Zeichne wie abgebildet sechs Strahlen a, b, c, d, e und f in dein Heft. Markiere auf jedem Strahl einen der Punkte K, L, M, N, R und T, sodass du die folgenden Winkel durch einen Kreisbogen kennzeichnen kannst:
∢ (d, a) = ∢ NSL;   ∢ (b, f) = ∢ KSM
∢ (c, e) = ∢ RST
b) Benenne ebenso zehn weitere durch eine Linksdrehung bestimmte Winkel. Schreibe so: ∢ (d, e) = ∢ NST.

**16**

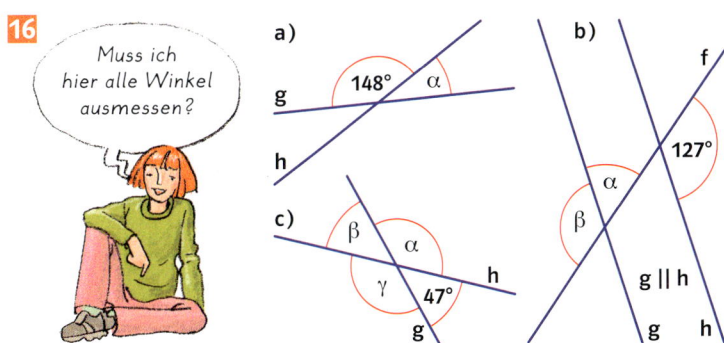

Bestimme jeweils die Größe der mit α, β und γ bezeichneten Winkel.
Übertrage gegebenenfalls die Abbildungen in dein Heft.
Kennzeichne Winkel gleicher Größe durch einen Kreisbogen mit derselben Farbe.
Was stellst du fest?

**17**

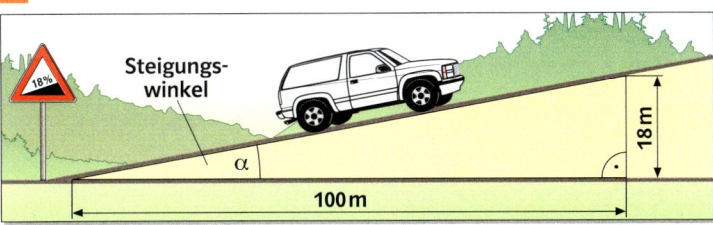

18 Prozent Steigung bedeutet: Auf 100 m steigt die Straße um 18 m an.

a) Wie groß ist der Steigungswinkel einer Straße bei 18 % (25 %) Steigung? Fertige eine Zeichnung im Maßstab 1 : 1000 an.
b) Eine 10 m lange Rampe soll einen Höhenunterschied von 1 m überwinden. Bestimme zeichnerisch ihren Steigungswinkel.

# Vernetzen: Kreismuster in der Architektur

Baustile erkennst du an typischen Formen. Hauptkennzeichen der Gotik (ca. 1200 – 1500) ist der Spitzbogen. Du findest ihn häufig bei Gewölben, Türen und Fenstern.

Auf dem Foto erkennst du ein durch Kreise und Kreisbögen kunstvoll ausgestaltetes Fenster. Seine steinernen Ornamente wurden von den Baumeistern der Gotik mit Zirkel und Lineal entworfen. Sie werden deshalb auch als „Maßwerk" bezeichnet.

**1** Suche im Internet Abbildungen gotischer Fenster, drucke sie aus und klebe sie in dein Heft.

**2** a) In der Abbildung siehst du, wie mithilfe eines Zirkels ein Spitzbogen gezeichnet werden kann. Beschreibe die Form des Spitzbogens. Wo liegen die einzelnen Mittelpunkte der Kreisbögen?

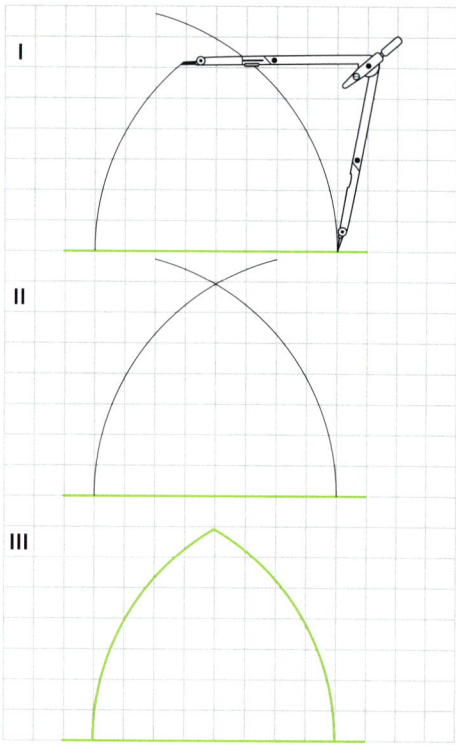

b) David hat im Internet die folgende Konstruktionsskizze eines Fensters gefunden. Übertrage die Skizze in doppelter Größe in dein Heft.

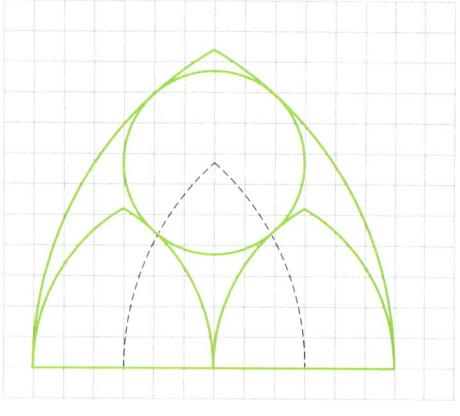

## Vernetzen: Kreismuster in der Architektur

**3** Die steinernen Ornamente in den gotischen Fenstern zeigen häufig Kreise in einem Kreis. Je nach der Anzahl der inneren ineinandergreifenden Kreise nennt man solche Formen Dreipass, Vierpass, Sechspass oder auch Vielpass.

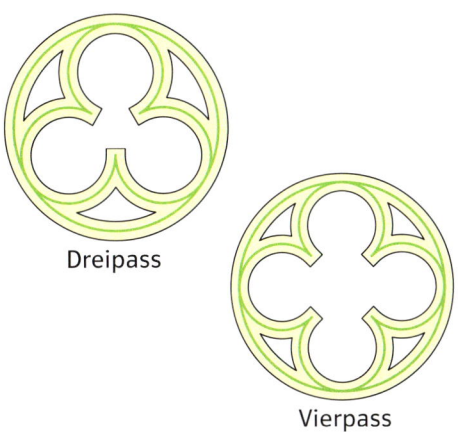

Dreipass

Vierpass

In der Sprache der gotischen Baumeister bedeutet „Pass" soviel wie „Zirkelschlag". Ein Dreipass wird danach aus drei, ein Vierpass aus vier und ein Sechspass aus sechs Zirkelschlägen geformt.

Vielpass

a) Versuche, anhand der folgenden Abbildungen einen Dreipass zu zeichnen.

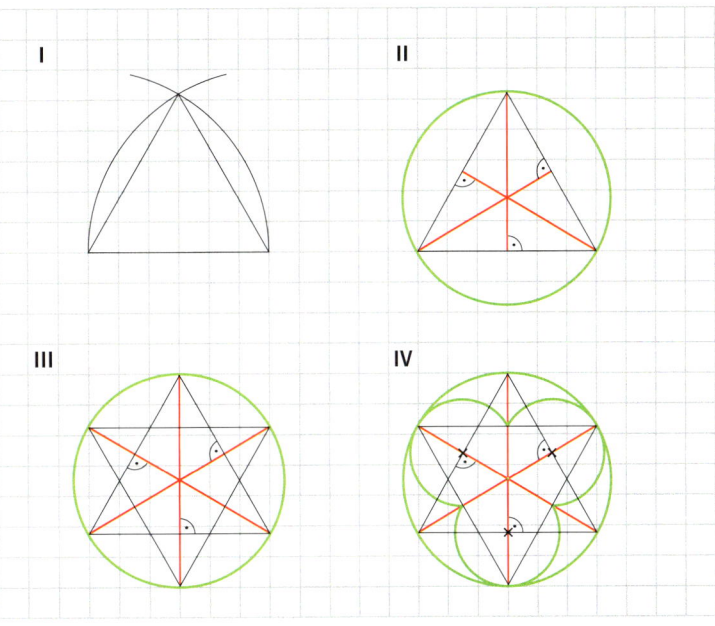

b) Zeichne einen Vierpass. Die Abbildungen zeigen dir, wie du beginnen kannst.

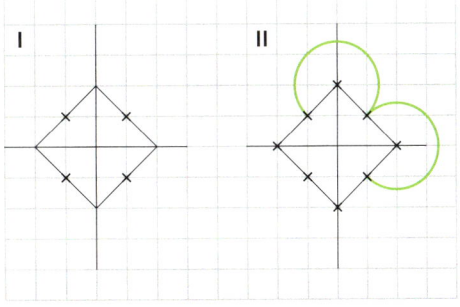

c) Die Kreise in einem Kreis lassen sich auch so verbinden, dass sogenannte „Fischblasen" entstehen. Zeichne jeweils ein „Fischblasen"-Fenster mit zwei und vier Fischblasen.

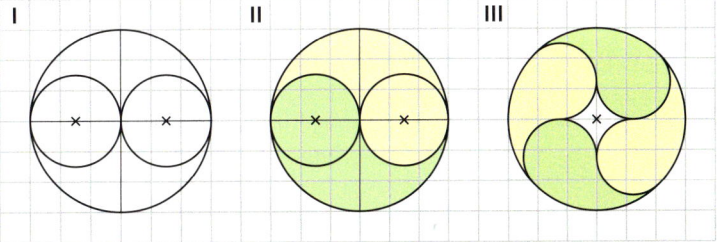

## Vernetzen: Winkel in ebenen Figuren

**1**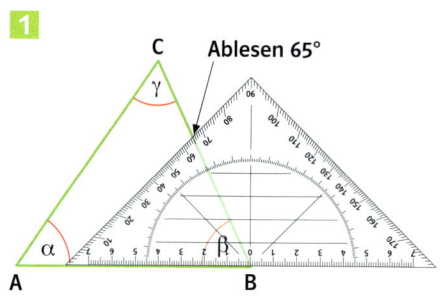

Die in der Abbildung mit α, β und γ bezeichneten Winkel heißen **Innenwinkel** des Dreiecks.
Miss die Größe der Innenwinkel α und γ.

**2** Miss in den einzelnen Dreiecken jeweils die Größe der drei Innenwinkel. Bilde anschließend für jedes Dreieck die Summe der Innenwinkel. Was stellst du fest?

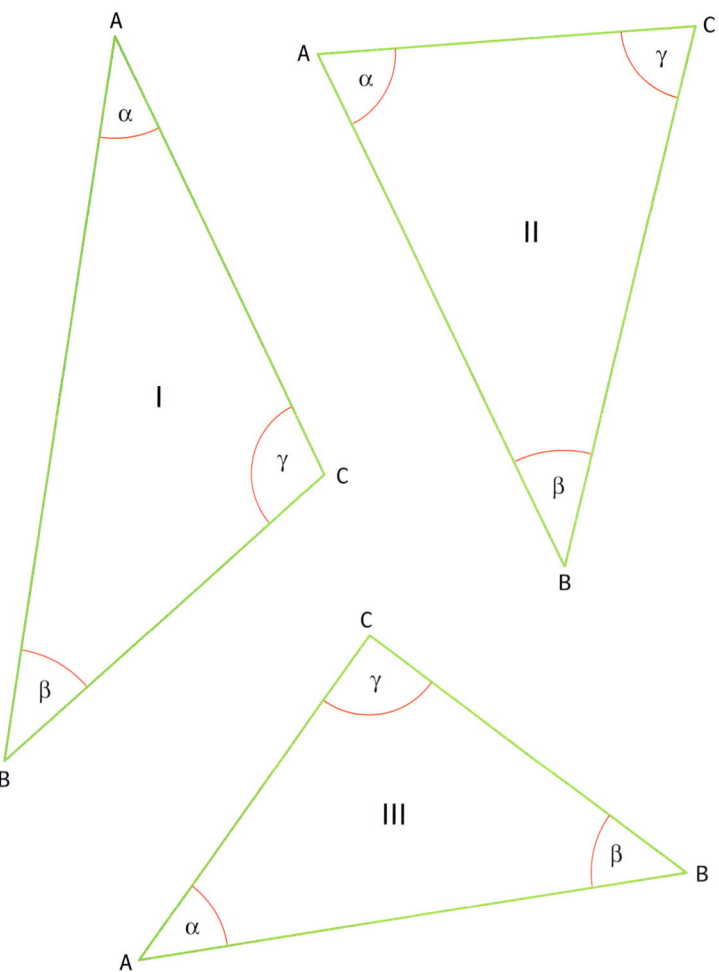

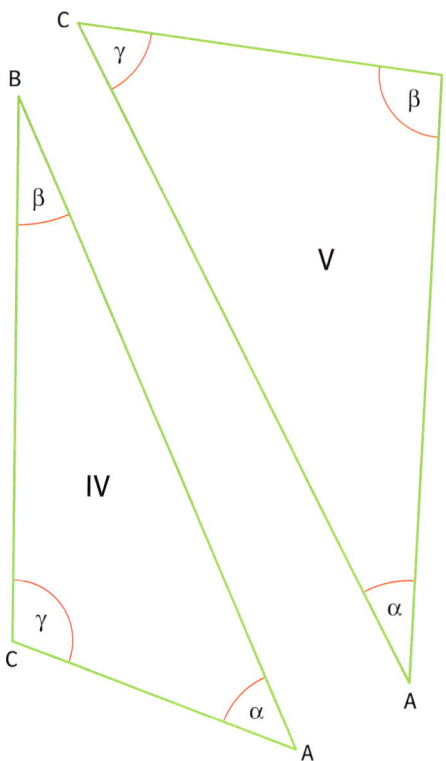

**L** 90°  40°  68°  24°  55°  110°  40°
35°  45°  105°  72°  95°  46°  45°  30°

**3** Zeichne in ein Koordinatensystem (Einheit 1 cm) ein Dreieck ABC mit den Eckpunkten A (2|1), B (8|2) und C (6|7).

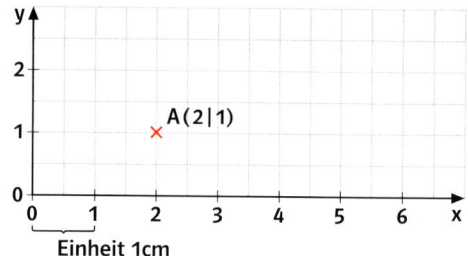

Bestimme die Größe der einzelnen Innenwinkel und überprüfe deine Messergebnisse durch eine Rechnung.

**4** Zeichne verschiedene spitzwinklige, rechtwinklige und stumpfwinklige Dreiecke in das Heft einer Mitschülerin oder eines Mitschülers. Fordere sie oder ihn auf, die Größe der Innenwinkel zu notieren. Überprüfe anschließend diese Messergebnisse durch eine Rechnung.

## Vernetzen: Winkel in ebenen Figuren

**5** a) Miss in dem abgebildeten Viereck die Größe der Innenwinkel. Addiere die Winkelgrößen.

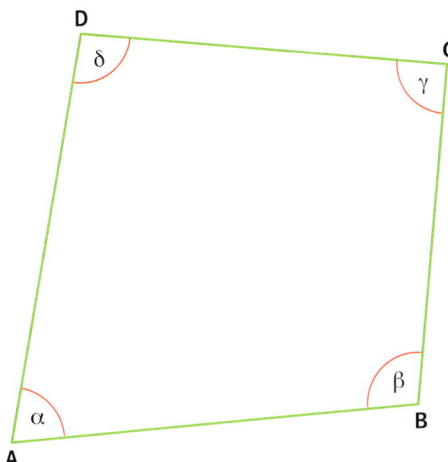

b) Zeichne zwei weitere beliebig große Vierecke, bei denen jeweils die Seiten verschieden lang sind. Bestimme für jedes Viereck die Summe der Innenwinkel. Was stellst du fest?

**6** a) Zeichne in ein Koordinatensystem (Einheit 0,5 cm) ein Viereck ABCD mit den Eckpunkten A (2|2), B (16|2), C (21|10) und D (7|10). Welche Figur erhältst du? Gib ihre Eigenschaften an. Miss dazu auch die Größe der Innenwinkel.
b) Wie viele Winkel musst du in dem Viereck mindestens ausmessen, um die Summe der Innenwinkel zu erhalten. Begründe deine Antwort
c) In einem Parallelogramm beträgt die Größe eines Innenwinkels 70° (40°, 115°). Bestimme jeweils die Größe der drei übrigen Innenwinkel.

**7** a) Zeichne in ein Koordinatensystem (Einheit 0,5 cm) ein Viereck mit den Eckpunkten A (11|12), B (18|6), C (11|10) und D (4|6).
Beschreibe die Eigenschaften der Figur.
b) Bestimme möglichst einfach die Summe der Innenwinkel.
c) Zeichne die Geraden AC und BD. Welche Winkelart tritt am Schnittpunkt der Geraden auf?

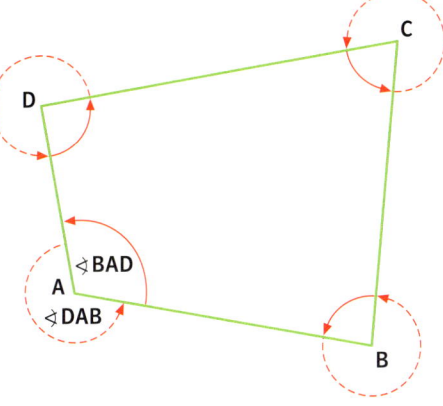

**8** a) Den Innenwinkel mit dem Scheitelpunkt A im abgebildeten Viereck kannst du auch in der folgenden Form schreiben: ∢ BAD.
Benenne in dieser Weise die drei anderen Innenwinkel des Vierecks.

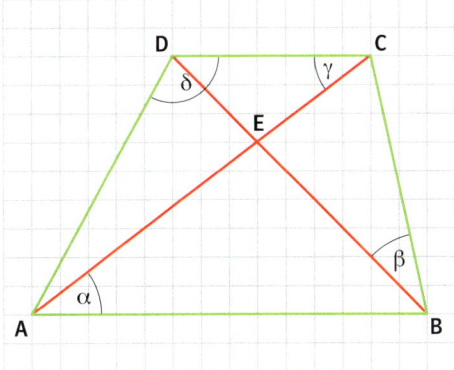

b) Bezeichne die im Trapez markierten Winkel jeweils mit großen Buchstaben und bestimme ihre Größe.
Schreibe so: α = ∢ BAE = ▩

**9** a) Zeichne in ein Koordinatensystem (Einheit 1 cm) ein Viereck ABCD mit A (0,5|0,5), B (8,5|2,5), C (5|8) und D (1|7).
b) Welche Figur erhältst du?
c) Wie viele Winkel musst du in dem Viereck mindestens ausmessen, um die Summe der Innenwinkel zu erhalten? Begründe deine Antwort.
d) Notiere alle Eigenschaften dieser Figur in deinem Heft.

## Vernetzen: Orientieren mit Winkeln

**1** Um sich im unbekannten Gelände, auf hoher See oder in der Luft zu orientieren, ist es meist hilfreich, die Himmelsrichtungen zu bestimmen.

In dem abgebildeten Sternenhimmel ist das Bild des Großen Wagens hervorgehoben. Wie kannst du von diesem Sternbild ausgehend die Richtung Nord bestimmen? Schreibe eine kurze Anweisung.

Heute benutzen der Pilot eines Flugzeuges oder der Kapitän eines Schiffes neben anderen Hilfsmitteln eine Karte und einen Kompass.

**2** Die Abbildung zeigt die Vollkreisrose eines Kompasses. Sie ist in 360 Grad (360°) eingeteilt.

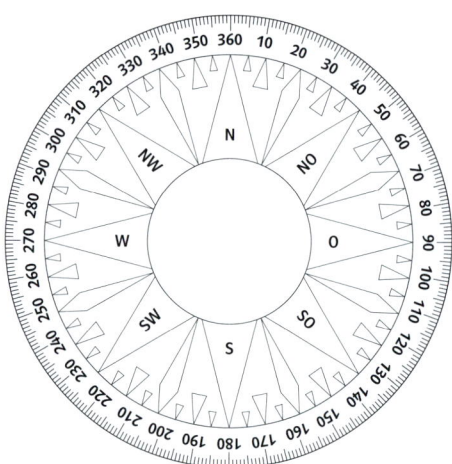

a) Was bedeuten die Bezeichnungen W, SO oder NW?
b) Welche Himmelsrichtung gehört zu 90° (270°, 0°, 135°)?
c) Mit welcher Gradzahl kannst du die Himmelsrichtung S (NO, SW) angeben?
d) Wie groß ist der Winkel zwischen S und W (zwischen NO und SW, zwischen O und NW)?

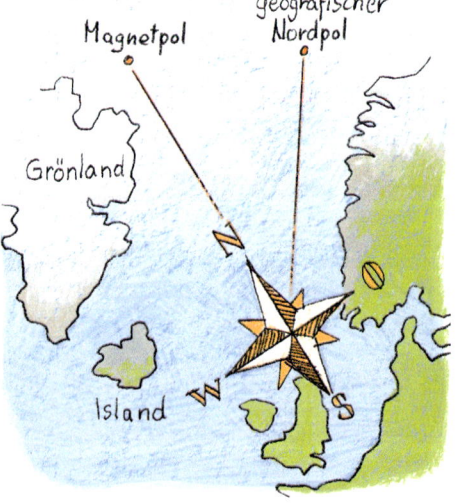

**3** Begründe, warum die Spitzen der Kompassnadel etwas von der eigentlichen Nord-Süd-Richtung abweichen. Du findest die Antwort in deinem Physikbuch.

## Vernetzen: Orientieren mit Winkeln

**4** Ein Schiff will an der Tonne T8 seine Fahrtrichtung ändern, um das Feuerschiff anzulaufen.
Der Kapitän muss deshalb mithilfe der Seekarte einen neuen Kurs festlegen. Dafür misst er auf der Karte den Winkel zwischen der Nordrichtung und der zukünftigen Fahrtrichtung.

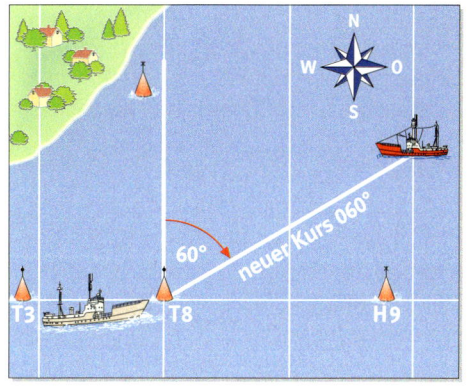

*In der Seefahrt werden die Winkel von der Nordrichtung ausgehend rechtsherum gezählt.*

Welchen Kurs kann der Kapitän der Karte entnehmen, wenn er an der Tonne T8 seine Fahrt in Richtung der Tonne H9 (T3) ändern will?

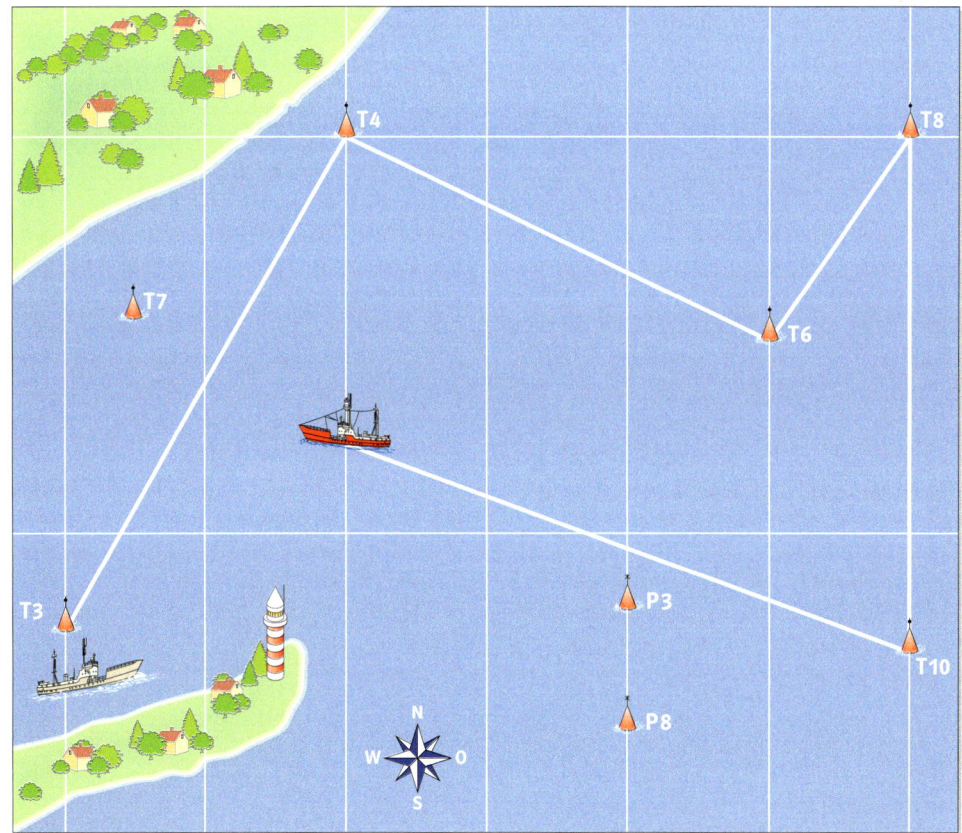

**5** a) Das Wartungsschiff „Elbvogel" steht an der Tonne T3. Es soll nacheinander die Tonnen T4, T6, T8, T10 und das Feuerschiff anlaufen. Bestimme anhand der abgebildeten Seekarte die einzelnen Kursänderungen.

b) Der „Elbvogel" steuert anschließend vom Feuerschiff aus die Tonne P8 an. Bestimme den Kurs.
Nach einiger Zeit kommt die Tonne P3 in Sicht. Welchen Kurs ist das Schiff tatsächlich gelaufen? Kannst du die Kursabweichung erklären?

# Lernkontrolle 1

**1** Zeichne einen Kreis mit dem angegebenen Radius. Zeichne einen Radius und einen Durchmesser ein.
a) 2,5 cm   b) 32 mm   c) 0,18 dm

**2** Aus einer quadratischen Korkplatte von 10 cm Seitenlänge sollen zwei gleiche und möglichst große Kreisscheiben geschnitten werden.
Zeichne und gib jeweils die Größe des Durchmessers an.

**3** Übertrage das Muster in dein Heft.

a)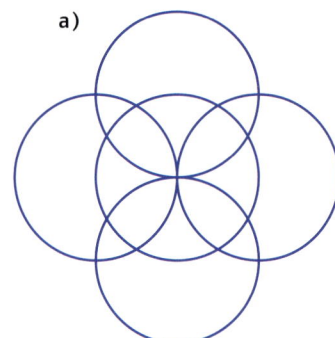
b)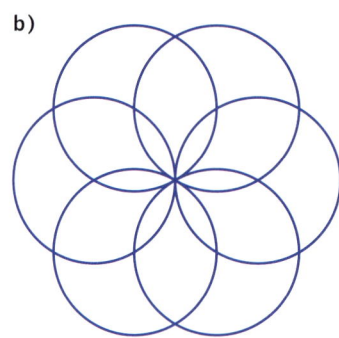

**4** Beschreibe in einem Satz die folgenden Winkelarten:
a) rechter Winkel   b) gestreckter Winkel
c) spitzer Winkel   d) stumpfer Winkel.

**5** Miss die Größe der abgebildeten Winkel. Gib jeweils die Winkelart an.

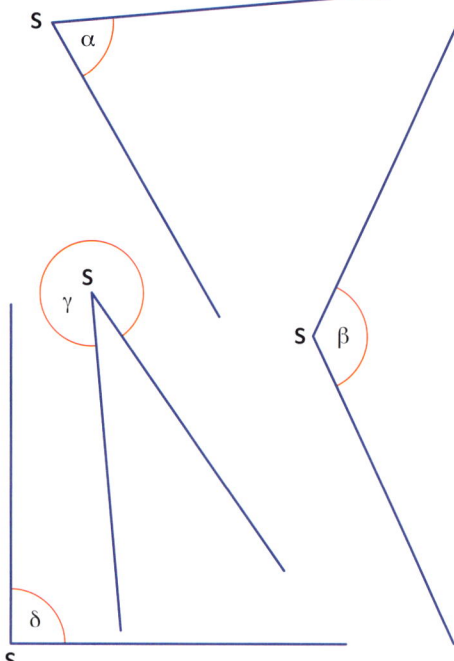

**6** Zeichne folgende Winkel und kennzeichne sie jeweils mit einem Kreisbogen.
$\alpha = 65°$   $\beta = 78°$   $\gamma = 115°$   $\delta = 305°$

## Wiederholung

**1** Wandle in die Einheit um, die in Klammern steht.
a) 8 cm (mm)       b) 60 mm (cm)
   60 cm (mm)         7000 mm (cm)
   9 dm (cm)          480 cm (dm)
   54 m (dm)          6400 cm (m)

c) 37 mm (cm)      d) 4,6 cm (mm)
   148 cm (m)         0,6 cm (cm)
   0,053 km (m)       0,58 dm (cm)
   3,23 m (cm)        0,003 km (m)

**2** Ordne der Größe nach.
a) 557 cm;  1 m 3 dm 6 cm;  2 m 87 cm;
26 dm 4 cm;  3,58 m;  256 cm 60 mm
b) 5 km 39 m;  5122 m;  48624 dm;
5 887 000 mm;  4 km 630 m

**3** Achte auf die Einheiten.
a) 267 m 25 cm + 97 cm
b) 0,400 km + 270 m
c) 824 m − 917 cm
d) 7 km 4 m − 2 km 67 m
e) 158,4 dm : 2,4 cm

**4** Berechne den Umfang der Figur.

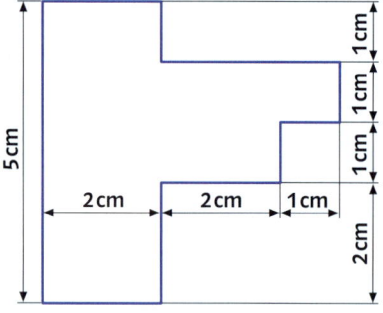

# Lernkontrolle 2

**1** a) Wie groß ist der Winkel, um den sich der große Zeiger einer Uhr in 25 Minuten gedreht hat?
b) Auf welche Ziffer der Uhr zeigt der große Zeiger, wenn er sich von 12.00 Uhr aus um 240° gedreht hat?
c) Wie groß sind die Winkel zwischen den Zeigern um 4.00 Uhr?

**2** Der Scheinwerfer eines Leuchtturms benötigt für eine volle Umdrehung 24 s. Wie groß ist der Winkel, den der Scheinwerfer in einer Sekunde überstreicht?

**3** Bestimme die fehlende Winkelgröße.

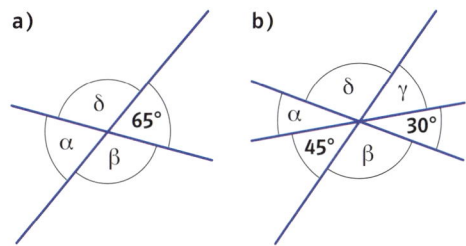

**4** Sind die Aussagen wahr oder falsch? Begründe deine Antwort in einem kurzen Text.
a) Wenn ∢ (a, b) ein spitzer Winkel ist, dann ist ∢ (b, a) ein stumpfer Winkel.
b) Wenn ∢ (a, b) ein stumpfer Winkel ist, dann ist ∢ (b, a) ein überstumpfer Winkel.

**5** a) Die Abbildungen zeigen das Gesichtsfeld einer Eule und eines Turmfalken. Bezeichne die markierten Winkel jeweils mit großen Buchstaben und bestimme ihre Größe.
Schreibe so: α = ∢ ▪▪▪ = ▪°
b) Stelle in einem kurzen Text dar, was unter der Bezeichnung „Gesichtsfeld" verstanden wird.

**6** a) Zeichne in ein Koordinatensystem (Einheit 1 cm) ein Dreieck mit den Eckpunkten A (1 | 7), B (5 | 1) und C (9,5 | 6). Bestimme die Größe der einzelnen Innenwinkel.
b) Zeichne in ein Koordinatensystem (Einheit 0,5 cm) ein Viereck mit den Eckpunkten A (6 | 2), B (17 | 2), C (17 | 18) und D (1 | 15). Bestimme die Größe der einzelnen Innenwinkel.

## Wiederholung

**1** Wandle in die Einheit um, die in Klammern steht.
a) 2 kg (g)
   51 g (mg)
   820 t (kg)
b) 87 000 kg (t)
   70 000 mg (g)
   9000 g (kg)
c) 200 kg (t)
   128 mg (g)
   217 g (kg)
d) 3456 g (kg)
   60 mg (g)
   1320 kg (t)

**2** Setze das richtige Zeichen (>, <, =) ein.
a) 2500 g        2 kg 50 g
b) 900 g         0,900 kg
c) 7 kg 5 g      7050 g
d) 8 t 21 kg     8210 kg
e) 19 g          19 000 mg

**3** Achte auf die Einheiten.
a) 3701 kg + 0,5 kg + 3990 g + 0,456 kg
b) 4930 t + 70 kg + 26 kg + 0,9 t + 330 kg
c) 296 kg − 55400 g − 13200 g

**4** In einem Fahrstuhl steht auf einem Schild: „1200 kg Traglast oder 15 Personen." Welches Gewicht nimmt man für eine Person an?

**5** Ein Lastenaufzug auf einer Baustelle hat eine zulässige Traglast von 225 kg.
a) Wie viele Steine kann man aufladen, wenn ein Stein 800 g wiegt?
b) Im Aufzug liegen 250 Steine. Darf noch ein Sack Zement (50 kg) hinzugeladen werden?

# 3 Brüche

**Tangram**
Das klassische Tangram stammt aus China. Es besteht aus sieben Teilen, die man zu Figuren zusammenlegt.

Stelle das abgebildete Tangram her. Färbe vor dem Ausschneiden die Rückseite rot.
Jedes Puzzleteil ist Teil der Gesamtfläche und stellt einen Bruch dar. Bestimme für jedes Puzzleteil diesen Bruch.

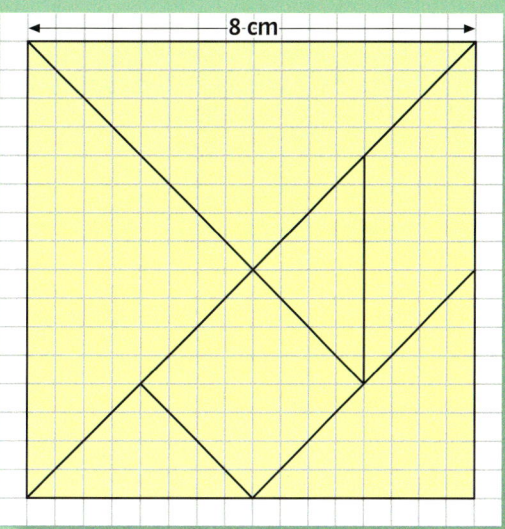

# Brüche und Tangram

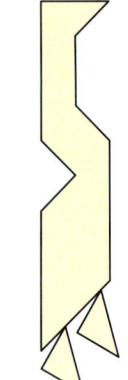

Lege die Figuren nach. Verwende alle Teile des Tangrams.

**1** Welcher Bruchteil des Tangrams ist grün gefärbt?

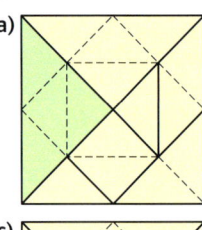
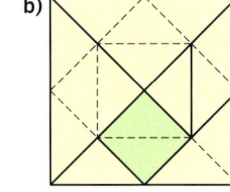
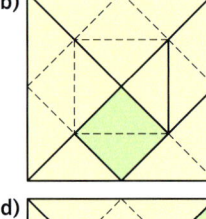
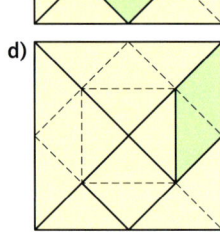
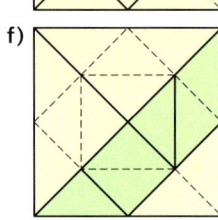
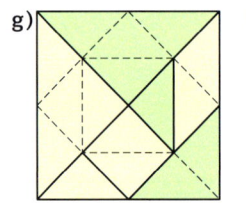
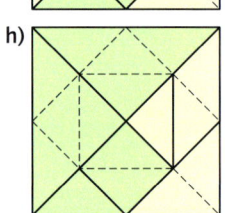

**2** Welcher Bruchteil der dargestellten Figur ist grün, welcher ist gelb gefärbt?

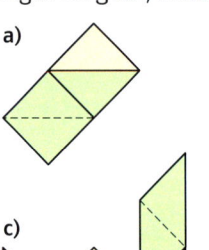
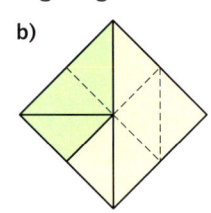
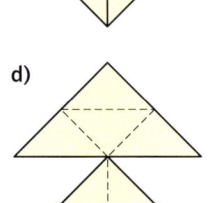
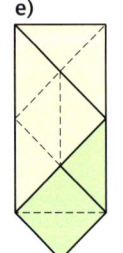
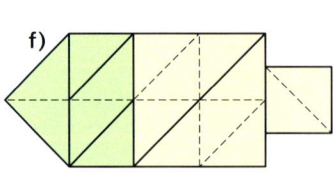

**3** Welcher Bruchteil der Figuren ist grün, welcher ist gelb gefärbt?

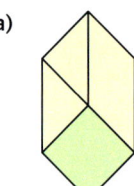
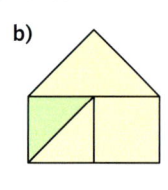
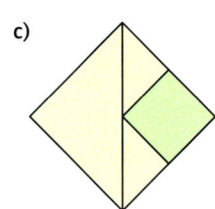
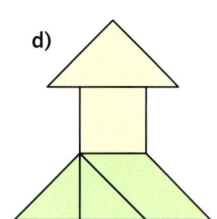
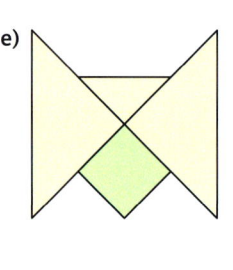

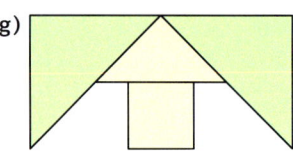
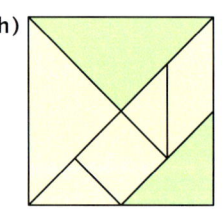
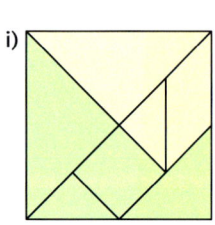

**4** Lege mit den Puzzleteilen eine Figur, bei der der rote Teil den angegebenen Bruch darstellt.

a) $\frac{1}{2}$   b) $\frac{1}{3}$   c) $\frac{3}{5}$   d) $\frac{2}{6}$

# Brüche im Rechteck darstellen

So kannst du den Bruch $\frac{3}{5}$ in einem Rechteck darstellen:

1. Teile mithilfe von liniertem Papier eine Rechteckseite in fünf gleichlange Abschnitte ein.

2. Drehe das Rechteck und verfahre in gleicher Weise mit der gegenüberliegenden Seite.

3. Zeichne die Streifen ein und färbe den Bruchteil.

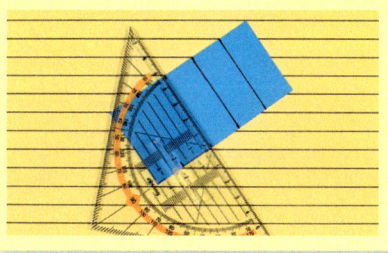 

**1** Unterteile ein Rechteck mithilfe von liniertem Papier und stelle den Bruch dar.

a) $\frac{2}{5}$    b) $\frac{4}{7}$    c) $\frac{5}{9}$

**3** Rechtecke können auch wie im Bild rechts unterteilt werden. Stelle die folgenden Brüche dar:

$\frac{7}{15}$    $\frac{1}{20}$    $\frac{3}{35}$    $\frac{7}{21}$

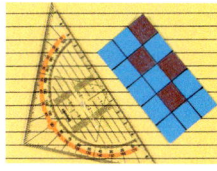

**2** Stelle mithilfe von gleichlangen Papierstreifen (8 cm) und liniertem Papier die Brüche $\frac{1}{2}, \frac{1}{4}, \frac{1}{5}, \frac{1}{8}, \frac{1}{10}$ dar. Klebe die Papierstreifen in dein Heft.

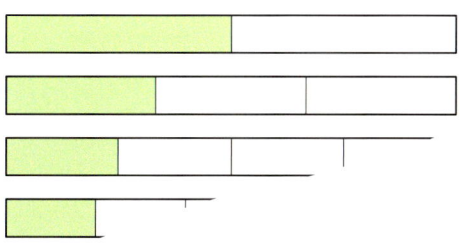

**4** Unterteile ein Rechteck so, dass du jeweils beide Brüche in demselben Rechteck darstellen kannst.

a) $\frac{1}{4}; \frac{1}{3}$    b) $\frac{2}{5}; \frac{1}{3}$    c) $\frac{3}{8}; \frac{1}{3}$

d) $\frac{3}{4}; \frac{1}{5}$    e) $\frac{2}{7}; \frac{1}{5}$    f) $\frac{2}{9}; \frac{1}{4}$

Jonas und Leonie haben 60 €. Sie wollen das Geld so verteilen, dass Leonie einen Euro mehr erhält als Jonas. Wie viel Euro bekommt jeder?

## Brüche darstellen

**1** Welcher Bruchteil ist gelb, welcher ist weiß gefärbt? Notiere die Ergebnisse.

**2** Welcher Bruchteil der Buchstaben ist jeweils farbig?

**3** Du siehst den Bruchteil eines Ganzen. Übertrage die Figur in dein Heft und ergänze zum Ganzen.

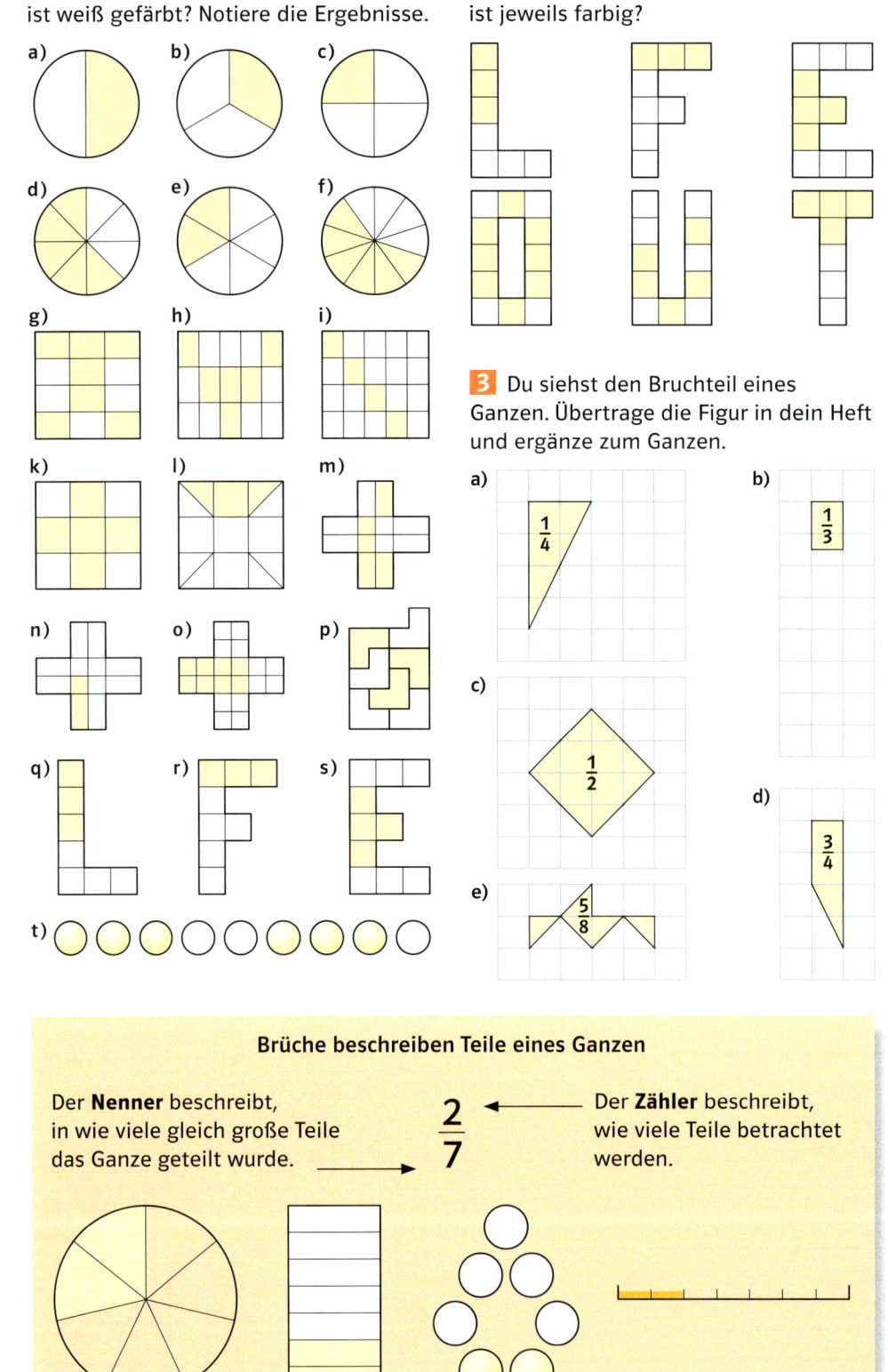

**Brüche beschreiben Teile eines Ganzen**

Der **Nenner** beschreibt, in wie viele gleich große Teile das Ganze geteilt wurde.

$$\frac{2}{7}$$

Der **Zähler** beschreibt, wie viele Teile betrachtet werden.

# Erweitern und Kürzen

**1** Welcher Bruchteil ist im Bild gelb, welcher ist grün gefärbt? Gib mindestens zwei Brüche an, die den gleichen Bruchteil bezeichnen.

a) 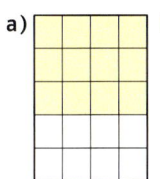  b) 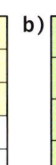  c)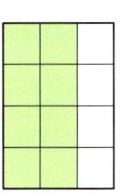

d) 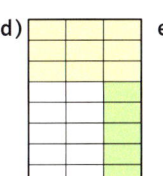  e)   f)

g) 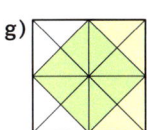  h) 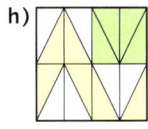  i)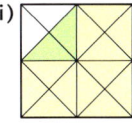

k)   l)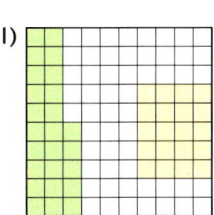

**2** Erweitere die folgenden Brüche jeweils mit 3 (5; 7).

a) $\frac{2}{3}$  $\frac{3}{5}$  $\frac{5}{7}$  $\frac{3}{11}$

b) $\frac{3}{4}$  $\frac{5}{6}$  $\frac{1}{8}$  $\frac{7}{10}$

**3** Erweitere schrittweise.

a) $\frac{3}{4} = \frac{\square}{8} = \frac{\square}{16} = \frac{\square}{32}$  b) $\frac{1}{7} = \frac{\square}{14} = \frac{\square}{28} = \frac{\square}{140}$

c) $\frac{2}{3} = \frac{\square}{9} = \frac{\square}{27} = \frac{\square}{81}$  d) $\frac{5}{6} = \frac{\square}{12} = \frac{\square}{36} = \frac{\square}{72} = \frac{\square}{288}$

e) $\frac{2}{5} = \frac{\square}{25} = \frac{\square}{75} = \frac{\square}{250}$  f) $\frac{8}{9} = \frac{\square}{18} = \frac{\square}{36} = \frac{\square}{180} = \frac{\square}{360}$

**4** Kürze.

| $\frac{6}{12}$ | $\frac{6}{18}$ | $\frac{12}{30}$ | $\frac{18}{24}$ | durch | 2 | 3 | 6 |

**5** Bestimme den Platzhalter.

a) $\frac{3}{7} = \frac{\square}{35}$  b) $\frac{5}{\square} = \frac{15}{60}$

c) $\frac{4}{20} = \frac{2}{\square}$  d) $\frac{\square}{42} = \frac{1}{3}$

e) $\frac{6}{10} = \frac{\square}{5}$  f) $\frac{18}{10} = \frac{\square}{5}$

g) $\frac{16}{\square} = \frac{8}{9}$  h) $\frac{23}{25} = \frac{\square}{75}$

**6** Kürze soweit wie möglich.

a) $\frac{16}{24}$  b) $\frac{15}{60}$  c) $\frac{9}{63}$  d) $\frac{12}{40}$

e) $\frac{25}{45}$  f) $\frac{18}{42}$  g) $\frac{14}{49}$  h) $\frac{33}{110}$

**7** Kürze oder erweitere

a) auf den Nenner 42:

$\frac{1}{7}$  $\frac{18}{84}$  $\frac{9}{21}$  $\frac{24}{126}$  $\frac{5}{6}$  $\frac{13}{14}$

b) auf den Nenner 24.

$\frac{1}{4}$  $\frac{5}{6}$  $\frac{12}{48}$  $\frac{36}{72}$  $\frac{49}{168}$

---

Durch **Erweitern** (Verfeinern der Einteilung) oder durch **Kürzen** (Vergröbern der Einteilung) ändert sich der Wert eines Bruchs nicht.

Erweitern
Verfeinern der Einteilung

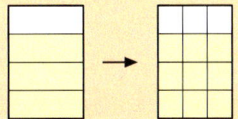

$\frac{3}{4}$ wird erweitert mit **3**

$\frac{3 \cdot 3}{4 \cdot 3} = \frac{9}{12}$

Zähler **und** Nenner werden mit **derselben** Zahl multipliziert.

Kürzen
Vergröbern der Einteilung

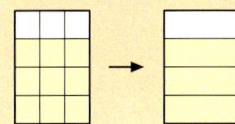

$\frac{9}{12}$ wird gekürzt durch **3**

$\frac{9 : 3}{12 : 3} = \frac{3}{4}$

Zähler **und** Nenner werden durch **dieselbe** Zahl dividiert.

## Brüche vergleichen

**1** Welcher Bruch ist größer: $\frac{3}{7}$ oder $\frac{4}{9}$? Erläutere, warum du die beiden Brüche nur schwer vergleichen kannst.

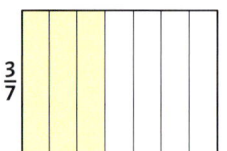
$\frac{3}{7}$

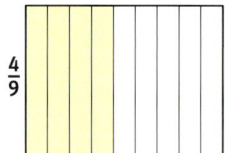
$\frac{4}{9}$

*Ein Siebtel ist größer als ein Neuntel.*

*Vier ist mehr als Drei.*

Ungleichnamige Brüche (Brüche mit verschiedenen Nennern) werden verglichen, indem man sie gleichnamig (nennergleich) macht.

$\frac{3}{5}\ \square\ \frac{4}{7}$

$\frac{3\cdot 7}{5\cdot 7}\ \square\ \frac{4\cdot 5}{7\cdot 5}$

$\frac{21}{35} > \frac{20}{35}$

$\frac{3}{5} > \frac{4}{7}$

**2** Vergleiche die Brüche. Setze <, > oder = ein.

a) $\frac{3}{4}\ \square\ \frac{5}{8}$    b) $\frac{2}{3}\ \square\ \frac{5}{9}$    c) $\frac{3}{5}\ \square\ \frac{7}{10}$

$\frac{1}{3}\ \square\ \frac{4}{7}$    $\frac{1}{3}\ \square\ \frac{3}{9}$    $\frac{4}{5}\ \square\ \frac{6}{10}$

$\frac{3}{5}\ \square\ \frac{2}{6}$    $\frac{2}{3}\ \square\ \frac{7}{9}$    $\frac{2}{5}\ \square\ \frac{6}{15}$

d) $\frac{1}{3}\ \square\ \frac{2}{6}$    e) $\frac{4}{11}\ \square\ \frac{9}{33}$    f) $\frac{36}{39}\ \square\ \frac{12}{13}$

$\frac{5}{12}\ \square\ \frac{3}{4}$    $\frac{15}{27}\ \square\ \frac{6}{9}$    $\frac{3}{5}\ \square\ \frac{10}{13}$

$\frac{1}{7}\ \square\ \frac{3}{14}$    $\frac{14}{21}\ \square\ \frac{2}{3}$    $\frac{2}{7}\ \square\ \frac{3}{8}$

**5** Ersetze den Platzhalter. Manchmal gibt es mehrere Möglichkeiten.

a) $\frac{3}{7} > \frac{\square}{7}$    b) $\frac{5}{6} < \frac{5}{\square}$    c) $\frac{\square}{5} = \frac{8}{10}$

$\frac{3}{5} = \frac{6}{\square}$    $\frac{7}{10} > \frac{7}{\square}$    $\frac{\square}{8} > \frac{5}{8}$

$\frac{4}{9} < \frac{\square}{9}$    $\frac{7}{12} < \frac{8}{\square}$    $\frac{\square}{4} < \frac{3}{4}$

d) $\frac{2}{\square} > \frac{2}{5}$    e) $\frac{5}{10} = \frac{\square}{20}$    f) $\frac{3}{7} = \frac{\square}{21}$

$\frac{5}{\square} < \frac{5}{6}$    $\frac{7}{4} < \frac{\square}{4}$    $\frac{4}{\square} < \frac{4}{5}$

$\frac{4}{10} < \frac{\square}{5}$    $\frac{4}{7} > \frac{4}{\square}$    $\frac{5}{\square} > \frac{5}{8}$

**3** Vergleiche die Brüche. Die Lösungen kannst du den Zeichnungen entnehmen.

a) $\frac{7}{9}\ \square\ \frac{7}{10}$    b) $\frac{1}{4}\ \square\ \frac{1}{9}$

c) $\frac{5}{6}\ \square\ \frac{5}{8}$    d) $\frac{7}{12}\ \square\ \frac{5}{8}$

**6** Vergleiche die Brüche.

a) $\frac{2}{3}\ \square\ \frac{3}{5}$    b) $\frac{3}{10}\ \square\ \frac{2}{5}$

$\frac{4}{7}\ \square\ \frac{3}{8}$    $\frac{2}{7}\ \square\ \frac{3}{10}$

$\frac{2}{6}\ \square\ \frac{3}{4}$    $\frac{5}{6}\ \square\ \frac{2}{3}$

$\frac{1}{3}\ \square\ \frac{3}{6}$    $\frac{1}{2}\ \square\ \frac{6}{11}$

**7** Ordne die Brüche der Größe nach. Beginne mit dem kleinsten Bruch.

a) $\frac{5}{12}\quad \frac{3}{4}\quad \frac{2}{3}\quad \frac{11}{24}\quad \frac{5}{6}\quad \frac{1}{2}$

b) $\frac{3}{10}\quad \frac{4}{5}\quad \frac{4}{20}\quad \frac{3}{15}\quad \frac{7}{30}\quad \frac{2}{15}$

**4** Ordne die folgenden Brüche der Größe nach:

$\frac{9}{100}\quad \frac{9}{43}\quad \frac{9}{750}\quad \frac{9}{2}\quad \frac{9}{15}\quad \frac{9}{42}$

$\frac{3}{4}\ \square\ \frac{3}{8}$

$\frac{3}{4} > \frac{3}{8}$

# Gemischte Zahlen

**1** Simon hat Waffeln gebacken. Nachdem er und seine Freunde sich satt gegessen haben, sind noch einige Stücke übrig geblieben.
a) Wie viele Fünftel bleiben insgesamt übrig?
b) Wie viele ganze Waffeln lassen sich aus den restlichen Stücken zusammenlegen? Wie viele Fünftel sind danach noch vorhanden?

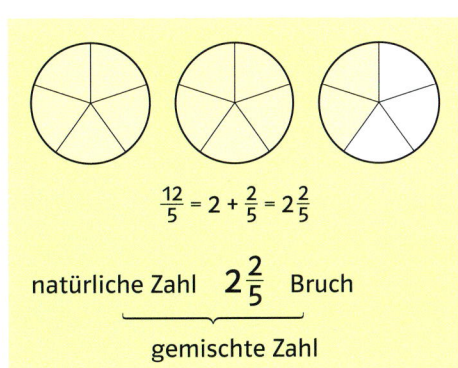

$\frac{12}{5} = 2 + \frac{2}{5} = 2\frac{2}{5}$

natürliche Zahl  $2\frac{2}{5}$  Bruch
gemischte Zahl

**2** Schreibe als Bruch und als gemischte Zahl.

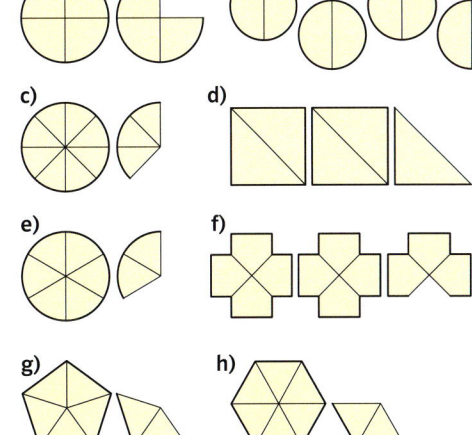

**3** Schreibe als Bruch und als gemischte Zahl.

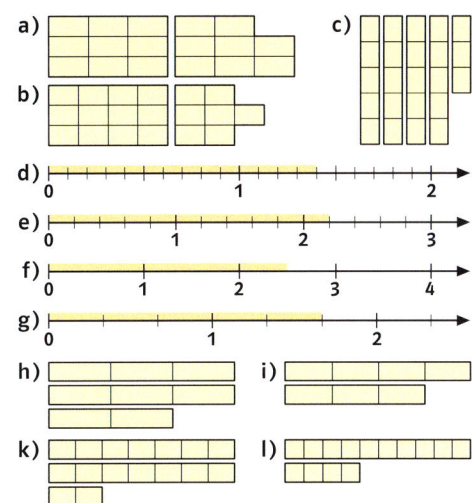

**4** Schreibe als Bruch.

a) $3 = \frac{\Box}{7}$    b) $4 = \frac{\Box}{3}$    c) $3 = \frac{9}{\Box}$

$2 = \frac{\Box}{5}$      $2 = \frac{\Box}{8}$      $2 = \frac{10}{\Box}$

$1 = \frac{\Box}{13}$      $3 = \frac{\Box}{6}$      $5 = \frac{10}{\Box}$

**5** Schreibe als Bruch.

$2\frac{5}{7} = 2 + \frac{5}{7} = \frac{14}{7} + \frac{5}{7} = \frac{19}{7}$

a) $3\frac{1}{2}$    b) $2\frac{1}{4}$    c) $3\frac{4}{4}$    d) $2\frac{2}{7}$

$2\frac{1}{5}$     $3\frac{1}{3}$     $1\frac{2}{9}$     $7\frac{3}{4}$

$3\frac{7}{9}$     $2\frac{3}{10}$     $5\frac{1}{4}$     $4\frac{2}{9}$

**6** Bestimme die Platzhalter.

a) $2\frac{3}{7} = \frac{\Box}{7}$    b) $2\frac{1}{3} = \frac{\Box}{3}$    c) $2\frac{3}{4} = \frac{\Box}{4}$

$1\frac{1}{5} = \frac{\Box}{5}$     $4\frac{3}{8} = \frac{\Box}{8}$     $7\frac{1}{2} = \frac{\Box}{2}$

**7** Schreibe als gemischte Zahl oder als natürliche Zahl.

a) $\frac{7}{4}$    b) $\frac{27}{9}$    c) $\frac{12}{4}$    d) $\frac{9}{7}$

$\frac{5}{2}$     $\frac{6}{3}$     $\frac{17}{5}$     $\frac{12}{5}$

$\frac{8}{3}$     $\frac{13}{10}$     $\frac{10}{3}$     $\frac{27}{4}$

## Brüche an der Wäscheleine anordnen

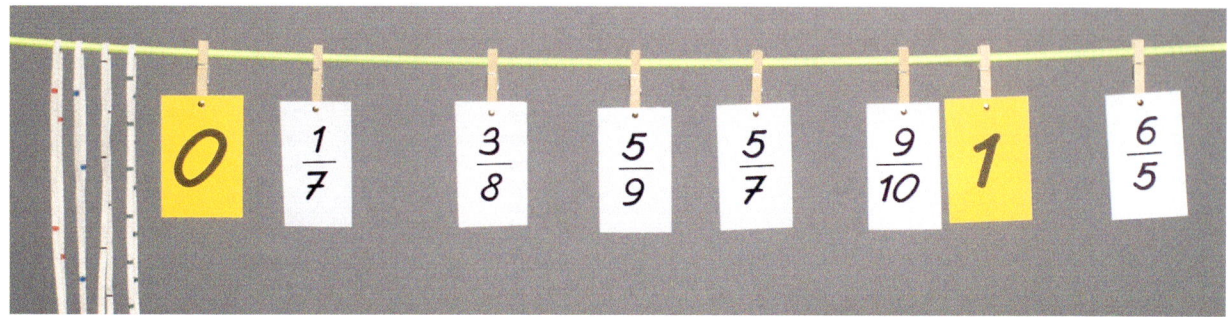

**Benötigte Materialien**
- eine Wäscheleine
- 30 Kärtchen und 30 Wäscheklammern
- Textilgummiband (5 m)
- Folienstifte
- Tafellineal

**Vorbereitung der Materialien**
- Schreibe auf die Karten die Zahlen Null und Eins und verschiedene Brüche. Verbinde jede Karte mit einer Wäscheklammer.
- Zerschneide das Textilgummiband in 1,20 m lange Stücke.
- Unterteile das erste Gummiband in 5 cm lange Abschnitte, das zweite in 10 cm, das dritte in 15 cm und das vierte in 20 cm lange Abschnitte.

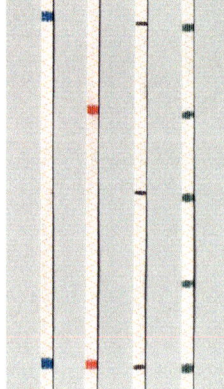

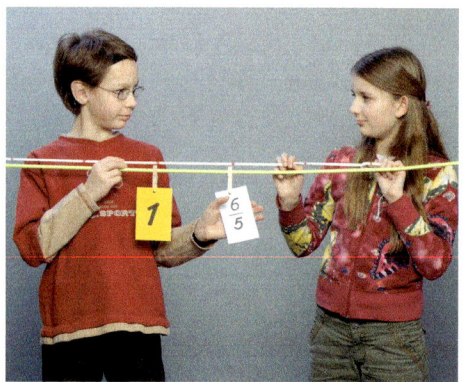

**Anordnen der Brüche**
- Hänge die Karten mit den Zahlen 0 und 1 in einem beliebigen Abstand an die Wäscheleine.
- Durch ein geeignetes Gummiband wird die Strecke von 0 bis 1 in gleichlange Abschnitte geteilt. Der Nenner des aufzuhängenden Bruchs bestimmt die Anzahl der Abschnitte.
- Der Bruch wird an die richtige Stelle der Wäscheleine gehängt.

Hänge die abgebildeten Brüche an die Wäscheleine.

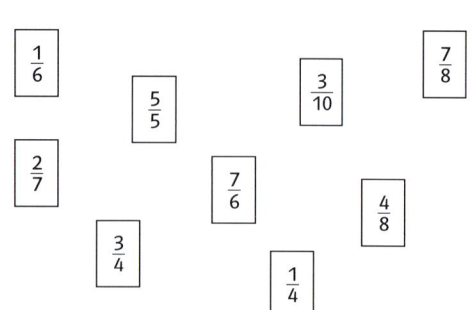

# Brüche am Zahlenstrahl

**1** Julia und Markus versuchen die Karten mit Brüchen richtig anzuordnen. Wohin gehören die restlichen Karten?

**2** Gib jeweils einen Bruch an, der zu dem markierten Punkt gehört.

a)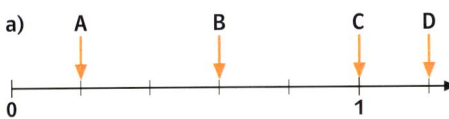

b)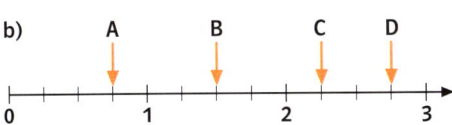

c)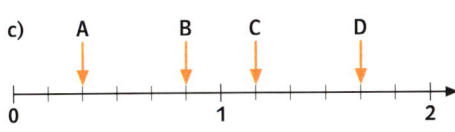

**3** Zeichne einen Zahlenstrahl von 0 bis 2 (16 cm lang) und trage die folgenden Brüche ein.

a) $\frac{1}{4}$ $\quad$ $\frac{12}{8}$ $\quad$ $\frac{3}{3}$ $\quad$ $\frac{12}{16}$ $\quad$ $\frac{3}{8}$ $\quad$ $\frac{8}{8}$ $\quad$ $\frac{2}{16}$

b) $\frac{5}{8}$ $\quad$ $\frac{7}{8}$ $\quad$ $\frac{8}{4}$ $\quad$ $\frac{21}{16}$ $\quad$ $\frac{13}{8}$ $\quad$ $\frac{7}{4}$ $\quad$ $\frac{1}{8}$

**4** Gib die markierte Stelle auf dem Zahlenstrahl jeweils als Bruch und als gemischte Zahl an.

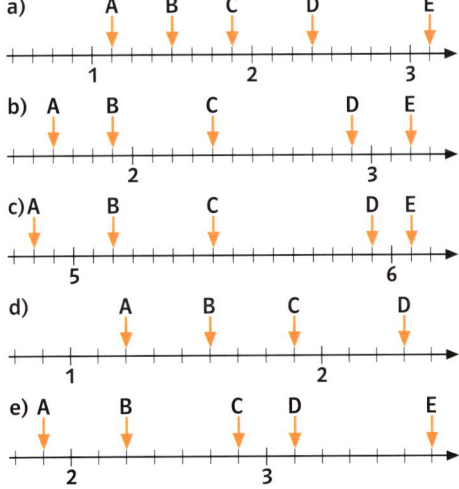

Brüche, die auf dem Zahlenstrahl an der gleichen Stelle liegen, bezeichnen dieselbe Bruchzahl.

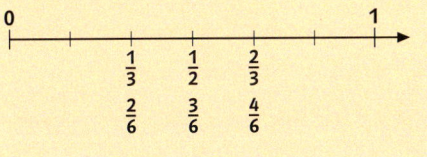

## Bruchteile berechnen

**1** Eisberge sind ein wunderbares Naturschauspiel, aber gleichzeitig auch eine Gefahr für die Schifffahrt. 1912 sank die Titanic, das damals größte Passagierschiff, nach einer Kollision mit einem Eisberg.
Nur ein Neuntel seines Volumens ragt aus dem Wasser heraus. Ein kleiner Eisberg hat ein Volumen von 810 000 000 m³. Berechne das Volumen des Eises, das sich unterhalb der Wasseroberfläche befindet.

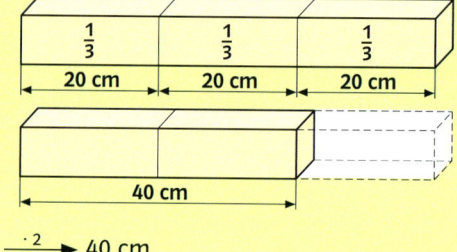

So kannst du $\frac{2}{3}$ von 60 cm berechnen:

1. Berechne ein Drittel von 60 cm.
   $\frac{1}{3}$ von 60 cm sind   60 cm : 3 = 20 cm
   60 cm $\xrightarrow{:3}$ 20 cm

2. Bestimme zwei Drittel von 60 cm.
   $\frac{2}{3}$ von 60 cm sind   2 · 20 cm = 40 cm
   60 cm $\xrightarrow{:3}$ 20 cm $\xrightarrow{\cdot 2}$ 40 cm
   $\frac{2}{3}$ von 60 cm sind 40 cm

**2** Berechne.

a) $\frac{1}{4}$ von 120 cm    b) $\frac{2}{5}$ von 250 m

c) $\frac{2}{7}$ von 56 kg    d) $\frac{1}{11}$ von 770 g

e) $\frac{1}{3}$ von 1500 m    f) $\frac{5}{9}$ von 45 min

g) $\frac{3}{8}$ von 24 h    h) $\frac{7}{9}$ von 810 km

i) $\frac{2}{3}$ von 639 kg    k) $\frac{5}{7}$ von 210 mm

l) $\frac{5}{17}$ von 51 mm    m) $\frac{6}{7}$ von 434 g

**3** Pro Kopf verbraucht ein Bürger der Bundesrepublik täglich etwa 120 l Trinkwasser. Davon entfallen auf Körperpflege $\frac{1}{8}$, Trinken und Kochen $\frac{1}{24}$, Toilettenspülung $\frac{7}{24}$, Wohnungsreinigung $\frac{5}{24}$, Baden und Duschen $\frac{1}{12}$, Geschirrreinigung $\frac{1}{12}$, Wäsche waschen $\frac{1}{8}$, Garten $\frac{1}{24}$.
Wie viele Liter sind das jeweils?

**4** Ein Tank für Oberflächenwasser fasst 1200 Liter. Er wird im Erdboden eingegraben und durch das Regenwasser gefüllt. Im Monat Mai war er zu $\frac{2}{3}$ gefüllt. Nach einer Trockenperiode war er nur noch halb voll.

**5** Der sichtbare Teil eines Eisbergs wird auf ein Volumen von 162 000 m³ geschätzt. Wie groß ist das Volumen des Eisbergs, das sich unter Wasser befindet?

**6** In jeder Aufgabe steckt ein Fehler. Berichtige.

a) $\frac{2}{5}$ von 450 kg sind 100 kg

b) $\frac{3}{8}$ von 240 m sind 120 m

c) $\frac{4}{9}$ von 450 l sind 180 l

d) $\frac{5}{12}$ von 155 kg sind 50 kg

# Das Ganze bestimmen

Leuchtturm Roter Sand
www.roter-sand.de

**1** Typisch für diesen Leuchtturm ist die rot weiße Markierung, die bald zum Erkennungsmerkmal für viele Leuchttürme wurde. Der Leuchtturm „Roter Sand" ist von der Wasseroberfläche ab gemessen ungefähr 30 Meter hoch.
Die Hälfte des Gebäudes ragt aus dem Wasser heraus, ein Drittel wird vom Wasser umspült und das Fundament im Meeresboden ist ein Sechstel der Gesamthöhe.
a) Fertige eine vereinfache Skizze des Leuchtturms an.
b) Wie tief ist das Wasser an seinem Standort?
c) Wie tief ragt das Fundament in den Meeresboden hinein?

**Lösen durch Rückwärtsrechnen**

$\frac{7}{10}$ von ▭ sind 21 m

▭ →:10→ ▭ →·7→ 21 m

▭ ←·10← ▭ ←:7← 21 m

30 m ←·10← 3 m ←:7← 21 m

$\frac{7}{10}$ von 30 m sind 21 m

**2** Bestimme den Platzhalter.

a) $\frac{4}{5}$ von ▭ sind 72 l

b) $\frac{3}{7}$ von ▭ sind 27 kg

c) $\frac{5}{8}$ von ▭ sind 60 m

d) $\frac{7}{10}$ von ▭ sind 84 km

e) $\frac{5}{9}$ von ▭ sind 40 t

f) $\frac{3}{4}$ von ▭ sind 120 cm

g) $\frac{2}{11}$ von ▭ sind 18 km

h) $\frac{5}{12}$ von ▭ sind 40 min

**3** Berechne das Ganze.

a) $\frac{3}{4}$ einer Strecke sind 75 cm

b) $\frac{2}{3}$ einer Strecke sind 12 m

c) $\frac{5}{8}$ einer Strecke sind 250 m

d) $\frac{5}{7}$ eines Geldbetrages sind 85 €

e) $\frac{4}{5}$ eines Geldbetrages sind 256 €

f) $\frac{9}{10}$ einer Masse sind 450 g

g) $\frac{5}{6}$ einer Masse sind 1 t

**4** Auf dem Foto wird ein junger Kuckuck von einem Zaunkönig ernährt. Der Kuckuck ist ein Brutschmarotzer, der seine Eier in die Nester fremder Vögel legt.
Der Zaunkönig auf dem Bild wiegt 10 g, das sind $\frac{2}{15}$ des Gewichts des Kuckucks.

## Brüche und Dezimalzahlen

**1** Bei der alpinen Skiweltmeisterschaft 2005 gewann die Schwedin Anja Pärson den Riesen-Slalom mit 2 Minuten und 13,63 Sekunden. Silber gewann die Finnin Tanja Poutinien. Ihr Abstand zu Anja Pärson betrug 19 Hundertstel Sekunden. Martina Ertl war die erfolgreichste deutsche Läuferin und erreichte den 4. Platz. Sie benötigte eine Zeit von 2 Minuten 14,31 Sekunden.
a) Mit welcher Zeit wurde Tanja Poutinien Zweite?
b) Wie groß war der zeitliche Abstand zwischen Martina Ertl und dem ersten und zweiten Platz?
c) Gib den Zeitabstand auch als Bruch an.

|  | 1000 | 100 | 10 | 1 | $\frac{1}{10}$ | $\frac{1}{100}$ | $\frac{1}{1000}$ |
|---|---|---|---|---|---|---|---|
| $\frac{7}{10}$ |  |  |  | 0, | 7 |  |  |
| $\frac{79}{100}$ |  |  |  | 0, | 7 | 9 |  |
| $\frac{43}{1000}$ |  |  |  | 0, | 0 | 4 | 3 |
| $20\frac{7}{100}$ |  |  | 2 | 0, | 0 | 7 |  |

$\frac{7}{10} + \frac{9}{100} = \frac{79}{100}$

$\frac{4}{100} + \frac{3}{1000} = \frac{43}{1000}$

Brüche mit dem Nenner 10, 100, 1000, ... lassen sich auch als Dezimalzahlen schreiben. **Dezimalzahlen** werden deshalb auch als **Dezimalbrüche** bezeichnet. Beide Ausdrücke sind gleichwertig.

$0,3 = \frac{3}{10}$

$8,09 = 8\frac{9}{100}$

**2** Schreibe jeweils als Bruch oder als gemischte Zahl.
a) 0,6   0,12   0,345   0,04   0,001
b) 0,99   0,102   0,33   0,500
c) 0,75   0,023   0,109   0,0045
d) 0,3   0,03   0,003   0,67   0,708
e) 1,2   1,45   1,05   2,003   2,67
f) 0,0234   0,0056   0,302   0,056
g) 7,25   8,04   12,357   2,025   3

**3** Schreibe jeweils als Dezimalzahl.
a) 3 Zehntel; 27 Hundertstel; 2 Zehntel und 3 Hundertstel
b) $\frac{7}{10}$   $\frac{9}{10}$   $\frac{3}{10}$   $1\frac{7}{10}$   $3\frac{4}{10}$   $12\frac{9}{10}$
c) $\frac{19}{10}$   $\frac{27}{10}$   $\frac{49}{10}$   $\frac{89}{10}$   $\frac{93}{10}$   $\frac{125}{100}$   $\frac{230}{100}$
d) $2\frac{5}{10}$   $3\frac{25}{100}$   $1\frac{324}{1000}$   $4\frac{15}{100}$   $2\frac{75}{100}$
e) $3 + \frac{7}{10}$   $2 + \frac{3}{100}$   $2 + \frac{9}{10} + \frac{4}{100}$
   $1 + \frac{3}{10} + \frac{2}{100} + \frac{5}{1000}$
f) 2 Einer 43 Hundertstel; 5 Einer 2 Zehntel 3 Tausendstel
g) 36 Einer 7 Hundertstel 1 Tausendstel; 54 Zehner 85 Hundertstel 6 Zehntausendstel

**4** Schreibe die Brüche als Dezimalzahl, indem du sie erweiterst oder kürzt.

$\frac{18}{40} = \frac{9}{20} = \frac{45}{100} = 0,45$

a) $\frac{1}{2}$   b) $\frac{2}{5}$   c) $\frac{3}{4}$   d) $\frac{7}{20}$   e) $\frac{3}{25}$
f) $\frac{7}{5}$   g) $\frac{47}{50}$   h) $\frac{5}{4}$   i) $\frac{3}{8}$   k) $\frac{27}{125}$
l) $\frac{25}{250}$   m) $\frac{60}{400}$   n) $\frac{56}{80}$   o) $\frac{77}{110}$   p) $\frac{42}{70}$

**5** Gib die markierte Stelle auf dem Zahlenstrahl jeweils als Bruch und Dezimalzahl an.

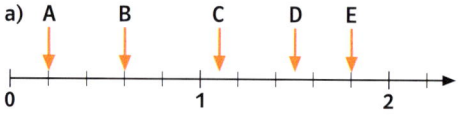
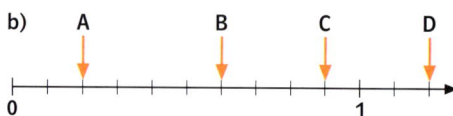
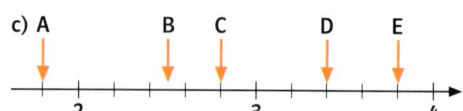

# Brüche und Dezimalzahlen

**6** In dem Beispiel siehst du zwei Verfahren, wie $\frac{5}{8}$ in eine Dezimalzahl umgewandelt werden kann.

$$\frac{5}{8} = \frac{5 \cdot 125}{8 \cdot 125} = \frac{625}{1000} = 0{,}625$$

$\frac{5}{8} = 5 : 8 = 0{,}625$

```
5 : 8 = 0,625
 48
 20
 16
  40
  40
   0
```

*Bruchstrich und Divisionszeichen bedeuten dasselbe.*

Beschreibe die beiden Verfahren.

**7** Wandle den folgenden Bruch in eine Dezimalzahl um.

a) $\frac{1}{5}$  b) $\frac{13}{12}$  c) $\frac{17}{200}$  d) $\frac{5}{16}$  e) $\frac{27}{125}$

Welches Verfahren benutzt du? Begründe deine Entscheidung.

**8** Wandle durch schriftliche Division in eine Dezimalzahl um:

a) $\frac{5}{32}$  b) $\frac{7}{8}$  c) $\frac{3}{16}$  d) $\frac{3}{8}$

**9** Wandle $\frac{4}{9}$ in eine Dezimalzahl um. Was stellst du fest?

---

$\frac{2}{3} = 0{,}666\ldots = 0{,}\overline{6}$

*Lies: Null Komma Periode sechs*

Die Ziffer oder die Zifferngruppe, die sich im Ergebnis immer wiederholt, heißt **Periode.**
Die Periode wird durch einen waagerechten Strich gekennzeichnet.

**10** a) Wandle die Brüche durch schriftliche Division in eine Dezimalzahl um.

$\frac{3}{11}$  $\frac{5}{12}$  $\frac{2}{15}$

b) Beschreibe in einem Text, woran du erkennen kannst, dass du die schriftliche Division abbrechen darfst.

**11** Schreibe als Dezimalzahl.

a) $\frac{4}{9}$  $\frac{2}{11}$  $\frac{7}{11}$  $\frac{21}{40}$  $\frac{12}{33}$  $\frac{17}{40}$

b) $\frac{13}{15}$  $\frac{7}{12}$  $\frac{9}{16}$  $\frac{3}{22}$  $\frac{11}{18}$  $\frac{1}{15}$

c) $\frac{25}{18}$  $\frac{37}{25}$  $\frac{7}{24}$  $\frac{5}{11}$  $\frac{7}{32}$  $\frac{8}{15}$

d) $11\frac{14}{33}$  $2\frac{13}{21}$  $1\frac{5}{12}$  $3\frac{4}{7}$  $2\frac{4}{9}$

**12** Setze im Heft jeweils das richtige Zeichen (>, <, =) ein.

a) $0{,}\overline{5}$ ▨ $0{,}55$     b) $0{,}\overline{4}$ ▨ $\frac{4}{9}$

$2{,}3\overline{7}$ ▨ $2{,}377$     $\frac{5}{16}$ ▨ $0{,}312$

$0{,}756$ ▨ $0{,}\overline{7}$     $4\frac{3}{11}$ ▨ $4{,}\overline{2}$

---

**Abbrechende Dezimalzahl**

$\frac{2}{5} = 2 : 5 = 0{,}4$

**Periodische Dezimalzahl**

$\frac{2}{3} = 2 : 3 = 0{,}\overline{6}$

---

```
5 : 8 = 0,625
 0
 50
 48
  20
  16
   40
   40
    0
```
Die Division bricht ab.
$\frac{5}{8} = 0{,}625$

```
2 : 3 = 0,666 …
 0
 20
 18
  20
  18
   2
   …
```
Die Ziffer 6 wiederholt sich immer wieder.
$\frac{2}{3} = 0{,}666\ldots = 0{,}\overline{6}$

```
5 : 11 = 0,4545 …
 0
 50
 44
  60
  55
   50
   …
```
Die Zifferngruppe 45 wiederholt sich immer wieder.
$\frac{5}{11} = 0{,}4545\ldots = 0{,}\overline{45}$

```
1 : 6 = 0,1666 …
 0
 10
  6
  40
  36
   40
   …
```
Nach der Ziffer 1 wiederholt sich die Ziffer 6 immer wieder.
$\frac{1}{6} = 0{,}166\ldots = 0{,}1\overline{6}$

## Brüche und Prozentzahlen

**1** Im Lebensmittelhandel werden Fruchtgetränke angeboten.

| Bezeichnung | Fruchtanteil |
|---|---|
| Fruchtsaft | 100 Prozent |
| Fruchtnektar | 50 Prozent |
| Fruchtsaftgetränk | 15 Prozent |

Was bedeuten die Prozentangaben?

> Der Anteil an einer Gesamtgröße wird häufig als Hundertstelbruch angegeben. Ein Hundertstel einer Gesamtgröße wird **Prozent** genannt.
>
> $\frac{1}{100} = 1\%$

Italienisch „per cento"

Cento
cto
cto
%
%
%

**2** Gib den Anteil der orangen (gelben) Felder in Prozent und Hundertstelbrüchen an.

a) b) c) d) e) f)

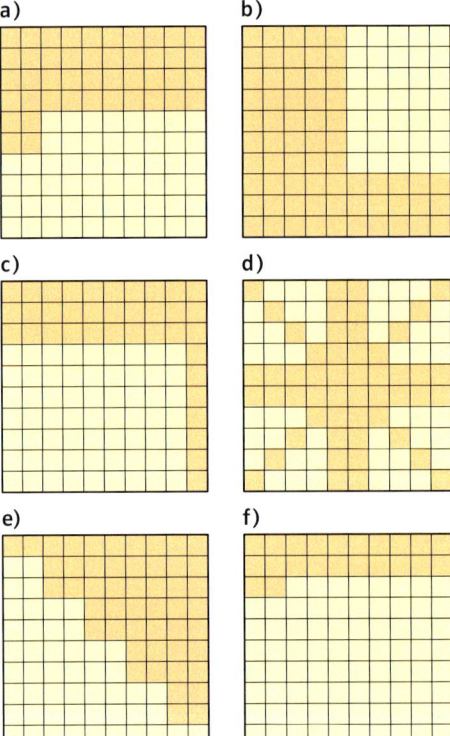

**3** Zeichne ein Hunderterfeld in dein Heft und stelle die folgenden Anteile dar. Gib die Anteile in Prozent an.

a) $\frac{17}{100}$  b) $\frac{1}{4}$  c) $\frac{1}{5}$  d) $\frac{3}{10}$  e) $\frac{4}{50}$

**4** Bezeichne den Anteil der farbigen Flächen jeweils mit Prozenten und Brüchen.

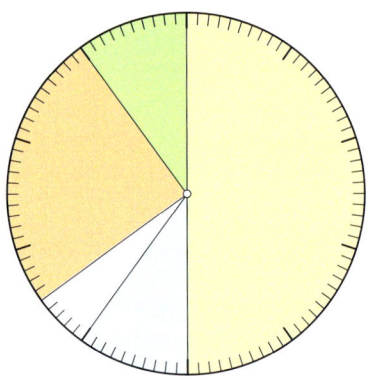

**5** Übertrage die Tabelle in dein Heft und ergänze die fehlenden Werte.

| $\frac{1}{4}$ | $\frac{3}{4}$ | | $\frac{1}{5}$ | |
|---|---|---|---|---|
| $\frac{25}{100}$ | | $\frac{80}{100}$ | | $\frac{10}{100}$ |
| 25 % | | | | 50 % |

**6** Gib in Prozent an und ordne der Größe nach. Beginne mit dem kleinsten Anteil.

a) $\frac{1}{2}$  $\frac{7}{10}$  $\frac{32}{100}$  $\frac{74}{100}$

b) $\frac{11}{10}$  $\frac{6}{5}$  $\frac{24}{20}$  $\frac{24}{25}$  $\frac{135}{100}$

c) $\frac{4}{50}$  $\frac{12}{10}$  $\frac{12}{20}$  $\frac{45}{1000}$

**7** Eine Gesamtschule hat 1240 Schülerinnen und Schüler. Wie viele Schülerinnen und Schüler kommen jeweils zu Fuß zur Schule, fahren mit dem Fahrrad, der Straßenbahn oder werden mit dem Auto gebracht?

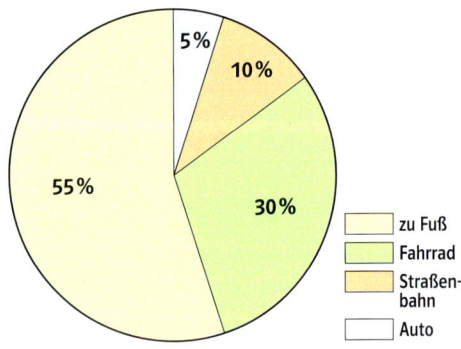

# Grundwissen: Brüche

**Brüche beschreiben Teile eines Ganzen**

Der Nenner beschreibt, in wie viele gleich große Teile das Ganze geteilt wurde. ⟶ $\frac{2}{7}$ ⟵ Der Zähler beschreibt, wie viele Teile betrachtet werden.

**Erweitern**

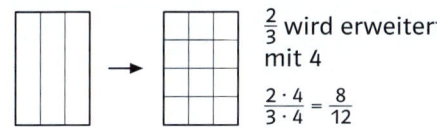

$\frac{2}{3}$ wird erweitert mit 4

$\frac{2 \cdot 4}{3 \cdot 4} = \frac{8}{12}$

Zähler **und** Nenner werden mit derselben Zahl **multipliziert.**

**Kürzen**

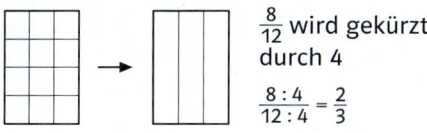

$\frac{8}{12}$ wird gekürzt durch 4

$\frac{8:4}{12:4} = \frac{2}{3}$

Zähler **und** Nenner werden durch dieselbe Zahl **dividiert.**

**Brüche und Dezimalzahlen (Dezimalbrüche)**

Einen Bruch kann man in eine Dezimalzahl umwandeln, indem man den Zähler durch den Nenner dividiert.
Dabei entsteht eine **abbrechende Dezimalzahl** oder eine **periodische Dezimalzahl.**

$\frac{3}{4} = $ ▪

```
3 : 4 = 0,75
 0
 30
 28
  20
  20
   0
```

**abbrechende** Dezimalzahl : 0,75

$\frac{4}{9} = $ ▪

```
4 : 9 = 0,44 ...
 0
 40
 36
  4
  ...
```

$\frac{4}{9} = 0,\overline{4}$

**periodische** Dezimalzahl: $0,\overline{4}$
lies: Null Komma Periode vier

**Zahlenstrahl**

Brüche und Dezimalzahlen können am Zahlenstrahl dargestellt werden. Brüche, die auf dem Zahlenstrahl an der gleichen Stelle liegen, bezeichnen dieselbe Bruchzahl.

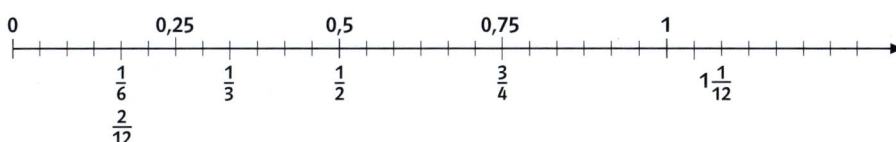

**Bruchteile von Größen**

$\frac{3}{4}$ von 200 € sind ▪

200 € $\xrightarrow{:4}$ 50 € $\xrightarrow{\cdot 3}$ 150 €

$\frac{3}{4}$ von 200 € sind 150 €

**Prozente**

75 % von 200 € sind ▪

$\frac{75}{100}$ von 200 € sind ▪

200 € $\xrightarrow{:100}$ 2 € $\xrightarrow{\cdot 75}$ 150 €

75 % von 200 € sind 150 €

# Üben und Vertiefen

**1** Welcher Bruchteil ist gefärbt?

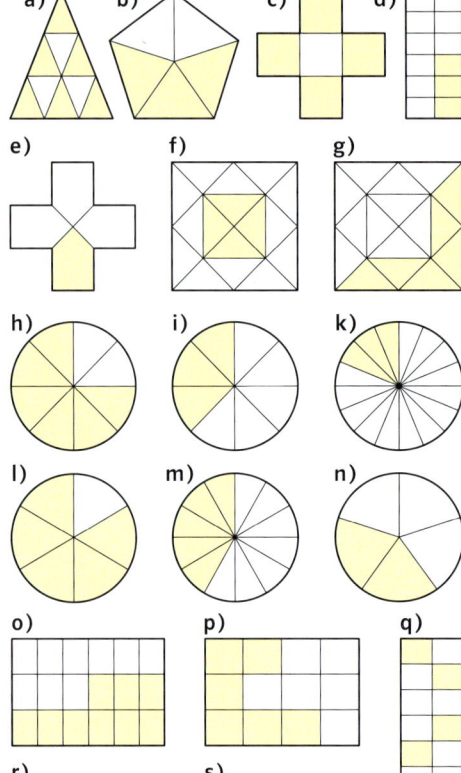

**2** Übertrage ins Heft und färbe jeweils den angegebenen Bruchteil.

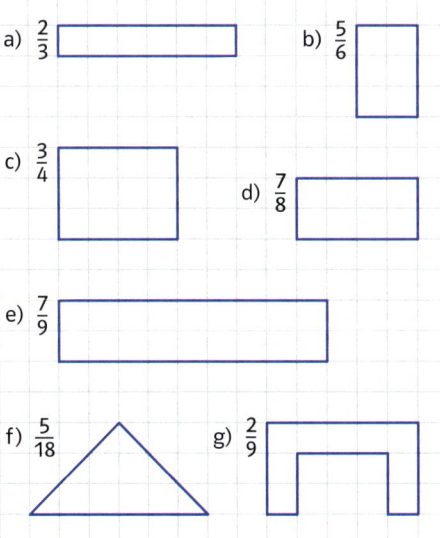

**3** Welche Brüche sind jeweils am Zahlenstrahl markiert?

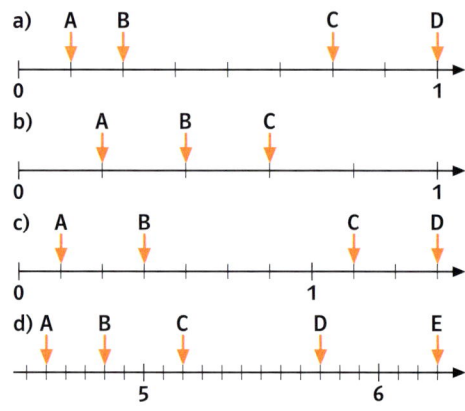

**4** Zeichne in dein Heft einen Zahlenstrahl. Der Abstand zwischen Null und Eins beträgt 12 cm. Trage dort die folgenden Brüche ein:

$\frac{2}{3}$; $\frac{5}{6}$; $\frac{1}{12}$; $\frac{7}{12}$; $\frac{7}{24}$; $\frac{3}{4}$; $\frac{5}{8}$

**5** Welcher Bruchteil wird hier dargestellt?

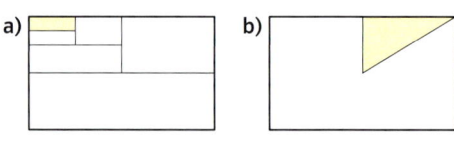

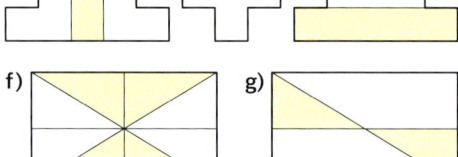

**6** Von verschiedenen Figuren siehst du einen Bruchteil. Zeichne das Ganze in dein Heft.

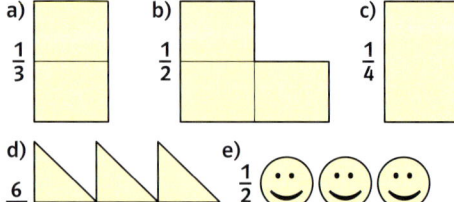

## Üben und Vertiefen

**7** In der folgenden Zeichnung hat sich ein Fehler eingeschlichen. Begründe schriftlich.

a) 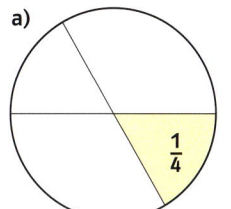   b)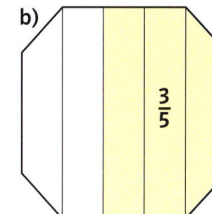

c) d)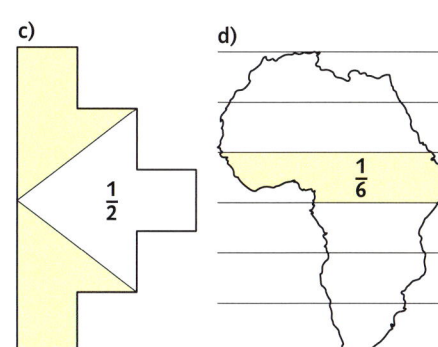

**8** Erweitere die Brüche auf den angegebenen Nenner.

a) $\frac{3}{4} = \frac{\square}{12}$    $\frac{5}{8} = \frac{\square}{16}$    $\frac{2}{7} = \frac{\square}{21}$

b) $\frac{1}{9} = \frac{\square}{45}$    $\frac{5}{12} = \frac{\square}{60}$    $\frac{4}{5} = \frac{\square}{20}$

c) $\frac{3}{5} = \frac{\square}{15}$    $\frac{7}{20} = \frac{\square}{100}$    $\frac{5}{1} = \frac{\square}{66}$

d) $\frac{7}{10} = \frac{\square}{40}$    $\frac{3}{5} = \frac{\square}{35}$    $\frac{4}{13} = \frac{\square}{52}$

**9** Bestimme die Platzhalter.

a) $\frac{1}{4} = \frac{\square}{12}$    $\frac{3}{4} = \frac{\square}{40}$    $\frac{7}{10} = \frac{35}{\square}$

b) $\frac{5}{8} = \frac{15}{\square}$    $\frac{9}{10} = \frac{45}{\square}$    $\frac{7}{\square} = \frac{21}{45}$

c) $\frac{3}{\square} = \frac{9}{15}$    $\frac{2}{\square} = \frac{10}{35}$    $\frac{\square}{10} = \frac{63}{70}$

d) $\frac{\square}{9} = \frac{24}{54}$    $\frac{3}{11} = \frac{9}{\square}$    $\frac{5}{17} = \frac{25}{\square}$

**10** Kürze soweit wie möglich.

a) $\frac{16}{24}$    $\frac{15}{75}$    $\frac{6}{48}$    $\frac{21}{60}$

b) $\frac{12}{80}$    $\frac{60}{110}$    $\frac{49}{84}$    $\frac{45}{75}$

c) $\frac{8}{32}$    $\frac{25}{100}$    $\frac{50}{120}$    $\frac{24}{120}$

**11** Finde jeweils mindestens zwei Bezeichnungen für die gefärbten Bruchteile.

a) 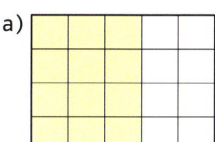   b)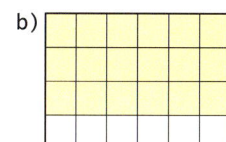

c) 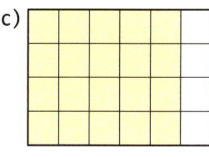   d)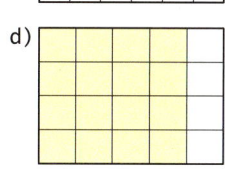

e) 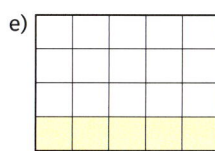   f)

**12** Vergleiche die Brüche.

a) $\frac{3}{4} \square \frac{2}{5}$    b) $\frac{1}{7} \square \frac{3}{5}$    c) $\frac{4}{9} \square \frac{2}{3}$

d) $\frac{1}{2} \square \frac{3}{8}$    e) $\frac{3}{5} \square \frac{7}{10}$    f) $\frac{4}{15} \square \frac{3}{5}$

**13** Schreibe als Bruch und als gemischte Zahl.

a)

b) 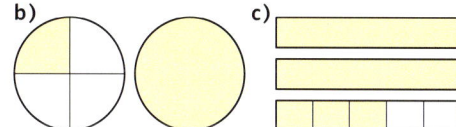   c)

d)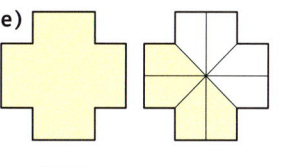

e) f)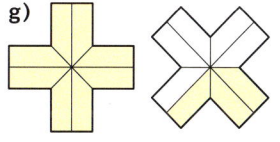

g) h)

i)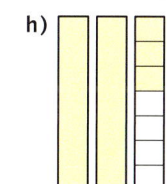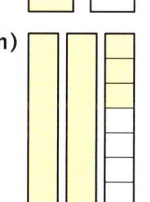

33

## Üben und Vertiefen

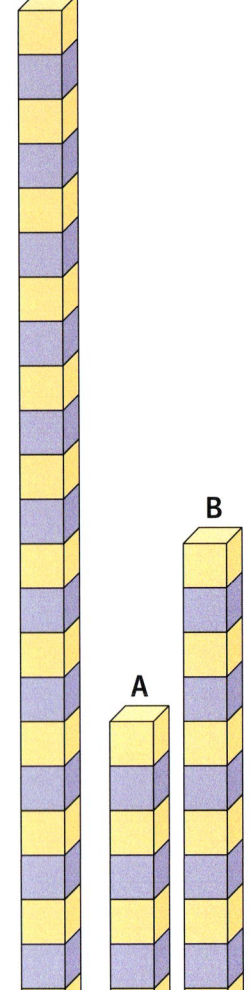

**14** Welchen Bruchteil der großen Säule stellen jeweils die kleinen Säulen dar?

**15** Schreibe als gemischte Zahl.

a) $\frac{5}{4}$ $\quad\frac{7}{3}$ $\quad\frac{9}{5}$ $\quad\frac{12}{7}$

b) $\frac{17}{12}$ $\quad\frac{13}{10}$ $\quad\frac{15}{13}$ $\quad\frac{11}{9}$

c) $\frac{25}{4}$ $\quad\frac{30}{7}$ $\quad\frac{35}{6}$ $\quad\frac{45}{8}$

d) $\frac{72}{7}$ $\quad\frac{65}{4}$ $\quad\frac{37}{5}$ $\quad\frac{65}{17}$

**16** Schreibe als Bruch.

a) $3\frac{1}{3}$ $\quad 2\frac{3}{8}$ $\quad 4\frac{1}{5}$

b) $2\frac{5}{7}$ $\quad 2\frac{9}{10}$ $\quad 3\frac{2}{100}$

c) $5\frac{3}{6}$ $\quad 5\frac{1}{15}$ $\quad 2\frac{3}{24}$

d) $12\frac{1}{3}$ $\quad 15\frac{2}{3}$ $\quad 16\frac{3}{4}$

**17** Zeichne einen Zahlenstrahl von 0 bis 2 (16 cm) und trage die folgenden Brüche ein.

$\frac{3}{8}$; $\frac{1}{2}$; $\frac{3}{2}$; $\frac{7}{4}$; $1\frac{5}{8}$; $\frac{9}{8}$; $1\frac{1}{4}$; $\frac{5}{4}$; $\frac{15}{8}$

**18** Schreibe als Bruch oder als gemischte Zahl.

a) 0,5    b) 1,8    c) 0,05
    0,75      0,9       0,003
    1,2       2,2       10,05
    2,6       3,3       15,25

**19** Wandle den folgenden Bruch durch schriftliche Division in eine Dezimalzahl um.

a) $\frac{5}{8}$   b) $\frac{2}{9}$   c) $\frac{3}{11}$   d) $\frac{4}{7}$   e) $\frac{7}{13}$

**20** Gib die folgenden Anteile in Prozent an.

a) $\frac{18}{100}$     b) $\frac{110}{100}$     c) $\frac{1}{2}$

    $\frac{25}{100}$        $\frac{119}{100}$        $\frac{2}{5}$

    $\frac{98}{100}$        $\frac{43}{100}$        $\frac{3}{8}$

**21** Gib die gezeichneten Strecken in einer kleineren Einheit an.

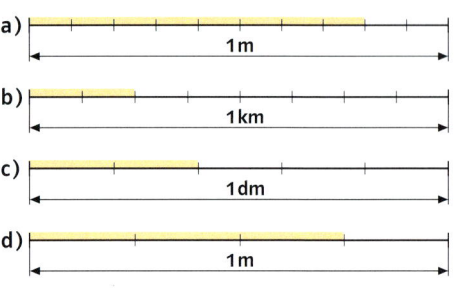

**22** Berechne.

a) $\frac{3}{4}$ von 64 km     b) $\frac{1}{2}$ von 52 l

$\frac{5}{8}$ von 2754 €       $\frac{2}{3}$ von 48 km

$\frac{2}{7}$ von 294 €        $\frac{2}{9}$ von 198 ml

$\frac{1}{12}$ von 552 l        $\frac{3}{10}$ von 50 €

**23** Berechne das Ganze.

a) $\frac{7}{8}$ der Strecke sind 518 m

b) $\frac{3}{4}$ des Geldbetrages sind 4500 €

c) $\frac{5}{9}$ der Strecke sind 235 km

d) $\frac{3}{4}$ der Zeit sind 180 Minuten

e) $\frac{3}{5}$ der Zeit sind 15 Stunden

f) $\frac{6}{7}$ der Fläche sind 240 m²

**24** Welcher Bruchteil der Fläche ist gefärbt? Wie groß ist die gefärbte Fläche?

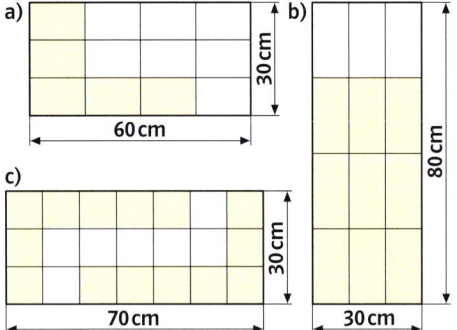

# Sachaufgaben

**1** Die Klasse 6c hat auf einem Flohmarkt 350 € eingenommen. Ein Zehntel des Betrages spenden die Schülerinnen und Schüler für eine Kinderhilfsorganisation, ein Fünftel dient zur Gestaltung eines Klassenfestes und drei Fünftel zur Mitfinanzierung der Klassenfahrt. Der Rest wird für die Verschönerung des Klassenraumes zurückgelegt.

**2** Eine Schwalbe fliegt in der Sekunde etwa 54 m weit, eine Brieftaube schafft etwa $\frac{1}{3}$ dieser Strecke, ein Pferd im Galopp $\frac{5}{27}$, ein Finnwal $\frac{5}{54}$ und der Mensch im schnellen Lauf $\frac{1}{6}$ der Strecke.

**3** Ungefähr $\frac{3}{10}$ der Erdoberfläche sind Land. Das sind 153 Mio. Quadratkilometer. Wie groß ist die gesamte Oberfläche der Erde? Wie viel Quadratkilometer der Erde werden von Wasserflächen bedeckt?

**4** Etwa $\frac{3}{4}$ des Gewichts eines Apfels ist Wasser und $\frac{1}{4}$ des Gewichts ist Fruchtzucker. Wie viel Gramm Wasser und wie viel Gramm Zucker enthält ein Apfel von 120 g (180 g, 240 g)?

**5** An einer Schule werden die Fahrräder überprüft.
Im 6. Jahrgang werden von 48 Fahrrädern 12 Fahrräder beanstandet, im 7. Jahrgang haben von 57 Fahrrädern 19 Fahrräder Mängel.
Welcher Jahrgang schnitt bei der Fahrradkontrolle besser ab?

**6** a) Die Ruhr ist auf $\frac{1}{5}$ ihrer Länge schiffbar, das sind 43 km. Bestimme ihre Länge.
b) Bestimme jeweils die Gesamtlänge des Rheins (schiffbar auf $\frac{3}{4}$ der Länge, das sind 990 km) und der Elbe (schiffbar auf $\frac{4}{5}$ der Länge, das sind 932 km).

**7** Leon erhält monatlich 25 € Taschengeld. Davon gibt er 7 € für Zeitschriften aus. Paula bekommt 20 € Taschengeld und kauft für 6 € Zeitschriften. Wer gibt den größeren Anteil seines Taschengeldes für Zeitschriften aus? Berechne diese Anteile in Prozent.

# Vernetzen: Die Kettenschaltung

**1** Karl Freiherr Drais von Sauerbronn konstruierte 1817 ein Laufrad. Ein Benutzer musste sich mit den Füßen vom Untergrund abstoßen.
Das 1871 von dem englischen Ingenieur James Starley entwickelte Hochrad war mit einer Tretkurbel am Vorderrad versehen. Mit einem Hochrad wurden Geschwindigkeiten bis zu 25 $\frac{km}{h}$ erreicht.

lenkbares Laufrad von Drais 1817 (Draisine)    Hochrad 1880

Gegen Ende des 19. Jahrhunderts wurde zum ersten Mal ein Fahrrad mit einem Kettenhinterradantrieb konstruiert.
Bei diesem Antrieb wird die Kraft über zwei Zahnräder, die durch eine Gliederkette verbunden sind, auf das Hinterrad übertragen.
Das vordere Zahnrad wird als **Kettenblatt**, das hintere als **Ritzel** bezeichnet.

a) In der Abbildung hat das Kettenblatt eine größere Anzahl von Zähnen als das Ritzel. Beschreibe, welche Wirkung dadurch erreicht wird.
b) Wie viele Umdrehungen macht das abgebildete Ritzel bei einer Umdrehung des Kettenblattes?

**2** a) Berechne die Länge der Strecke, die dein Fahrrad bei einer Tretkurbelumdrehung zurücklegt.
Führe dazu die folgenden Schritte aus:

1. Stelle jeweils die Anzahl der Zähne des Kettenblattes und des Ritzels fest.
   Hat dein Fahrrad eine Kettenschaltung, so wähle ein Kettenblatt und ein Ritzel aus.
2. Ermittle, wie oft sich das Hinterrad bei einer Kurbelumdrehung dreht.
3. Bestimme den Umfang eines Reifens.

4. Berechne den bei einer Tretkurbelumdrehung zurückgelegten Weg.

b) Wie viele Tretkurbelumdrehungen musst du machen, um einen Kilometer zurückzulegen?
c) Wie oft musst du treten, um morgens zur Schule zu fahren?

**3** In der Übersicht sind einige Messergebnisse der Klasse 6b festgehalten.

| Rad von | Kettenblatt | Ritzel | Radumfang |
|---|---|---|---|
| Manuel | 36 Zähne | 12 Zähne | 2,07 m |
| Sandra | 48 Zähne | 16 Zähne | 2,23 m |
| Laura | 36 Zähne | 24 Zähne | 1,92 m |

Bestimme jeweils den bei einer Kurbelumdrehung zurückgelegten Weg.

# Vernetzen: Die Kettenschaltung

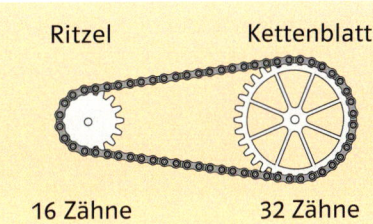

Ritzel — Kettenblatt
16 Zähne — 32 Zähne

Übersetzung: $\frac{32}{16} = 2{,}00$

Das Verhältnis der Zähnezahl des Kettenblattes zur Zähnezahl des Ritzels wird als **Übersetzung** bezeichnet.

Die Übersetzung gibt an, wie oft sich das Hinterrad bei einer Drehung des Kettenblattes dreht.

Weg bei einer vollen Pedalumdrehung

Die bei einer Tretkurbelumdrehung zurückgelegte Strecke wird **Entfaltung** genannt.

**4** Ein Fahrrad mit einer Kettenschaltung konnte erstmals 1928 gekauft werden.
Eine moderne 24-Gang-Kettenschaltung eines Mountainbikes hat zum Beispiel drei verschiedene Kettenblätter und acht verschiedene Ritzel.

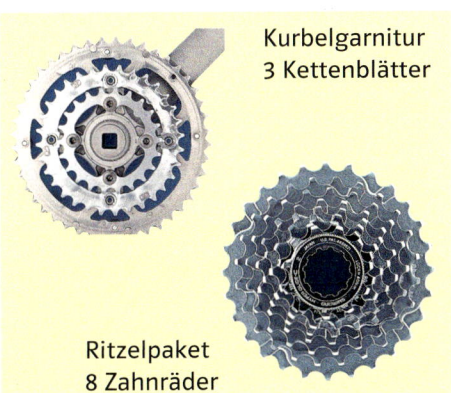

Kurbelgarnitur
3 Kettenblätter

Ritzelpaket
8 Zahnräder

a) Untersuche ein Fahrrad mit Kettenschaltung. Wie viele unterschiedliche Gänge (Möglichkeiten, die Übersetzung zu ändern) hat es?
b) Beschreibe, wann du beim Fahrradfahren in den kleinsten, wann in den größten Gang schaltest.
Gib auch an, welches Kettenblatt und welches Ritzel jeweils im kleinsten und größten Gang benutzt wird.

**5**  26er Mountainbike

*Der Radumfang beträgt 2,07 m.*

Beachte die Hinweise zur Gruppenarbeit auf der nächsten Seite.

| 24-Gang-Schaltung | Anzahl der Zähne |
|---|---|
| 3 Kettenblätter | 24, 34, 46 |
| 8 Ritzel | 12, 14, 16, 18, 21, 24, 28, 32 |

a) Bestimmt in Gruppenarbeit für alle 24 Gänge des Mountainbikes die Übersetzung und die Entfaltung.
Stellt eure Ergebnisse in einer Tabelle zusammen.

*Dezimalzahlen auf zwei Nachkommastellen runden.*

| Anzahl der Zähne beim Kettenblatt | 24 | 24 | 24 |
|---|---|---|---|
| Anzahl der Zähne beim Ritzel | 12 | 14 | 16 |
| Übersetzung | $\frac{24}{12} = 2{,}00$ | $\frac{24}{14} \approx 1{,}71$ |  |
| Entfaltung | 4,14 |  |  |

b) Vergleicht die Werte für die Entfaltung miteinander. Ordnet sie dazu der Größe nach. Was stellt ihr fest?
Hat diese Kettenschaltung 24 verschiedene Gänge? Begründet eure Antwort.

# Kommunizieren und Präsentieren — Gruppenarbeit

**Regeln für die Gruppenarbeit**

1. Der Arbeitsplatz wird eingerichtet. Alle Arbeitsmaterialien werden zurechtgelegt.
2. Die Gruppenarbeit beginnt mit einer gemeinsamen Besprechung der Aufgabenstellung.
3. Der Arbeitsablauf wird organisiert. Dabei werden alle an der Arbeit beteiligt.
4. Alle Gruppenmitglieder notieren die wichtigsten Ergebnisse.
5. Der Vortrag der Ergebnisse wird gemeinsam vorbereitet. Alle sind für die Qualität der Arbeit verantwortlich.

**Regeln für die Präsentation**

1. Beginne nicht sofort, sondern warte ab, bis Ruhe herrscht.
2. Versuche frei zu sprechen und schaue das Publikum an. Benutze einen Notizzettel als Merkhilfe.
3. Stelle wichtige Informationen besonders heraus.
   Benutze dazu die Tafel, Folien, Plakate.
4. Warte am Ende ab, ob es noch Fragen oder Anmerkungen gibt.

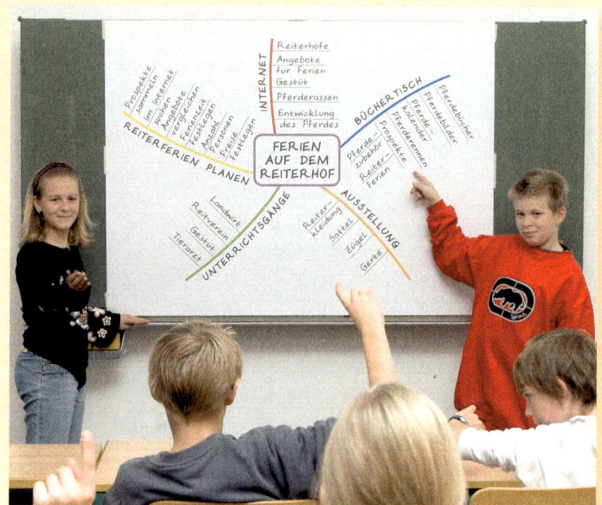

**Regeln für das Publikum**

1. Wenn eine Gruppe ihre Ergebnisse vorträgt, hört das Publikum aufmerksam zu.
2. Jeder überlegt während der Präsentation:
   • Was kann ich bei dieser Präsentation lernen?
   • Welche Fragen habe ich noch?
   • Was hat mir gut gefallen, was könnte noch verbessert werden?
3. Das Publikum nimmt in der Nachbesprechung dazu Stellung.

# Vernetzen: Periodenkreise

**1** a) Wandelt die Brüche $\frac{1}{7}$ bis $\frac{6}{7}$ durch schriftliche Division in Dezimalzahlen um. Löst diese Aufgabe nach der Ich-du-wir-Methode. Hinweise, wie ihr dabei vorgehen könnt, findet ihr auf der Seite 133.
b) Beschreibt, was euch beim Vergleich der Ergebnisse auffällt.
c) Informiert euch unten auf dieser Seite über Periodenkreise.
d) Übertrage den abgebildeten Periodenkreis zum Nenner 7 in dein Heft und vervollständige ihn.

**2** Wandle den folgenden Bruch mithilfe der Periodenkreise zum Nenner 13 in eine Dezimalzahl um. Rechnet durch schriftliche Division nach.

a) $\frac{7}{13}$   b) $\frac{6}{13}$   c) $\frac{3}{13}$   d) $\frac{2}{13}$

**3** Wandelt in Gruppenarbeit die Brüche $\frac{1}{19}$ bis $\frac{18}{19}$ durch schriftliche Division in Dezimalzahlen um. Zeichnet den zugehörigen Periodenkreis.

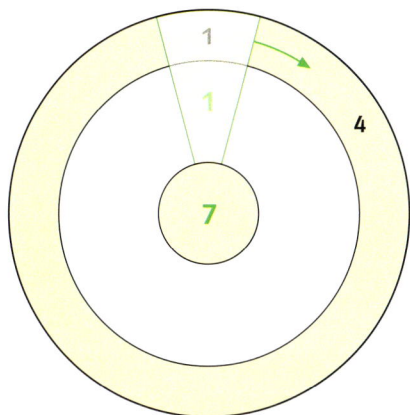
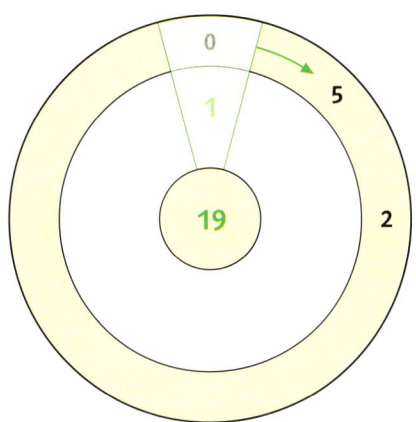

### Periodenkreise
Bei der Verwandlung von Brüchen in Dezimalzahlen entstehen manchmal Periodenkreise. Brüche mit gleichem Nenner haben dann die gleiche Periodenlänge und die Ziffernfolge der Periode wiederholt sich. Brüche mit dem Nenner 13 bilden 2 Periodenkreise.

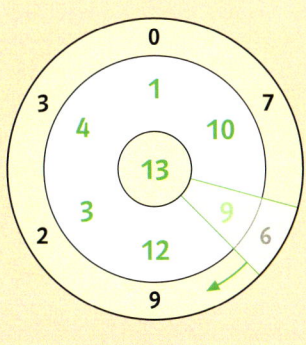
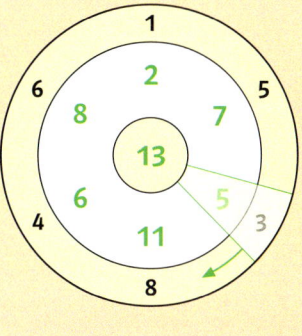

Ganz innen steht der Nenner des Bruchs. Die Zähler stehen im mittleren Kreis. Der äußere Kreis gibt die Periode an.

$\frac{9}{13} = 0,\overline{692307}$    $\frac{5}{13} = 0,\overline{384615}$

# Lernkontrolle 1

**1** Gib den Anteil der blauen (weißen) Flächen als Bruch an.

a) 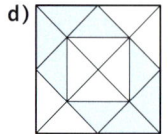  b) 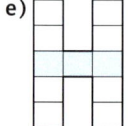  c)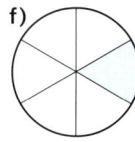

d) 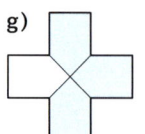  e) 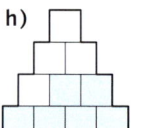  f)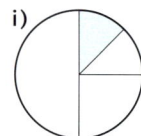

g)  h)  i)

k)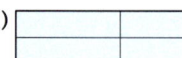

**2** Schreibe jeweils als Dezimalzahl.

a) $\frac{3}{10}$  b) $\frac{1}{3}$  c) $2 + \frac{3}{10} + \frac{1}{100}$

$\frac{67}{100}$  $\frac{3}{8}$  $5 + \frac{7}{100}$

$\frac{3}{4}$  $\frac{4}{9}$  $3 + \frac{47}{100}$

$\frac{3}{20}$  $\frac{3}{11}$  $1 + \frac{12}{1000}$

**3** Stelle die folgenden Brüche durch Rechtecke (3 cm mal 4 cm) dar. Du darfst auch mehrere Brüche im gleichen Rechteck darstellen.

a) $\frac{1}{3}$  b) $\frac{1}{4}$  c) $\frac{5}{12}$  d) $\frac{3}{24}$  e) $\frac{5}{8}$

**4** Kürze so weit wie möglich.

a) $\frac{30}{42}$  b) $\frac{48}{80}$  c) $\frac{21}{49}$

$\frac{70}{105}$  $\frac{24}{52}$  $\frac{66}{30}$

$\frac{56}{84}$  $\frac{38}{76}$  $\frac{28}{196}$

**5** Erweitere auf den angegebenen Nenner.

a) $\frac{3}{4} = \frac{\square}{100}$  b) $\frac{2}{5} = \frac{\square}{15}$  c) $\frac{3}{10} = \frac{\square}{100}$

$\frac{2}{7} = \frac{\square}{21}$  $\frac{2}{9} = \frac{\square}{45}$  $\frac{5}{13} = \frac{\square}{65}$

$\frac{7}{18} = \frac{\square}{54}$  $\frac{3}{4} = \frac{\square}{60}$  $\frac{5}{6} = \frac{\square}{144}$

**6** Vergleiche die Brüche. Setze <, > oder = ein.

a) $\frac{3}{5} \square \frac{7}{10}$  b) $\frac{2}{3} \square \frac{5}{7}$  c) $\frac{5}{12} \square \frac{5}{13}$

$\frac{2}{7} \square \frac{3}{4}$  $\frac{3}{11} \square \frac{2}{3}$  $\frac{28}{42} \square \frac{4}{6}$

$\frac{4}{9} \square \frac{2}{5}$  $\frac{1}{9} \square \frac{2}{7}$  $\frac{7}{9} \square \frac{4}{5}$

**7** Vier Freunde bestellen gemeinsam drei Pizzen. Jeder bekommt gleich viel. Zeichne, wie sie die Pizzen aufteilen sollen. Wie viel bekommt jeder?

**8** Zeichne einen Zahlenstrahl von 0 bis 1 (12 cm) und trage die folgenden Brüche ein.

$\frac{3}{4}; \frac{1}{2}; \frac{7}{8}; \frac{1}{8}; \frac{1}{4}; \frac{2}{3}; \frac{5}{12}$

---

**1** Bestimme den Flächeninhalt der folgenden Figur jeweils durch Auszählen. (1 Kästchen ≙ 1 cm²)

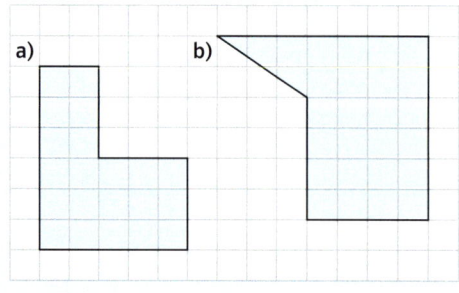

**2** Berechne jeweils den Umfang und den Flächeninhalt der folgenden Figur.

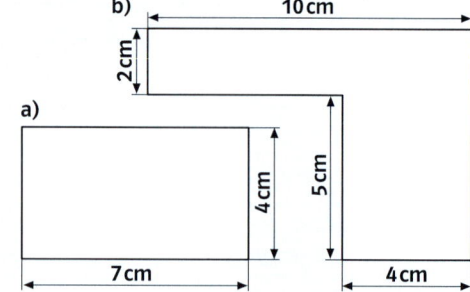

# Lernkontrolle 2

**1** Der Körper eines Neugeborenen besteht etwa zu $\frac{2}{3}$ aus Wasser. Wie viel Gramm wog das Kind unmittelbar nach seiner Geburt?

*Mein Körper enthält 2400 g Wasser.*

**2** Ersetze jeweils die Platzhalter.
a) $\frac{3}{4}$ kg = ■ g   b) $1\frac{7}{10}$ m = ■ mm

$\frac{3}{10}$ t = ■ kg   $2\frac{5}{6}$ h = ■ min

$\frac{3}{5}$ m = ■ cm   $1\frac{3}{5}$ h = ■ min

**3** Welcher Bruchteil der Fläche ist gefärbt? Wie groß ist die gefärbte Fläche?

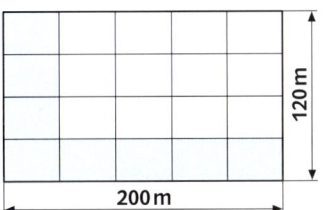

200 m, 120 m

**4** Schreibe als Bruch oder als gemischte Zahl.
a) 0,25   b) 0,4   c) 1,5   d) 0,04
e) 0,005  f) 3,75  g) 2,8   h) $0,\overline{3}$

**5** Wandle in eine Dezimalzahl um.
a) $\frac{1}{8}$   b) $\frac{5}{9}$   c) $\frac{2}{3}$   d) $\frac{7}{16}$

**6** Verwandle in einen Bruch.
a) $3\frac{1}{3}$   b) $7\frac{2}{7}$

$2\frac{2}{5}$   $3\frac{9}{11}$

$5\frac{1}{4}$   $2\frac{7}{10}$

**7** Ersetze die Platzhalter.
a) $\frac{2}{3} = \frac{■}{12}$   b) $\frac{■}{9} = \frac{18}{81}$

$\frac{5}{7} = \frac{15}{■}$   $\frac{4}{■} = \frac{16}{28}$

$\frac{2}{11} = \frac{■}{110}$   $\frac{2}{■} = \frac{10}{65}$

**8** Gib die folgenden Anteile in Prozent an.
a) $\frac{17}{100}$   b) $\frac{7}{50}$   c) $\frac{3}{4}$   d) $\frac{3}{5}$

**9** Paul macht eine Ausbildung zum Zimmermann. Sein Monatslohn beträgt 960 €. Er gibt ein Drittel des Lohns für seine Wohnung, ein Zwölftel für sein Handy, ein Viertel für Essen und Trinken und ein Sechstel für Kleidung aus.
a) Berechne seine Ausgaben für Wohnung, Essen und Trinken, Handy und Kleidung.
b) Welcher Geldbetrag bleibt nach seiner Planung übrig?

**1** Julia lässt ihre Urlaubsfotos aus Frankreich entwickeln. Sie wählt das Format 8 cm mal 13 cm. Alle Fotos klebt sie auf gelbe Karten. Diese sind so groß, dass sie an allen Seiten 0,5 cm überstehen.
a) Berechne den Flächeninhalt eines Fotos und einer gelben Karte.
b) Berechne die Länge der Umrandung.

**Wiederholung**

# 4 Daten und Zufall
## Zufallsexperimente

Bei welchem Versuch erhältst du auch bei Wiederholungen immer dasselbe Ergebnis?
Bei welchem Versuch kannst du das Ergebnis nicht vorhersagen? Nenne dort mögliche Ergebnisse.

# Wir untersuchen unser Glück

**3** Janina und Tobias haben dieselbe Münze unterschiedlich oft geworfen. Die Ergebnisse ihres Zufallsexperiments haben sie in zwei Strichlisten festgehalten.

|  | Janina | Tobias |
|---|---|---|
| Zahl | ℍℍ ℍℍ ℍℍ ℍℍ III | ℍℍ ℍℍ ℍℍ III |
| Bild | ℍℍ ℍℍ ℍℍ ℍℍ ℍℍ II | ℍℍ ℍℍ ℍℍ ℍℍ II |

In dem Beispiel wird für Janina der Anteil (Bruchteil) berechnet, den das Ergebnis „Zahl" an allen Würfen hat. Dieser Anteil wird als **relative Häufigkeit** bezeichnet.

> Ergebnis: Zahl
> absolute Häufigkeit: 23
> Gesamtzahl der Würfe: 50
> relative Häufigkeit: $\frac{23}{50}$

**1** Melanie und Maik wollen „Stürzender Turm" spielen. Durch einen Münzwurf soll entschieden werden, wer anfangen darf.
Beim ersten Wurf zeigt die Münze Bild. „Das war doch nur Zufall. Du hast einfach Glück gehabt," sagt Maik.
Melanie und Maik wollen nun untersuchen, wer von ihnen mehr Glück hat. Dazu werfen beide abwechselnd die Münze. Die Ergebnisse haben sie in einer Strichliste festgehalten. Hat Melanie mehr Glück als Maik?

a) Übertrage die Häufigkeitstabelle für Janinas Ergebnisse in dein Heft. Bestimme die relative Häufigkeit für das Ergebnis „Bild".

| Ergebnis | absolute Häufigkeit | relative Häufigkeit |
|---|---|---|
| Zahl | 23 | $\frac{23}{50}$ |
| Bild | 27 |  |
| Summe |  |  |

b) Lege auch für die Würfe von Tobias eine Häufigkeitstabelle an. Gib die relativen Häufigkeiten als Bruch an.

**2** Auch Arne und Laura haben beide mehrmals eine Münze geworfen und die Ergebnisse jeweils in einer **Strichliste** festgehalten.

**Arne:**

| Zahl | ℍℍ ℍℍ ℍℍ I |
|---|---|
| Bild | ℍℍ ℍℍ ℍℍ ℍℍ IIII |

**Laura:**

| Zahl | ℍℍ ℍℍ ℍℍ |
|---|---|
| Bild | ℍℍ ℍℍ ℍℍ |

Das Ergebnis „Zahl" zählt als Gewinn, bei „Bild" hat man verloren.
Wer hat mehr Glück gehabt, Arne oder Laura? Begründe.

**4** Wirf in Partnerarbeit eine Münze zehnmal (zwanzigmal, fünfzigmal, hundertmal).
a) Bestimme mithilfe einer Strichliste die absoluten Häufigkeiten der einzelnen Ergebnisse.
b) Lege eine Häufigkeitstabelle an. Gib die relativen Häufigkeiten als Bruch an und trage sie in die Tabelle ein.
c) Vergleiche die relativen Häufigkeiten für „Zahl" und „Bild" miteinander. Was stellst du fest?

# Wir untersuchen unser Glück

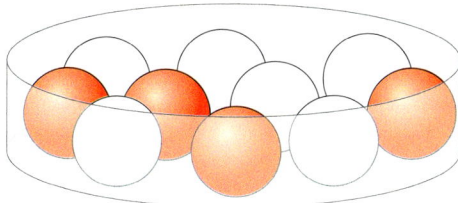

**5** Nadine und Marco haben das folgende Glücksspiel durchgeführt: Sie haben abwechselnd mit geschlossenen Augen eine Kugel aus dem Becher (der Urne) gezogen, die Farbe notiert und sie wieder zurückgelegt. Die absoluten Häufigkeiten haben sie in der Häufigkeitstabelle notiert.

| Ergebnis | absolute Häufigkeit | | | |
|---|---|---|---|---|
| rot | 3 | 7 | 18 | 38 |
| weiß | 7 | 13 | 32 | 62 |
| Summe | | | | |

a) Berechne die relativen Häufigkeiten als Bruch und als Dezimalzahl und trage sie in die abgebildete Tabelle ein.

| Anzahl der Ziehungen | relative Häufigkeit | |
|---|---|---|
| | rot | weiß |
| 10 | $\frac{3}{10} = 0{,}3$ | $\frac{7}{10} = 0{,}7$ |
| 20 | | |

b) Vergleiche die relativen Häufigkeiten. Was stellst du fest?

**6** Aus einer Urne mit zwei weißen und acht blauen, sonst gleichartigen Kugeln wurde mehrmals eine Kugel mit Zurücklegen gezogen.

| Ergebnis | absolute Häufigkeit | | | |
|---|---|---|---|---|
| weiß | 3 | 6 | 12 | 42 |
| blau | 7 | 19 | 38 | 158 |

a) Berechne die relativen Häufigkeiten als Bruch und als Dezimalzahl und notiere sie in einer Tabelle.
b) Vergleiche die relativen Häufigkeiten. Was stellst du fest?

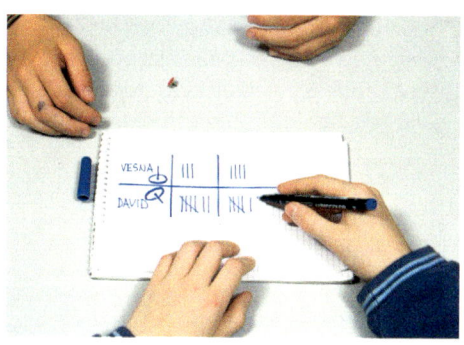

**7** Vesna und David haben das folgende Glücksspiel vereinbart: Sie werfen eine Heftzwecke. Liegt die Heftzwecke auf dem Kopf, hat Vesna gewonnen, liegt sie auf der Seite, gewinnt David.
Sie haben dieses Zufallsexperiment oft durchgeführt und dabei nach zehn (zwanzig, fünfundzwanzig, …) Würfen die absoluten Häufigkeiten bestimmt und in die Häufigkeitstabelle eingetragen.

| absolute Häufigkeit | | Anzahl der Würfe |
|---|---|---|
| Kopf | Seite | |
| 3 | 7 | 10 |
| 7 | 13 | 20 |
| 9 | 16 | 25 |
| 19 | 21 | |
| 26 | 24 | |
| 43 | 57 | |
| 82 | 118 | |
| 168 | 232 | |

a) Berechne zu jeder Anzahl von Würfen die relativen Häufigkeiten beider Ergebnisse als Bruch und als Dezimalzahl und trage sie in die unten abgebildete Tabelle ein.

| Anzahl der Würfe | relative Häufigkeit | |
|---|---|---|
| | Kopf | Seite |
| 10 | $\frac{3}{10} = 0{,}3$ | $\frac{7}{10} = 0{,}7$ |
| 20 | | |

b) Vergleiche die relativen Häufigkeiten. Was stellst du fest?
c) Haben Vesna und David die gleichen Gewinnchancen? Begründe.

## Wir untersuchen unser Glück

**8** Helen und Thilo haben mit einem Würfel gewürfelt und die Ergebnisse ihres Zufallsexperiments in der abgebildeten Häufigkeitstabelle festgehalten.

| Ergebnis | 1 | 2 | 3 | 4 | 5 | 6 |
|---|---|---|---|---|---|---|
| absolute Häufigkeit | 16 | 15 | 20 | 17 | 14 | 18 |

a) Berechne die relativen Häufigkeiten und notiere sie in einer Tabelle.
b) Helen und Thilo wollen die Ergebnisse ihres Zufallsexperiments in einem Säulendiagramm darstellen. Übertrage das Säulendiagramm in dein Heft und vervollständige es.

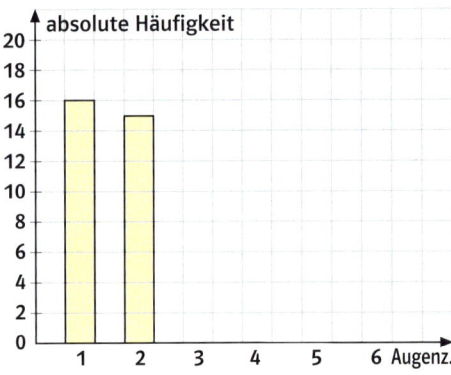

Beachte dazu die Hinweise auf Seite 133.

**9** a) Werft in Partnerarbeit fünfzigmal (hundertmal, zweihundertmal, …) einen Würfel. Haltet die Ergebnisse in einer Strichliste fest.
b) Legt eine Häufigkeitstabelle an und berechnet die absoluten und relativen Häufigkeiten.
c) Stellt die absoluten Häufigkeiten in einem Säulendiagramm dar.

**10** Würfelt in Partnerarbeit mit Spielsteinen, die nicht die Form eines Würfels haben. Haltet die Ergebnisse in Strichlisten fest. Bestimmt die absoluten und relativen Häufigkeiten. Stellt die absoluten Häufigkeiten in einem Säulendiagramm dar.

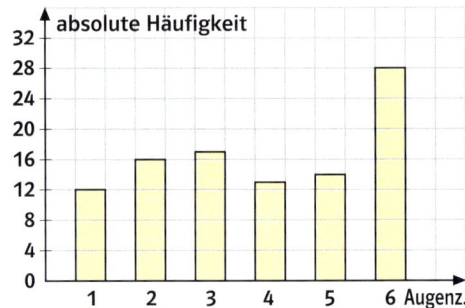

**11** In dem Säulendiagramm sind die Ergebnisse des Zufallsexperiments „Werfen eines Würfels" grafisch dargestellt.
a) Bestimme die absoluten Häufigkeiten und berechne die relativen Häufigkeiten.
b) Handelt es sich um einen „normalen" Würfel? Begründe.

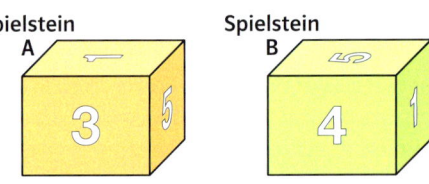

**12** Die abgebildeten Spielsteine wurden unterschiedlich oft geworfen. Die absoluten Häufigkeiten der einzelnen Ergebnisse wurden für jeden Spielstein in einem **Balkendiagramm** dargestellt.

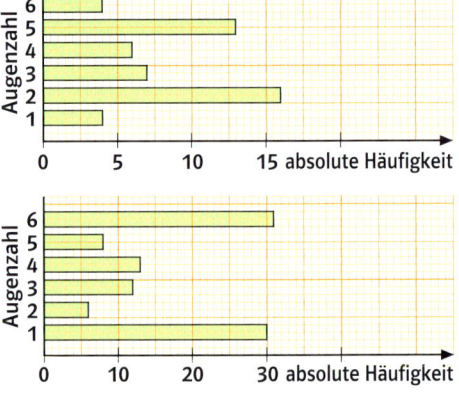

a) Berechne jeweils die relativen Häufigkeiten als Bruch und als Dezimalzahl und vergleiche sie miteinander.
b) Welches Diagramm gehört zu welchem Spielstein? Begründe.

# Wir untersuchen unser Glück

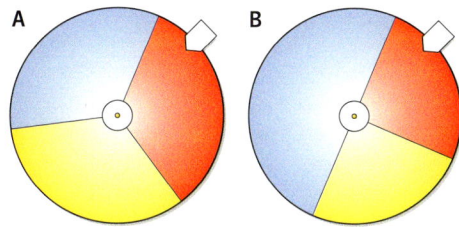

**Glücksrad A**

| Ergebnis | blau | rot | gelb |
|---|---|---|---|
| absolute Häufigkeit | 29 | 33 | 38 |

**Glücksrad B**

| Ergebnis | blau | rot | gelb |
|---|---|---|---|
| absolute Häufigkeit | 23 | 12 | 15 |

**13** Die abgebildeten Glücksräder wurden unterschiedlich oft gedreht.
a) Berechne für beide Glücksräder die relativen Häufigkeiten und trage sie jeweils in eine Tabelle ein.
b) Stelle die Häufigkeiten jeweils in einem Streifendiagramm dar (Gesamtlänge 100 mm). Berechne dazu die Länge der einzelnen Abschnitte wie im Beispiel.

> Ergebnis: blau
> absolute Häufigkeit: 29
> relative Häufigkeit: $\frac{29}{100}$
>
> Länge des zum Ergebnis „blau" gehörigen Abschnitts:
> $\frac{29}{100}$ von 100 mm sind 29 mm

**Streifendiagramm**

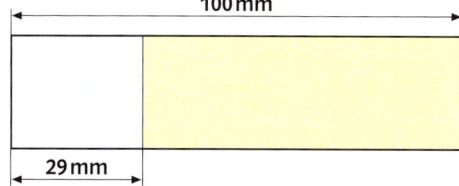

c) Vergleiche die Diagramme miteinander.

| Ergebnis | Farbe 1 | Farbe 2 | Farbe 3 |
|---|---|---|---|
| absolute Häufigkeit | 46 | 40 | 14 |

**14** Das abgebildete Glücksrad wurde mehrere Male gedreht, die absoluten Häufigkeiten der Ergebnisse in der Tabelle festgehalten.
a) Berechne die relativen Häufigkeiten.
b) Zeichne ein Streifendiagramm (Gesamtlänge 100 mm).
c) Ordne die Farben den Zahlen zu.
d) Welche relativen Häufigkeiten erwartest du bei 200 Drehungen?

**15** Ein Glücksrad ist in zwölf gleich große Felder eingeteilt, auf jedem Feld steht eine Ziffer von 1 bis 5.
Das Glücksrad wurde mehrmals gedreht, die absoluten Häufigkeiten der einzelnen Ergebnisse in dem Säulendiagramm grafisch dargestellt.

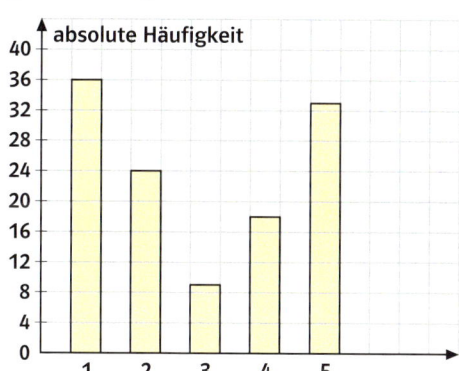

a) Berechne zu jeder Ziffer die relative Häufigkeit.
b) Wie viele Felder tragen die Zahl 1, wie viele die Zahl 2 (3, 4, 5)? Begründe deine Antwort.

**16** Führt in Partnerarbeit Zufallsexperimente mit einer Urne (mit Glücksrädern, mit Spielwürfeln, …) durch. Notiert die absoluten und relativen Häufigkeiten in einer Tabelle. Stellt die Häufigkeiten grafisch dar.
Überlegt, ob ihr schon vor der Durchführung der Zufallsexperimente Aussagen über die erwartete relative Häufigkeit der Ergebnisse machen könnt.

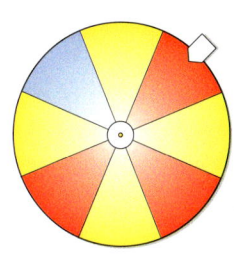

> Beachte dazu die Hinweise auf Seite 133.

# Zufallsexperimente und ihre Ergebnisse

> Versuche, bei denen sich die **Ergebnisse** nicht sicher vorhersagen lassen, sondern zufällig zustande kommen, heißen **Zufallsexperimente.**

**1** Isabel und Mirko befragen eine zufällig ausgewählte Schülerin ihrer Klasse nach ihrer Lieblingssportart (ihrem Lieblingsfach, ihrem Lieblingstier, ihrer Lieblingssängerin). Nenne mögliche Ergebnisse der Befragung.

**2** Eine Schülerin (ein Schüler) deiner Klasse wird ausgelost und befragt. Welche Ergebnisse sind möglich?
a) Welche Farbe haben deine Augen?
b) Welche Schuhgröße hast du?
c) Wie viele Geschwister hast du?
d) Wie alt bist du?
e) Wie viel Taschengeld bekommst du im Monat?
f) Welche Körpergröße hast du?
g) Welche Konfession hast du?

**3** Welche Ergebnisse sind bei folgenden Zufallsexperimenten möglich?
a) Eine Münze wird einmal geworfen.
b) Ein Würfel wird einmal geworfen.
c) Die erste Lottozahl wird gezogen.
d) Ein Glücksrad, dessen Felder jeweils eine der 10 Ziffern tragen, wird gedreht.
e) Aus einem Kartenspiel mit 32 Karten wird eine Karte gezogen.
f) Aus einer Urne mit schwarzen und roten Kugeln wird eine Kugel gezogen.

**4** Gülistan will feststellen, wie viele Ergebnisse folgendes Zufallsexperiment hat:
Sie nimmt mit geschlossenen Augen aus der Urne zwei Kugeln gleichzeitig heraus und zeichnet dieses Ergebnis mit entsprechenden Farbstiften auf.
Dann legt sie beide Kugeln wieder zurück, mischt gut durch und nimmt erneut zwei Kugeln.
Welche anderen Ergebnisse kann Gülistan bei weiteren Ziehungen erwarten?

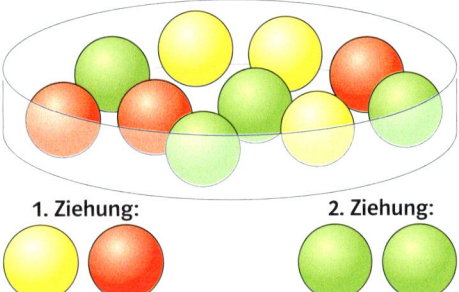

1. Ziehung:    2. Ziehung:

**5** Der abgebildete Tetraeder trägt auf jeweils einer Seite einen der Buchstaben A, B, C oder D. Er wird zweimal nacheinander geworfen.
Der Buchstabe, der unten liegt, zählt als Ergebnis.
Schreibe alle möglichen Ergebnisse auf.

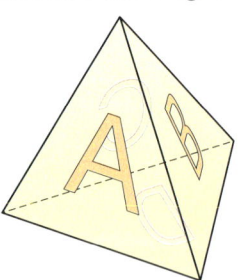

Der Eismann im Park bietet vier Eissorten: Schoko, Vanille, Nuss, Zitrone. Jana kauft drei Kugeln Eis, jede von einer anderen Sorte. Wie viele Möglichkeiten hat sie?

## Zufallsexperimente durchführen und auswerten

**1** Aus der abgebildeten Urne wurde hundertmal eine Kugel mit Zurücklegen gezogen. Die absoluten Häufigkeiten der einzelnen Ergebnisse wurden in einer Strichliste festgehalten.

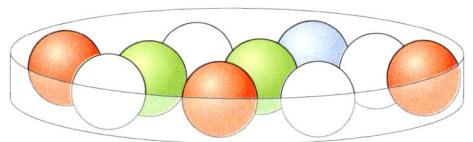

a) Die **absoluten** und die **relativen Häufigkeiten** sollen dann in eine Häufigkeitstabelle eingetragen werden. Übertrage die Tabelle in dein Heft und vervollständige sie.

b) Die absoluten Häufigkeiten der einzelnen Ergebnisse sollen in einem Streifendiagramm mit der Gesamtlänge 100 mm veranschaulicht werden. Zeichne das vollständige Streifendiagramm in dein Heft.

**Strichliste**

| weiß | ||||  ||||  ||||  ||||  ||||  ||||  ||||  ||| |
|------|-----|
| rot  | ||||  ||||  ||||  ||||  ||||  ||||  | |
| grün | ||||  ||||  ||||  ||||  | |
| blau | ||||  |||| |

**Streifendiagramm**

← 100 mm →

|←— 38 mm —→|

**Häufigkeitstabelle**

| Ergebnis | absolute Häufigkeit | relative Häufigkeit |
|----------|---------------------|---------------------|
| weiß     | 38                  | $\frac{38}{100}$ = 0,38 |
| rot      | 31                  |                     |
| grün     |                     |                     |
| blau     |                     |                     |

$$\text{Relative Häufigkeit} = \frac{\text{absolute Häufigkeit}}{\text{Gesamtzahl der Versuche}}$$

**2** Nina und Wanja haben beide mit einem Würfel gewürfelt und die Ergebnisse ihrer Zufallsexperimente in einer Strichliste festgehalten. Bei jeder „Sechs" gäbe es einen Gewinnpunkt.

| **Nina** | | **Wanja** | |
|---|---|---|---|
| 1 | \|\|\|\| \|\|\|\| | 1 | \|\|\|\| \|\|\|\| \|\|\|\| |
| 2 | \|\|\|\| \|\|\| | 2 | \|\|\|\| \|\|\|\| \|\|\|\| \| |
| 3 | \|\|\|\| \|\|\|\| | 3 | \|\|\|\| \|\|\|\| \|\|\|\| \|\|\|\| |
| 4 | \|\|\|\| \|\|\| | 4 | \|\|\|\| \|\|\|\| \|\|\|\| \| |
| 5 | \|\|\|\| \|\| | 5 | \|\|\|\| \|\|\|\| \|\|\|\| \|\|\|\| |
| 6 | \|\|\|\| \|\|\| | 6 | \|\|\|\| \|\|\|\| \|\|\|\| |

a) Berechne jeweils die relativen Häufigkeiten und trage sie in eine Tabelle ein.
b) Stelle die absoluten Häufigkeiten der Ergebnisse jeweils in einem Streifendiagramm (Gesamtlänge 100 mm) dar. Wer hatte mehr Glück? Begründe.

**3** Eine 2-Cent-Münze und eine 5-Cent-Münze sind zusammen zweihundertmal geworfen worden. Die absoluten Häufigkeiten der Ergebnisse wurden in einer Tabelle notiert. Dabei wurde immer als erstes notiert, was die 5-Cent-Münze zeigt.

| Ergebnis | absolute Häufigkeit |
|----------|---------------------|
| Bild, Bild | 44 |
| Bild, Zahl | 38 |
| Zahl, Bild | 68 |
| Zahl, Zahl | 50 |

a) Berechne die relativen Häufigkeiten als Bruch und als Dezimalbruch.
b) Stelle die absoluten Häufigkeiten grafisch dar.
c) Welche relativen Häufigkeiten erwartest du bei tausend Durchführungen des Zufallsexperiments? Begründe.

## Zufallsexperimente durchführen und auswerten

**4** Die Schülerinnen und Schüler der 6b haben 200 zufällig ausgewählte Schüler nach ihrer Lieblingssportart gefragt. Das Ergebnis ihrer Befragung haben sie in einer Häufigkeitstabelle festgehalten.

| Lieblingssportart | absolute Häufigkeit |
|---|---|
| Fußball | 76 |
| Handball | 34 |
| Schwimmen | 16 |
| Basketball | 18 |
| Tennis | 10 |
| Kampfsport | 8 |
| Turnen | 8 |
| Volleyball | 6 |
| Sonstiges | 24 |

a) Berechne die relativen Häufigkeiten und trage sie in eine Tabelle ein.
b) Stelle die Häufigkeiten in einem Kreisdiagramm (Radius 5 cm) dar. Berechne dazu die Winkel der zugehörigen Kreisausschnitte wie im Beispiel.

---

**Ergebnis: Fußball**
absolute Häufigkeit: 76

relative Häufigkeit: $\frac{76}{200} = 0{,}38 = 38\%$

Winkel des zugehörigen Kreisausschnitts:

**1. Möglichkeit:**

$\frac{76}{200}$ von 360° sind ■

$\frac{1}{200}$ von 360° sind 360° : 200 = 1,8°

$\frac{76}{200}$ von 360° sind 1,8° · 76 = 136,8°

**2. Möglichkeit:**

38 % von 360° sind ■

$\frac{1}{100}$ von 360° sind 3,6°

$\frac{38}{100}$ von 360° sind 3,6° · 38 = 136,8°

38 % von 360° sind 136,8°

---

**5** Die Schülerinnen und Schüler der 6c haben 200 Schülerinnen ebenfalls nach ihrer Lieblingssportart gefragt.

| Lieblingssportart | absolute Häufigkeit |
|---|---|
| Fußball | 38 |
| Handball | 14 |
| Schwimmen | 28 |
| Tanzen | 34 |
| Reiten | 32 |
| Volleyball | 20 |
| Turnen | 10 |
| Tennis | 8 |
| Sonstiges | 16 |

a) Berechne die relativen Häufigkeiten und trage sie in eine Tabelle ein.
b) Stelle die Häufigkeiten in einem Kreisdiagramm (Radius 5 cm) dar.

**6** Die Schülerinnen und Schüler der Klasse 6a wollten wissen, wie wichtig Fernsehen, Computer, Internet, Bücher, Radio, Zeitungen und Zeitschriften für Jugendliche sind.
Deshalb haben sie 50 zufällig ausgewählte Jungen und 50 zufällig ausgewählte Mädchen gefragt, worauf sie am wenigsten verzichten könnten.

| | absolute Häufigkeit | |
|---|---|---|
| | Mädchen | Jungen |
| Fernsehen | 15 | 14 |
| Computer | 8 | 15 |
| Internet | 7 | 9 |
| Bücher | 8 | 3 |
| Radio | 7 | 4 |
| Zeitschriften | 3 | 2 |
| Zeitungen | 2 | 3 |

a) Berechne jeweils die relativen Häufigkeiten und trage sie in eine Tabelle ein. Gib dabei die relativen Häufigkeiten auch in Prozent an.
b) Stelle das Ergebnis der Befragung jeweils in einem Kreisdiagramm dar (Radius 5 cm). Vergleiche die Befragungsergebnisse miteinander.

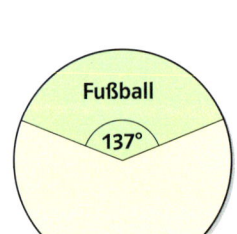

# Arithmetisches Mittel

*Die Mädchen sehen länger fern als die Jungen.*

**1** Eine statistische Untersuchung zum Freizeitverhalten in der Klasse 6b ergab das unten abgebildete Ergebnis. Ist die Behauptung von Sebastian richtig? Begründe.

Fernsehzeiten an einem Wochentag:
16 Mädchen insgesamt 40 h
12 Jungen insgesamt 33 h

**2** „Die Jungen in unserer Klasse sind im Durchschnitt genau so groß wie die Mädchen," behauptet Johanna. Hat Johanna Recht?

Körpergröße der Jungen (cm)

150  151  153  162  154
177  159  158  164  167
162  151  159

Körpergröße der Mädchen (cm)

163  149  144  172  149
157  143  149  172  171
145  170  154  174  158

Körpergewicht (kg)

56  47  53  61  44  72

**Arithmetisches Mittel:**

$\overline{x} = \dfrac{56 + 47 + 53 + 61 + 44 + 72}{6}$

$\overline{x} = 55{,}5$

Handelt es sich bei Daten um Zahlen, kannst du das arithmetische Mittel $\overline{x}$ *(lies:* x quer) berechnen.

$\overline{x} = \dfrac{\text{Summe aller Daten}}{\text{Anzahl der Daten}}$

**3** Tobias hat an zehn Tagen die Zeitdauer aufgeschrieben, die er für seine Hausaufgaben benötigt. Berechne das arithmetische Mittel.

Dauer der Hausaufgaben (min)
32  46  50  67  36  40  39  35  60  65

**4** Die 14 Mädchen der Klasse 6a lassen sich gemeinsam auf einer Pkw-Waage wiegen. Ihr Gesamtgewicht beträgt 679 kg. Berechne das Durchschnittsgewicht.

**5** Das Gesamtgewicht der 15 Jungen der Klasse 6a beträgt 683 kg. Berechne das arithmetische Mittel. Runde auf eine Nachkommastelle.

**6** Marco, Tobias und Stefan wollen gemeinsam ihren Geburtstag feiern. Sie haben dafür getrennt eingekauft. Marco hat 25 €, Tobias 19 € und Stefan 28 € ausgegeben.
Mache einen Vorschlag, wie sie die Kosten gerecht verteilen können.

## Arithmetisches Mittel

**7** Die Schülerinnen und Schüler haben eine Umfrage zur Anzahl der Fernseher im Haushalt gemacht. Nun wollen sie berechnen, wie viele Fernseher durchschnittlich pro Haushalt vorhanden sind. Es gibt unterschiedliche Rechenwege.

| Anzahl der Fernseher | absolute Häufigkeit |
|---|---|
| 1 | 18 |
| 2 | 20 |
| 3 | 7 |
| 4 | 5 |

So kannst du das arithmetische Mittel mithilfe der absoluten Häufigkeiten berechnen:

1. Multipliziere jede Anzahl mit der zugehörigen absoluten Häufigkeit.
2. Addiere die berechneten Produkte.
3. Dividiere die Summe durch die Anzahl der Daten.

Umfrage zur Anzahl der Kinder

| Anzahl der Kinder | absolute Häufigkeit | Produkt |
|---|---|---|
| 1 | 25 | 1 · 25 = 25 |
| 2 | 19 | 2 · 19 = 38 |
| 3 | 4 | 3 · 4 = 12 |
| 4 | 2 | 4 · 2 = 8 |
| Summe | 50 | 83 |

$$\bar{x} = \frac{1 \cdot 25 + 2 \cdot 19 + 3 \cdot 4 + 4 \cdot 2}{50}$$

$$\bar{x} = \frac{83}{50} = 1{,}66$$

**8** Bei einer anderen Umfrage zur Anzahl der Kinder wurden 40 Familien befragt. In der Statistik wird auch gesagt: Es wurde eine **Stichprobe** vom **Umfang** 40 genommen. Berechne das arithmetische Mittel.

| Anzahl der Kinder | absolute Häufigkeit |
|---|---|
| 1 | 18 |
| 2 | 10 |
| 3 | 7 |
| 4 | 4 |
| 5 | 1 |

**9** Bei einer Verkehrszählung wurde die Anzahl der Personen pro Pkw in einer Urliste erfasst.
Berechne das arithmetische Mittel mithilfe der absoluten Häufigkeiten.

Anzahl der Personen pro Pkw

1 1 2 1 2 2 3 2 1 1 2 2 1 1 1
3 4 1 3 5 3 1 2 1 2 3 2 1 1 1
3 2 4 2 1 1 2 1 1 2 2 2 2 3 1
4 1 3 4 1

**10** In der Urliste findest du die Daten einer Umfrage zum Thema „Taschengeld pro Monat" im 6. Jahrgang.

Taschengeld pro Monat (€)

20 24 16 12 16 20 24 25 16 12
10 10 12 16 24 20 12 10 10 12
10 16 10 10 12 16 12 16 20 12
16 12 16 12 12 20 16 10 12 16

Werte aus und vergleiche.

# Median

**1** Steffi nimmt an einem Weitsprungwettbewerb teil. Von fünf Versuchen ist einer ungültig.

| Sprungweite (cm) | | | | |
|---|---|---|---|---|
| 485 | 479 | 0 | 495 | 486 |

a) Berechne das arithmetische Mittel.
b) Ordne die Sprungweiten der Größe nach. Beginne mit der kleinsten Weite. Bestimme die Sprungweite, die genau in der Mitte steht.
c) Vergleiche diese Weite mit dem arithmetischen Mittel. Welcher Wert beschreibt Steffis Sprungleistungen besser?

**2** Auch von Julians Weitsprungversuchen war einer ungültig.

| Sprungweite (cm) | | | | | |
|---|---|---|---|---|---|
| 472 | 483 | 0 | 474 | 488 | 456 |

a) Berechne das arithmetische Mittel.
b) Ordne die Sprungweiten der Größe nach. Beginne mit der kleinsten Weite.
c) Kannst du einen Wert angeben, der die Sprungleistungen von Julian besser beschreibt als das arithmetische Mittel?

---

Insbesondere bei **Stichproben mit stark abweichenden Werten (Ausreißern)** ist es sinnvoll, als Mittelwert den **Median (Zentralwert)** zu bestimmen.

**Ungerader Stichprobenumfang**

| Sprungweite (cm) | | | | |
|---|---|---|---|---|
| 466 | 473 | 442 | 0 | 449 |

Geordnete Urliste

| | | | | |
|---|---|---|---|---|
| 0 | 442 | 449 | 466 | 473 |

Bei ungeradem Stichprobenumfang ist der Median $\tilde{x}$ *(lies: x Schlange)* der mittlere Wert in der geordneten Urliste.

**Median: $\tilde{x} = 449$**

**Gerader Stichprobenumfang**

| Sprungweite (cm) | | | | | |
|---|---|---|---|---|---|
| 495 | 434 | 0 | 467 | 459 | 443 |

Geordnete Urliste

| | | | | | |
|---|---|---|---|---|---|
| 0 | 434 | 443 | 459 | 467 | 495 |

Bei geradem Stichprobenumfang liegt der Median zwischen den beiden mittleren Werten in der geordneten Urliste.

**Median: $\tilde{x} = \frac{443 + 459}{2} = 451$**

---

**3** Berechne das arithmetische Mittel und bestimme den Median.

a)
| Sprungweite (cm) | | | | | | |
|---|---|---|---|---|---|---|
| 432 | 0 | 0 | 453 | 422 | 455 | 438 |

b)
| Sprungweite (cm) | | | | | |
|---|---|---|---|---|---|
| 464 | 466 | 0 | 472 | 453 | 482 |

c)
| Sprungweite (cm) | | | | | |
|---|---|---|---|---|---|
| 465 | 468 | 477 | 472 | 459 | 449 |

**4** Geschwindigkeitsmessungen auf der Autobahn ergaben die in der Urliste aufgeschriebenen Messwerte.
a) Bestimme den Median.
b) Berechne das arithmetische Mittel.

| Geschwindigkeit $\left(\frac{km}{h}\right)$ | | | | | | | |
|---|---|---|---|---|---|---|---|
| 89 | 95 | 61 | 43 | 106 | 112 | 189 | 102 |
| 73 | 98 | 89 | 99 | 123 | 116 | 105 | 178 |
| 90 | 77 | 87 | 56 | 132 | 109 | 198 | 117 |

105

## Wahrscheinlichkeiten bestimmen

**1** Die Schülerinnen und Schüler der Klasse 6a bauen für ein Schulfest das abgebildete Glücksrad.
a) Was müssen sie beim Einteilen des Glücksrades in die verschiedenfarbigen Felder besonders beachten?
b) Die Schülerinnen und Schüler haben das Glücksrad 100-mal gedreht und die Ergebnisse in einer Häufigkeitstabelle festgehalten.

| Ergebnis | absolute Häufigkeit | relative Häufigkeit |
|---|---|---|
| 1 | 20 | |
| 2 | 18 | |
| 3 | 22 | |
| 4 | 21 | |
| 5 | 19 | |
| Summe | 100 | |

Übertrage die Tabelle in dein Heft und bestimme die relativen Häufigkeiten. Was stellst du fest?
c) Welche relativen Häufigkeiten erwartest du bei 1000 Versuchen?

**2** Bei welchem der folgenden Zufallsexperimente ist die Gewinnchance am größten, wenn nur das Ergebnis „1" einen Gewinn erzielt? Begründe deine Antwort.
a) Du wirfst einen Spielwürfel.
b) Du wirfst eine Centmünze.
c) Du ziehst eine Kugel aus einer Urne mit acht Kugeln, die die Ziffern von 1 bis 8 tragen.

**3** Ein Glücksrad ist in vier gleichgroße Felder mit den Zahlen 1, 2, 3 und 4 eingeteilt.
a) Wie oft wird wahrscheinlich jedes Feld bei 100 Versuchen an der Reihe sein?
b) Ist diese Zahl genau vorhersagbar?
c) Welche relative Häufigkeit erwartest du für die Zahl 4 (1, 2, 3) bei 1000 Versuchen?

**4** Aus der abgebildeten Urne soll 100-mal eine Kugel gezogen werden. Nach jeder Ziehung wird die gezogene Kugel wieder zurückgelegt und es wird neu gemischt.

a) Wie oft wird wahrscheinlich jede Farbe bei 100 Versuchen an der Reihe sein?
b) Welche relative Häufigkeiten erwartest du für die einzelnen Farben bei 1000 Versuchen?

---

Bei einem Zufallsexperiment wird die **erwartete relative Häufigkeit** eines Ergebnisses die **Wahrscheinlichkeit** des Ergebnisses genannt.
Die Wahrscheinlichkeit lässt sich oft mithilfe eines Anteils bestimmen.

**Zufallsexperiment:**                      **Ein Würfel wird einmal geworfen.**

Mögliche Ergebnisse:                1, 2, 3, 4, 5, 6
Anzahl der Ergebnisse:            6

Wahrscheinlichkeit für jedes Ergebnis:    $\frac{1}{6}$

# Wahrscheinlichkeiten bestimmen

**5** Bestimme die Wahrscheinlichkeit für folgende Ergebnisse:
a) Beim Würfeln mit einem Spielwürfel liegt die „3" oben.
b) Nach dem Werfen einer Münze liegt die „Zahl" oben.
c) Nach dem Drehen eines Glücksrades mit den gleich großen Feldern von 1 bis 8 steht der Zeiger auf der „7".
d) Von zehn Schülerinnen wird eine per Los ausgewählt.

**6** Aus der abgebildeten Urne wird mit geschlossenen Augen eine Kugel herausgenommen, die Farbe festgestellt und die Kugel wieder zurückgelegt.

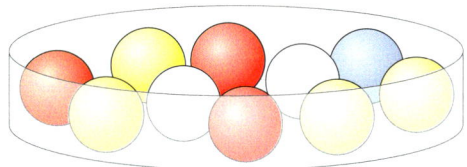

In dem Beispiel wird die Wahrscheinlichkeit für das Ziehen einer gelben Kugel bestimmt.

> Anteil der gelben Kugeln:
> 
> 4 von 10 sind $\frac{4}{10} = \frac{2}{5}$
> 
> Wahrscheinlichkeit für das Ziehen einer gelben Kugel: $\frac{2}{5}$

Gib die Wahrscheinlichkeit für das Ziehen einer roten (weißen, blauen) Kugel an.

**7** a) Bestimme für jedes Glücksrad den Anteil der blauen Farbe an der Gesamtfläche.
b) Gib jeweils die Wahrscheinlichkeit für das Ergebnis „blaues Feld" an.

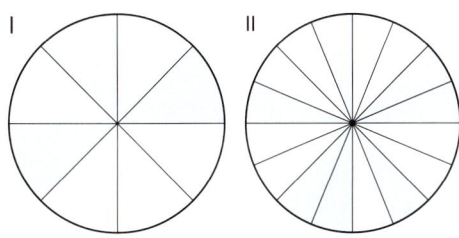

**8** Zeichne ein Glücksrad (Radius 4 cm) und teile es in farbige Felder ein. Die farbigen Anteile sollen dabei den angegebenen Wahrscheinlichkeiten entsprechen.

a) orange: $\frac{1}{2}$; blau: $\frac{1}{3}$; weiß: $\frac{1}{6}$

b) grün: $\frac{1}{8}$; rot: $\frac{1}{2}$; gelb: $\frac{1}{8}$; blau: $\frac{1}{4}$

**9** In einer Lostrommel befinden sich 900 Nieten, 90 Gewinnlose und 10 Hauptgewinne.
Wie groß ist die Wahrscheinlichkeit, dass eine Niete (ein Gewinnlos, ein Hauptgewinn) gezogen wird?

**10** Von den 14 Jungen der Klasse 6c kommen acht regelmäßig mit dem Fahrrad zur Schule, während nur fünf von 15 Mädchen das Fahrrad benutzen.
a) Wie groß ist die Wahrscheinlichkeit, dass ein zufällig ausgewähltes Mädchen (ein zufällig ausgewählter Junge) der 6c mit dem Fahrrad zur Schule kommen? Gib die Wahrscheinlichkeit als Bruch und als Dezimalzahl an. Runde auf zwei Nachkommastellen.
b) Wie groß ist die Wahrscheinlichkeit, dass ein zufällig ausgewähltes Mitglied der Klasse für seinen Schulweg ein Fahrrad benutzt?

## Wahrscheinlichkeiten bestimmen

**11** Kristin und Marcel wollen dreimal hintereinander eine Münze werfen. Sie überlegen, wie groß die Wahrscheinlichkeit dafür ist, dass dreimal hintereinander „Zahl" fällt.
Mithilfe eines **Baumdiagramms** wollen sie alle möglichen Ergebnisse des Zufallsexperiments bestimmen.

> Sind alle Ergebnisse gleichwahrscheinlich, musst du nur die Anzahl aller Ergebnisse bestimmen.

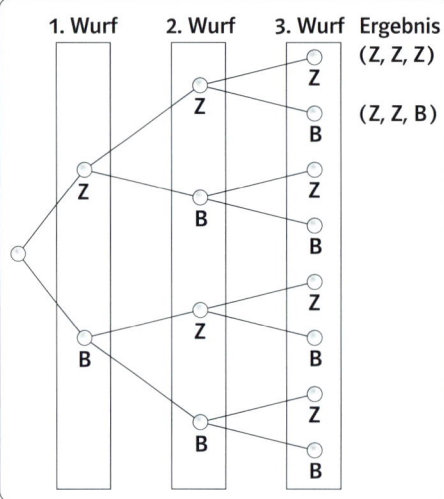

a) Übertrage das Baumdiagramm in dein Heft und bestimme alle möglichen Ergebnisse.
b) Kannst du Kristin und Marcel helfen?

**12** Das abgebildete Glücksrad soll zweimal nacheinander gedreht werden.

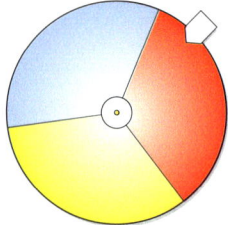

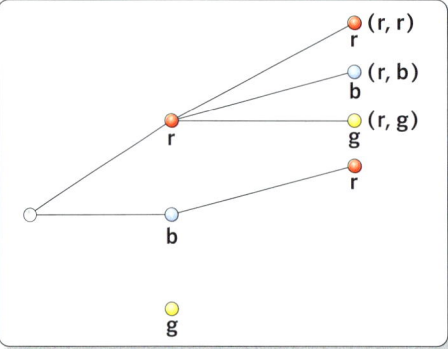

a) Übertrage das Baumdiagramm in dein Heft und vervollständige es.
b) Gib alle möglichen Ergebnisse des Zufallsexperiments an.
c) Wie groß ist die Wahrscheinlichkeit dafür, dass zweimal nacheinander „rot" gedreht wird?

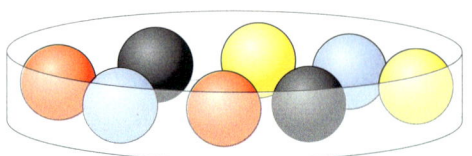

**13** Aus der abgebildeten Urne soll eine Kugel gezogen, ihre Farbe notiert und dann wieder zurückgelegt werden. Nach einem Mischen der Kugeln soll dann eine weitere Kugel gezogen werden.
a) Zeichne das zugehörige Baumdiagramm und gib alle möglichen Ergebnisse an.
b) Wie groß ist die Wahrscheinlichkeit dafür, dass beide gezogenen Kugeln gelb sind?

**14** Ein Glücksrad mit zehn gleichgroßen Feldern, die die Ziffern von 0 bis 9 tragen, wird zweimal gedreht.
a) Überlege, wie ein zugehöriges Baumdiagramm aussehen müsste. Wie viele unterschiedliche Ergebnisse gibt es?
b) Wie groß ist die Wahrscheinlichkeit dafür, dass die Zahl „67" gedreht wird?

**15** Bei dem abgebildeten Zahlenschloss kann man auf jedem einzelnen Ring die Ziffern von 0 bis 9 einstellen. Thilo möchte die Kombination einstellen, mit der er das Schloss öffnen kann.
a) Wie viele unterschiedliche Ergebnisse gibt es?
b) Wie groß ist die Wahrscheinlichkeit dafür, dass Thilo zufällig sofort die richtige Kombination einstellt?

# Wahrscheinlichkeiten schätzen

**1** Tobias und Marco haben an einer verkehrsreichen Kreuzung bei 1000 Pkws gezählt, wie viele Personen jeweils im Auto sitzen. Das Ergebnis ihrer Untersuchung haben sie in einer Häufigkeitstabelle zusammengefasst.

| Ergebnis | absolute Häufigkeit |
|---|---|
| eine Person | 498 |
| zwei Personen | 231 |
| drei Personen | 164 |
| vier Personen | 62 |
| fünf oder mehr Personen | 45 |

Wie groß ist die Wahrscheinlichkeit dafür, dass ein mit zwei Personen (mit einer Person) besetzter Pkw die Kreuzung befährt? Begründe.

**2** Juliane möchte wissen, wie groß beim Werfen einer Heftzwecke die Wahrscheinlichkeit für das Ergebnis „Kopf" ist.
Sie hat dazu mehrmals hintereinander eine Heftzwecke geworfen und die absolute Häufigkeit für das Ergebnis „Kopf" in der Häufigkeitstabelle festgehalten.

| Gesamtzahl der Versuche | absolute Häufigkeit für „Kopf" |
|---|---|
| 10 | 3 |
| 50 | 23 |
| 100 | 41 |
| 500 | 225 |
| 1000 | 435 |

a) Berechne zu jeder Gesamtzahl die zugehörige relative Häufigkeit.
b) Welche Wahrscheinlichkeit ordnest du dem Ergebnis „Kopf" zu? Begründe.

**3** Im Technikunterricht wurden Fahrräder auf ihre Verkehrssicherheit überprüft.
Wie groß ist die Wahrscheinlichkeit, dass ein zufällig ausgewähltes Fahrrad leichte Mängel (schwere Mängel, keine Mängel) aufweist?

| Ergebnis | absolute Häufigkeit |
|---|---|
| keine Mängel | 75 |
| leichte Mängel | 115 |
| schwere Mängel | 60 |

---

**Zufallsexperiment:** Befragung einer zufällig ausgewählten Person nach ihrer Blutgruppe

**Ergebnis:** Die Person hat Blutgruppe A.

**Wahrscheinlichkeit für das Ergebnis:** $\frac{4209}{10\,000} = 0{,}4209$

**Untersuchungsergebnis bei 10 000 zufällig ausgewählten Personen**

| Ergebnis | absolute Häufigkeit |
|---|---|
| A | 4209 |
| B | 1280 |
| AB | 705 |
| 0 | 3806 |

Können bei einem Zufallsexperiment die Wahrscheinlichkeiten nicht mithilfe geeigneter Anteile bestimmt werden, betrachtet man bereits erfolgte Durchführungen des Zufallsexperiments.
Als Schätzwert für die Wahrscheinlichkeit eines Ergebnisses wird dann die vorher ermittelte relative Häufigkeit genommen.

# Grundwissen: Daten und Zufall

Versuche, bei denen sich die **Ergebnisse** nicht sicher vorhersagen lassen, sondern zufällig zustande kommen, heißen **Zufallsexperimente.**

Ergebnisse von Zufallsexperimenten können in Urlisten gesammelt, mit Strichlisten geordnet und in einer **Häufigkeitstabelle** dargestellt werden. Dabei werden die **relativen Häufigkeiten** der einzelnen Ergebnisse berechnet, indem du die **absoluten Häufigkeiten** durch die Gesamtzahl der Versuche dividierst.

**Zufallsexperiment:** Werfen einer Münze

**Urliste**

B Z B B Z Z Z B B
B B Z Z B Z B Z Z
Z B Z B Z Z Z B

**Strichliste**

Bild: ||||  ||||  ||
Zahl: ||||  ||||  |||

**Häufigkeitstabelle**

| Ergebnis | absolute Häufigkeit | relative Häufigkeit |
|---|---|---|
| Bild | 12 | $\frac{12}{25} = 0{,}48 = 48\,\%$ |
| Zahl | 13 | $\frac{13}{25} = 0{,}52 = 52\,\%$ |

Die Häufigkeiten der Ergebnisse können in unterschiedlichen Diagrammformen dargestellt werden.

**Säulendiagramm**

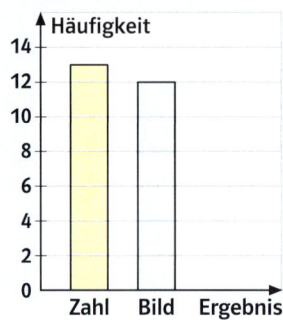

**Streifendiagramm**

**Kreisdiagramm**

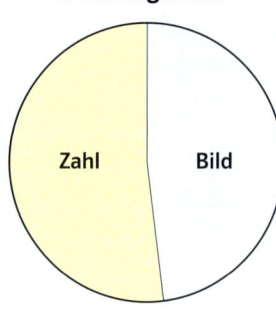

Handelt es sich bei den Daten um Zahlen, kannst du das **arithmetische Mittel** $\bar{x}$ berechnen und den **Median (Zentralwert)** $\tilde{x}$ bestimmen.

**Zufallsexperiment:** Ermitteln der Körpergröße einer zufällig ausgewählten Person.

Körpergröße (cm)

148   165   164   158   160

**Arithmetisches Mittel $\bar{x}$:**

$\bar{x} = \dfrac{\text{Summe aller Daten}}{\text{Anzahl der Daten}}$

$\bar{x} = \dfrac{148 + 165 + 164 + 158 + 160}{5}$

$\bar{x} = 159$

**Median $\tilde{x}$:**

geordnete Urliste

148   158   160   164   165

$\tilde{x} = 160$

# Grundwissen: Wahrscheinlichkeit

Bei einem Zufallsexperiment wird die **erwartete relative Häufigkeit** eines Ergebnisses die **Wahrscheinlichkeit** des Ergebnisses genannt.

Die Wahrscheinlichkeit lässt sich oft mithilfe eines **Anteils** bestimmen.
**Zufallsexperiment:** Ziehen einer Kugel aus der Urne.

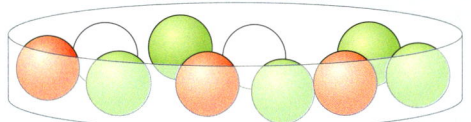

Mögliche Ergebnisse: weiß, rot, grün

Anteil der weißen Kugeln: $\frac{2}{10} = 0{,}2$

Die Wahrscheinlichkeit für das Ziehen einer weißen Kugel beträgt $\frac{2}{10} = 0{,}2$.

**Zufallsexperiment:** Das Glücksrad wird einmal gedreht.

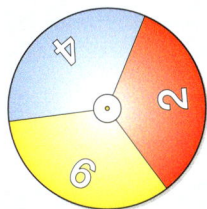

Mögliche Ergebnisse: 2, 4, 6

Anzahl der Ergebnisse: 3

Wahrscheinlichkeit für jedes Ergebnis: $\frac{1}{3}$

**Zufallsexperiment:** Das Glücksrad wird zweimal gedreht.

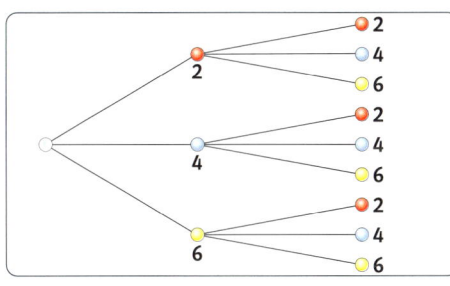

Mögliche Ergebnisse:
(2, 2), (2, 4), (2, 6), (4, 2), (4, 4), (4, 6), (6, 2), (6, 4), (6, 6)

Anzahl der Ergebnisse: 9

Wahrscheinlichkeit für jedes Ergebnis: $\frac{1}{9}$

Können die Wahrscheinlichkeiten nicht mithilfe geeigneter Anteile bestimmt werden, betrachtet man bereits erfolgte Durchführungen des Zufallsexperiments. Als Schätzwert für die Wahrscheinlichkeit eines Ergebnisses wird dann die vorher ermittelte relative Häufigkeit des Ergebnisses genommen.

**Zufallsexperiment:** Ein zufällig ausgewählter Pkw wird auf seine Verkehrssicherheit hin überprüft.

Ergebnis bei 1000 überprüften Pkws:

| Ergebnis | absolute Häufigkeit |
|---|---|
| keine Mängel | 815 |
| leichte Mängel | 154 |
| schwere Mängel | 31 |

Ergebnis: Der Pkw hat leichte Mängel.

Wahrscheinlichkeit für das Ergebnis:

$\frac{154}{1000} = 0{,}154$

# Üben und Vertiefen

**1** Tilman hat einen Würfel fünfzigmal geworfen und die Ergebnisse seines Zufallsexperiments in einer Urliste aufgeschrieben.

Ergebnisse beim Werfen eines Würfels

5 6 1 2 1 2 1 4 4 5 3 2 1 2 3
4 1 6 5 3 4 3 5 6 6 4 6 2 5 3
4 6 6 3 2 2 3 1 1 3 4 5 4 4 5
5 3 1 2 3

a) Bestimme die absoluten Häufigkeiten mithilfe einer Strichliste.
b) Stelle die absoluten Häufigkeiten in einem Säulendiagramm dar.
c) Berechne die relativen Häufigkeiten. Trage sie in eine Häufigkeitstabelle ein.
d) Berechne das arithmetische Mittel der Augenzahlen.

**2** Bei einer Verkehrszählung wurde die Anzahl der Personen pro Pkw in einer Urliste erfasst.

Anzahl der Personen pro Pkw

1 1 2 1 2 3 3 4 3 2 1 2 3 2 1
1 1 1 2 3 5 4 2 3 1 1 2 1 3 2
1 1 2 1 1 2 1 3 1 2 3 4 5 1 4
3 2 1 1 2

a) Bestimme die absoluten Häufigkeiten mithilfe einer Strichliste.
b) Stelle die absoluten Häufigkeiten in einem Balkendiagramm dar.
c) Berechne die relativen Häufigkeiten und trage sie in eine Häufigkeitstabelle ein.
d) Berechne das arithmetische Mittel mithilfe der absoluten Häufigkeiten.

**3** Das abgebildete Glücksrad wurde 200-mal gedreht. Die absoluten Häufigkeiten der Ergebnisse werden in dem Säulendiagramm dargestellt.

a) Berechne die relativen Häufigkeiten und stelle sie in einer Tabelle dar.
b) Welche Ziffer tragen die Felder mit Fragezeichen? Begründe deine Meinung.

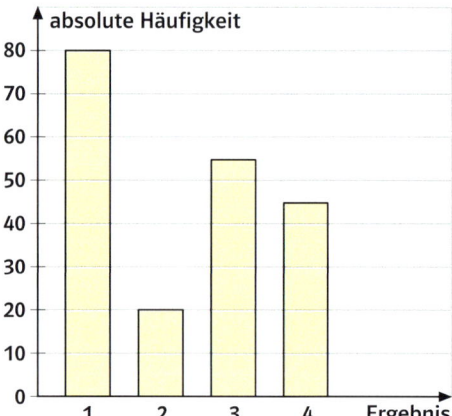

**4** In der Urliste findest du die Daten einer Umfrage zum Thema „Taschengeld pro Monat".
a) Lege eine Häufigkeitstabelle an.
b) Berechne das arithmetische Mittel mithilfe der absoluten Häufigkeiten.

Taschengeld pro Monat (€)

20 24 16 12 16 20 24 12 16 12
10 10 12 16 24 20 12 10 10 12
10 16 10 10 12 16 12 16 20 12
16 12 16 12 12 20 16 10 12 16
10 16 12 16 24 12 16 10 16 12

 Wie alt muss man werden, um eine Milliarde Sekunden zu erleben?

## Üben und Vertiefen

**5** Lisa hat aufgeschrieben, wie lange sie mit dem Fahrrad für ihren Schulweg braucht. Dabei musste sie auch die Panne am 13. Tag berücksichtigen.

Dauer des Schulwegs (min)

17  19  20  18  22  23  21  22  20  19
18  22  46  19  18

a) Bestimme den Median.
b) Berechne das arithmetische Mittel.
c) Welcher Mittelwert kennzeichnet die Dauer des Schulwegs besser? Begründe.

**6** Zehn Schüler haben jeweils fünfzigmal mit einem Würfel gewürfelt und dabei die Anzahl der Sechsen gezählt.

Würfe mit Augenzahl „Sechs"

8  10  7  6  6  7  8  8  25  9

a) Bestimme den Median und berechne das arithmetische Mittel.
b) Welchen Mittelwert hältst du für sinnvoll? Begründe.

**7** Mit einem Echolot wird auf Schiffen die Wassertiefe gemessen. Dazu werden Schallwellen ausgesendet, vom Meeresboden reflektiert und wieder empfangen.
Die folgenden Messwerte wurden am gleichen Ort aufgenommen:
1225,4 m; 1225,0 m; 1226,3 m ; 866,4 m und 1226,8 m
a) Bestimme den Median und berechne das arithmetische Mittel.
b) Wie wirkt sich der Messfehler auf den Median, wie auf das arithmetische Mittel aus?

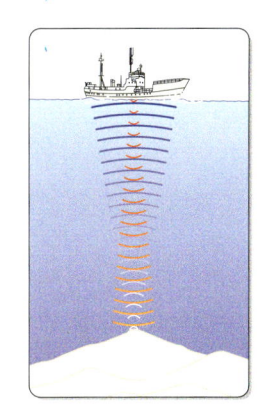

**8** In einer Umfrage wurden 1000 Mädchen und 1000 Jungen gefragt, welche Art von Computerspiel sie am liebsten spielen. Es durften jeweils drei Antworten gegeben werden. Das Ergebnis der Umfrage wird in dem Balkendiagramm dargestellt.

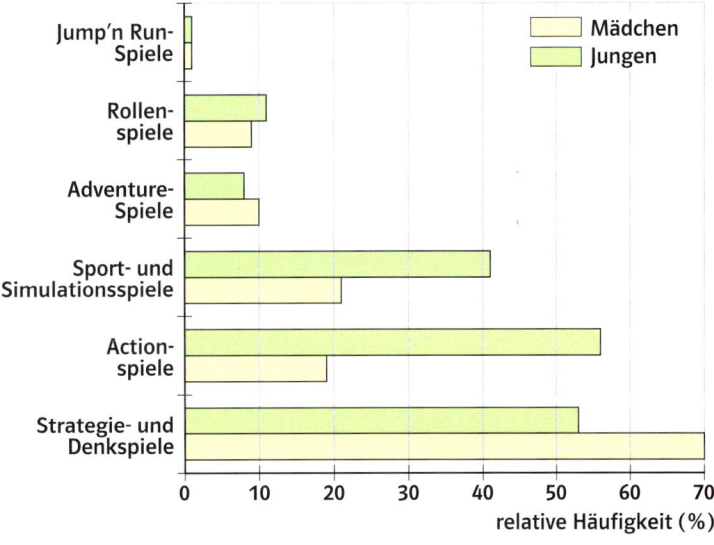

a) Vergleiche die Ergebnisse der Befragung bei Mädchen und Jungen.
b) Gib die zugehörigen absoluten Häufigkeiten an.

**9** a) Sebastian springt bei fünf Weitsprüngen im Durchschnitt 3,70 m weit. Gib fünf Sprungweiten an, für die das arithmetische Mittel 3,70 m ist.
b) Gib sechs Sprungweiten an, bei denen der Median 3,75 m beträgt.

## Üben und Vertiefen

**1** In der Klasse 6b sind 14 Mädchen und 15 Jungen. Für eine Veranstaltung soll aus jeder Klasse ein Vertreter ausgewählt werden. Die Schülerinnen und Schüler der 6b wollen das Los entscheiden lassen.
a) Wie groß ist die Wahrscheinlichkeit, dass das Los auf Stefanie aus der 6b fällt?
b) Wie groß ist die Wahrscheinlichkeit, dass ein Mädchen (Junge) ausgelost wird?

**2** Auf der Kirmes gibt es an der Losbude einen Hauptgewinn im Wert von 100 €, zehn Gewinne im Wert von jeweils 15 €, 50 Kleingewinne im Wert von jeweils 3 €, 100 Freilose und 839 Nieten.
a) Wie groß ist die Wahrscheinlichkeit für den Hauptgewinn (einen Gewinn, einen Kleingewinn, ein Freilos, eine Niete)?
b) Alle Lose werden verkauft. Kann der Besitzer der Losbude noch Gewinn machen, wenn jedes Los 1 € kostet?

**3** In einer Urne befinden sich zwanzig gleichartige Kugeln. Davon sind sechs rot, sieben weiß, drei schwarz und vier Kugeln blau gefärbt. Eine Kugel wird aus der Urne gezogen.
Berechne die Wahrscheinlichkeiten aller möglichen Ergebnisse.

**4** Ein Glücksrad soll in gleichgroße Felder eingeteilt werden, die entweder rot oder weiß oder grün sind. Welche Einteilung wählst du, wenn die Wahrscheinlichkeit für ein rotes Feld $\frac{1}{4}$, für ein grünes Feld $\frac{3}{8}$ und ein weißes Feld $\frac{3}{8}$ betragen soll?

| Der Bevölkerungsaufbau in der Bundesrepublik Deutschland (100 000 zufällig ausgewählte Einwohner) ||
|---|---|
| Lebensalter | absolute Häufigkeit |
| unter 20 Jahre | 21 309 |
| 20 bis unter 60 Jahre | 55 688 |
| 60 bis unter 80 Jahre | 18 959 |
| 80 Jahre und älter | 4 044 |

**5** Von 100 000 zufällig ausgewählten Einwohnern der Bundesrepublik wurde das Lebensalter ermittelt. Das Ergebnis wird in der Häufigkeitstabelle dargestellt.
a) Wie groß ist die Wahrscheinlichkeit dafür, dass ein zufällig ausgewählter Einwohner der Bundesrepublik unter 20 Jahre (20 bis unter 60 Jahre, 60 bis unter 80 Jahre) alt ist?
b) Informiere dich über den aktuellen Bevölkerungsaufbau.

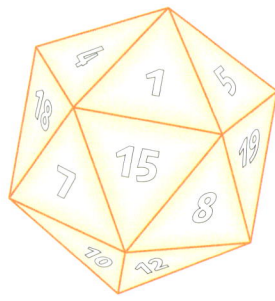

**6** Ein Ikosaeder ist ein regelmäßiger Körper, dessen Oberfläche aus zwanzig gleich großen Dreiecksflächen besteht. Diese Dreiecksflächen tragen hier die Zahlen von 1 bis 20. Mit dem Ikosaeder wird einmal gewürfelt. Wie groß ist die Wahrscheinlichkeit, dass die gewürfelte Zahl größer als 15 (kleiner als 7, ungerade, ein Vielfaches von 3) ist?

## Üben und Vertiefen

**7** Für ein Zufallsexperiment stehen dir eine Urne und gleichartige rote, blaue, grüne und weiße Kugeln zur Verfügung. Es soll eine Kugel aus der Urne gezogen werden. Die Wahrscheinlichkeit dafür, dass eine rote Kugel gezogen wird, soll 0,1 betragen, die Wahrscheinlichkeit für eine blaue Kugel 0,3, für eine weiße Kugel 0,2 und für eine grüne Kugel 0,4. Wie viele Kugeln von jeder Farbe musst du in die Urne legen, wenn die Urne insgesamt 10 (50, 70) Kugeln enthalten soll?

**8** Das abgebildete Kartenspiel besteht aus 32 Karten: Sieben, Acht, Neun, Zehn, Bube, Dame, König, As in den Farben Karo, Herz, Pik und Kreuz. Aus dem vollständigen Kartenspiel soll eine Karte gezogen werden.

a) Wie groß ist die Wahrscheinlichkeit, dass die gezogene Karte eine Herz-Karte (ein Bube, eine rote Karte) ist?
b) Wie groß ist die Wahrscheinlichkeit, dass die gezogene Karte die Karo-Sieben (ein schwarzer König, ein Bild) ist?

**9** Eine Münze wird dreimal nacheinander geworfen.
a) Wie groß ist die Wahrscheinlichkeit dafür, dass dreimal „Zahl" geworfen wird?
b) Wie groß ist die Wahrscheinlichkeit dafür, dass zweimal „Zahl" geworfen wird? Beachte, dass es mehrere Ergebnisse gibt, bei denen die Zahl zweimal fällt.
c) Wie groß ist die Wahrscheinlichkeit dafür, dass keinmal „Zahl" geworfen wird?

| Fahrzeugart | absolute Häufigkeit |
|---|---|
| Mofas, Mokicks, Mopeds | 625 |
| Krafträder | 1311 |
| Pkw | 16 444 |
| Omnibusse | 32 |
| Zugmaschinen | 359 |
| Lkw | 980 |
| übrige Kraftfahrzeuge | 249 |

**10** Die Tabelle zeigt dir, wie sich 20 000 zufällig ausgewählte Fahrzeuge in der Bundesrepublik Deutschland auf die unterschiedlichen Fahrzeugarten verteilen.
Kristin und Stefan stehen an einer Straße und beobachten den Verkehr.
a) Wie groß ist die Wahrscheinlichkeit dafür, dass das nächste Fahrzeug ein Pkw (Lkw, Omnibus) ist?
b) Wie groß ist die Wahrscheinlichkeit, dass das nächste Fahrzeug ein motorgetriebenes Zweirad ist?

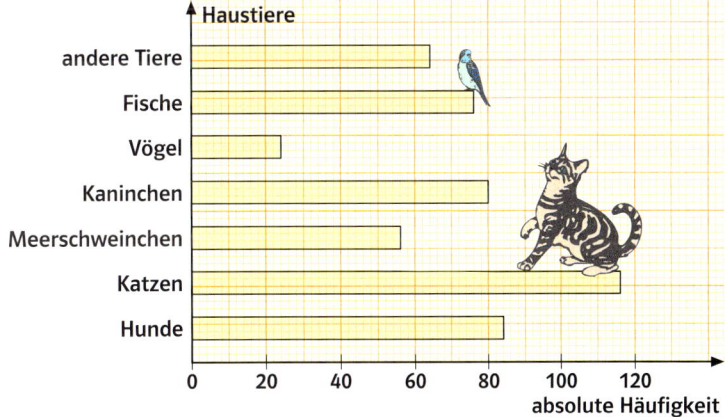

**11** Eine Umfrage unter Haustierbesitzern führte zu dem in dem Balkendiagramm dargestellten Ergebnis.
a) Ein zufällig ausgewählter Haustierbesitzer wird gefragt, was für ein Haustier er hat.
Bestimme die Wahrscheinlichkeiten aller möglichen Ergebnisse.
b) Informiere dich über die aktuellen Anteile.

# Vernetzen: Daten aus Deutschland

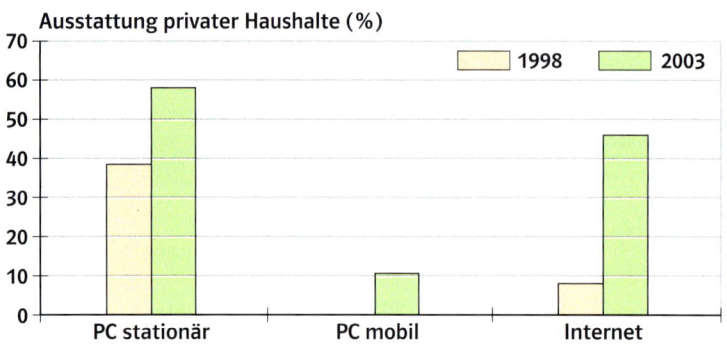

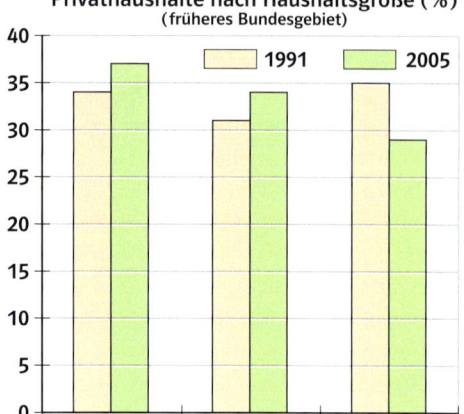

**1** In dem Säulendiagramm wird die Ausstattung privater Haushalte in Deutschland mit Computern und Laptops sowie der Anschluss an das Internet in den Jahren 1998 und 2003 gezeigt.
a) Beschreibe die Entwicklung und erkläre die Veränderungen.
b) Stelle die Ausstattung mit Telefon, Anrufbeantworter und Faxgerät ebenfalls in einem Säulendiagramm dar (Angaben in Prozent).

|  | 1998 | 2003 |
|---|---|---|
| Telefon stationär | 96,8 | 94,5 |
| Telefon mobil | 11,2 | 72,5 |
| Anrufbeantworter | 36,8 | 46,2 |
| Fax | 14,8 | 20,7 |

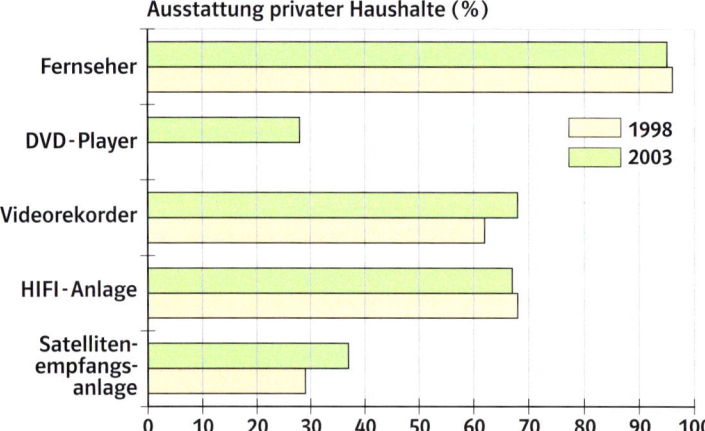

**2** Das Balkendiagramm zeigt die Ausstattung privater Haushalte mit Unterhaltungselektronik in den Jahren 1998 und 2003.
Beschreibe die Entwicklung und erkläre die Veränderungen.

**3** Die grafische Darstellung zeigt die Anteile der Haushalte mit einer Person, mit zwei Personen und mit drei und mehr Personen in den Jahren 1991 und 2005. Die Angaben beziehen sich auf das frühere Bundesgebiet ohne Berlin. In der Tabelle findest du die gleichen Angaben zu den neuen Bundesländern. Stelle auch diese in einem Säulendiagramm dar und vergleiche.

| Privathaushalte nach Haushaltsgröße (neue Bundesländer) in % | | |
|---|---|---|
| Haushaltsgröße | 1991 | 2005 |
| eine Person | 31 | 40 |
| zwei Personen | 32 | 35 |
| drei und mehr Personen | 37 | 25 |

**4** Im Jahre 1991 lebten in 38,6 % aller Haushalte in Deutschland Kinder, im Jahre 2005 nur noch in 32,1 %.
Stelle die relativen Häufigkeiten der Haushalte mit und ohne Senioren in diesen Jahren grafisch dar.

| Privathaushalte mit und ohne Senioren (%) | | |
|---|---|---|
|  | 1991 | 2005 |
| ohne Senioren | 74 | 71 |
| ausschließlich mit Senioren | 20 | 22 |
| mit Senioren und Jüngeren | 6 | 7 |

# Vernetzen: Daten aus Deutschland

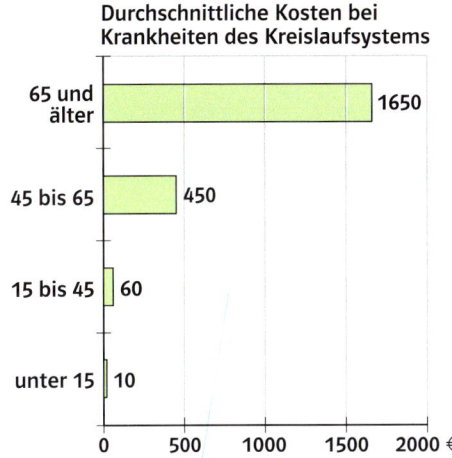

**5** a) Welche Informationen werden in dem abgebildeten Balkendiagramm dargestellt?
b) In der Tabelle findest du Informationen zu den durchschnittlichen Kosten je Einwohner der jeweiligen Altersgruppe bei Krankheiten des Atmungssystems (Stand: 2002). Stelle diese in einem Balkendiagramm dar.

| Altersgruppe | Kosten (€) |
|---|---|
| unter 15 Jahren | 190 |
| 15 bis 45 Jahre | 100 |
| 45 bis 65 Jahre | 130 |
| 65 Jahre und mehr | 260 |

c) Vergleiche beide Darstellungen. Was stellst du fest?

**6** In der Tabelle siehst du das Ergebnis einer Umfrage zum Thema „Rauchen" aus dem Jahre 2005. Befragt wurden rund 830 000 Personen. Stelle das Ergebnis in einem Kreisdiagramm dar.

| Raucher und Nichtraucher 2006 | |
|---|---|
| Nieraucher | 54 % |
| regelmäßige Raucher | 23 % |
| gelegentliche Raucher | 4 % |
| frühere Raucher | 19 % |

**7** In der Tabelle wird angegeben, wie hoch der Anteil der Raucherinnen und Raucher in den einzelnen Altersgruppen ist. Die Befragung fand im Jahr 2003 statt. Stelle die Anteile jeweils in einem Säulendiagramm dar und vergleiche.

| Altersgruppe | Anteil der Raucher/innen (%) | |
|---|---|---|
| | männlich | weiblich |
| 15–20 | 27,3 | 23,2 |
| 20–25 | 45,6 | 35,4 |
| 25–30 | 43,5 | 31,0 |
| 30–35 | 43,0 | 31,6 |
| 35–40 | 42,1 | 32,6 |
| 40–45 | 42,5 | 33,4 |
| 45–50 | 40,4 | 30,9 |
| 50–55 | 35,4 | 25,0 |
| 55–60 | 30,5 | 19,3 |
| 60–65 | 23,4 | 12,9 |
| 65–70 | 17,5 | 8,5 |
| 70–75 | 15,7 | 6,5 |
| 75 u. mehr | 11,1 | 4,0 |

**8** Mithilfe des Internets kannst du beim Statistischen Bundesamt Deutschland statistische Informationen zu Geografie, Bevölkerung, Erwerbstätigkeit, Wahlen, Umwelt, Verkehr, Handel usw. abrufen.
a) Suche in Gruppen aktuelle Informationen zu den in den Aufgaben 1 bis 4 behandelten Themen. Stelle die Informationen auf einem Plakat in Tabellenform und als Diagramm dar.
b) Suche in Gruppen beim Statistischen Bundesamt Deutschland ein anderes Thema aus Politik, Wirtschaft, Medizin oder Naturwissenschaft. Stelle die Informationen auf einem Plakat in Tabellenform und als Diagramm dar.

Rauchen ist schädlich!

Beachte dazu die Hinweise auf Seite 90.

# Lernkontrolle 1

Ergebnisse beim Drehen des Glücksrades

5 4 1 2 1 2 1 4 4 5 3 2 1 2 3
4 1 1 5 3 4 3 5 2 2 4 3 2 5 3
4 3 5 3 2 2 3 1 1 3 4 5 4 4 5
5 3 1 2 3

**1** Jana hat das abgebildete Glücksrad mehrmals gedreht und die Ergebnisse des Zufallsexperiments in einer Urliste aufgeschrieben.
a) Bestimme die absoluten Häufigkeiten mithilfe einer Strichliste.
b) Stelle die absoluten Häufigkeiten in einem Säulendiagramm dar.
c) Berechne die relativen Häufigkeiten und trage sie in eine Häufigkeitstabelle ein.
d) Berechne das arithmetische Mittel der erhaltenen Ergebnisse.

| Anzahl der Fernseher | absolute Häufigkeit |
|---|---|
| 1 | 11 |
| 2 | 30 |
| 3 | 6 |
| 4 | 3 |
| Summe | |

**2** Mehrere zufällig ausgewählte Schülerinnen und Schüler wurden gefragt, wie viele Fernsehgeräte sich bei ihnen zu Hause befinden. Das Ergebnis der Befragung wurde in der Häufigkeitstabelle festgehalten.
a) Berechne die relativen Häufigkeiten und trage sie in eine Häufigkeitstabelle ein.
b) Stelle die absoluten Häufigkeiten in einem Balkendiagramm dar.
c) Berechne das arithmetische Mittel mithilfe der absoluten Häufigkeiten.

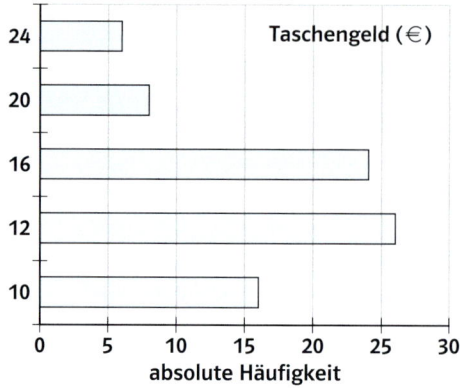

**3** Das Diagramm zeigt das Ergebnis einer Umfrage im 6. Jahrgang zum Thema „monatliches Taschengeld".
a) Stelle die absoluten und die relativen Häufigkeiten in einer Tabelle dar.
b) Berechne das arithmetische Mittel mithilfe der absoluten Häufigkeiten.

**4** Vergleiche die Weitsprungergebnisse von Johanna und Larissa. Berechne dazu jeweils das arithmetische Mittel und den Median.

Sprungweiten von Johanna (cm)

365 345 368 352 330 250 352 342 366 388

Sprungweiten von Larissa (cm)

378 329 333 381 344 372 306 388 322 318 352

---

**1** Die Mieteinnahmen eines Hauses betragen insgesamt 1568 €. Für das Erdgeschoss werden 646 € und für den ersten Stock 589 € gezahlt. Wie viel Miete wird für das Dachgeschoss bezahlt?

**2** Melissa hat in ihrem Portmonee einen 5-Euro-Schein, zwei 2-Euro-Münzen, drei 50-Cent-Stücke und vier 20-Cent-Stücke. Sie möchte sich dafür einen Satz Faserschreiber für 6,95 € und sechs Hefte für jeweils 0,75 € kaufen.

**3** a) Sebastian hat zum Geburtstag 32 € bekommen. Er kauft davon eine CD für 14,50 €, ein Buch für 12,90 € und einen Satz Batterien für 3,20 €. Kann er sich noch einen Kinobesuch für 6,50 € leisten?
b) Natascha hat in ihrem Sparschwein 23,50 € und noch 6,80 € von ihrem Taschengeld. Von ihrem Opa bekommt sie 5,00 € geschenkt. Kann sie sich dafür zwei T-Shirts zu je 16,95 € leisten?

**4** Erfinde zu der vorgegebenen Rechnung eine Textaufgabe.
36,00 + 15,50 − (7,50 + 24,50)

# Lernkontrolle 2

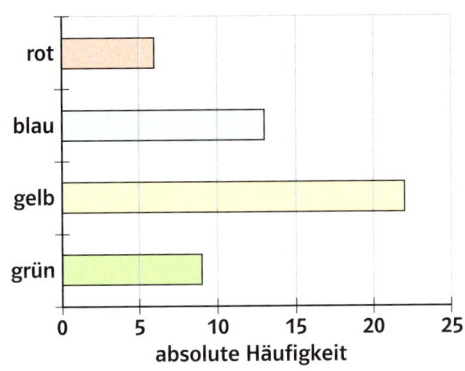

**1** In einer Urne befinden sich zehn gleich große Kugeln unterschiedlicher Farbe. Aus der Urne wurde mehrmals mit Zurücklegen gezogen, die absoluten Häufigkeiten der einzelnen Ergebnisse werden in dem Balkendiagramm grafisch dargestellt.
a) Berechne zu jeder Farbe die relative Häufigkeit.
b) Wie viele Kugeln in der Urne sind deiner Meinung nach rot (blau, gelb, grün)? Begründe.

**2** In einer Urne befinden sich zwanzig gleichartige Kugeln. Davon sind acht Kugeln rot, fünf Kugeln weiß, drei Kugeln blau und vier Kugeln schwarz gefärbt. Eine Kugel wird aus der Urne gezogen. Berechne die Wahrscheinlichkeiten aller möglichen Ergebnisse.

**3** Der Technische Überwachungsverein (TÜV) überprüft Gebrauchtwagen auf ihre Verkehrssicherheit. Die Häufigkeitstabelle zeigt das Resultat der Überprüfung.
Wie groß ist die Wahrscheinlichkeit dafür, dass ein zufällig ausgewählter Gebrauchtwagen leichte Mängel (keine Mängel, erhebliche Mängel) aufweist?

**4** Das abgebildete Glücksrad soll zweimal nacheinander gedreht werden.
a) Zeichne das zugehörige Baumdiagramm und gib alle möglichen Ergebnisse des Zufallsexperiments an.
b) Wie groß ist die Wahrscheinlichkeit, dass die Ziffer „3" zweimal gedreht wird?
c) Wie groß ist die Wahrscheinlichkeit dafür, dass bei beiden Drehungen genau einmal die Ziffer „1" erscheint?

**5** Eine Urne soll mit roten, weißen und schwarzen sonst gleichartigen Kugeln gefüllt werden.
Beim anschließenden Ziehen einer Kugel soll die Wahrscheinlichkeit für „rot" 0,25 und die Wahrscheinlichkeit für „weiß" 0,45 betragen. Wie viele Kugeln von jeder Farbe muss die Urne enthalten?

| Ergebnis | absolute Häufigkeit |
|---|---|
| keine Mängel | 1275 |
| leichte Mängel | 875 |
| erhebliche Mängel | 350 |

## Wiederholung

**1** Robin fährt mit dem Fahrrad zur Schule. Der Kilometerzähler zeigt vor der Fahrt 1254,66 insgesamt gefahrene Kilometer an, nach dem Heimweg 1272,54 Kilometer.
a) Wie lang ist sein Schulweg?
b) Im letzten Jahr hat Robin das Fahrrad an 203 Schultagen benutzt.

**2** In den Sommerferien machen Jana und Tobias mit ihren Eltern eine Fahrradtour. In 14 Tagen legen sie insgesamt 742 km zurück. Wie viele Kilometer sind sie durchschnittlich an einem Tag gefahren?

**3** Bei einer Klassenfahrt kostet die Busfahrt für jeden Schüler 14,50 €, wenn 30 Schüler mitfahren. Ein Schüler kann nicht mitfahren.

**4** Der Commerzbank-Tower ist mit einer Höhe von 259 m bis zur Dachoberkante Deutschlands höchstes Hochhaus. Auf insgesamt 62 Stockwerken befinden sich 52 700 m² Bürofläche.
a) Wie viel Quadratmeter Bürofläche hat jedes Stockwerk im Durchschnitt?
b) Eine Reinigungskraft braucht durchschnittlich 30 Minuten, um 100 m² Bürofläche zu reinigen. Wie viele Stunden (Tage) braucht sie für das ganze Gebäude?

# 5 Brüche addieren und subtrahieren

Warum ist $\frac{2}{7}$ kein Ergebnis der Aufgabe?
Kannst du auch die Aufgabe $\frac{1}{3} - \frac{1}{4}$ lösen?

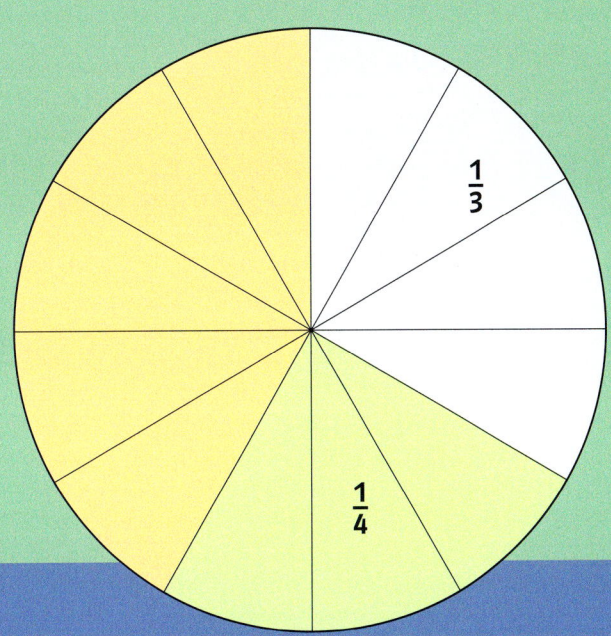

# Gleichnamige Brüche addieren und subtrahieren

**1** Zu Daniels Geburtstag hat seine Mutter eine Torte gebacken und sie in 12 Stücke aufgeteilt. Florian und seine Freunde Kai, Felix, Klaus und Jan haben die Torte restlos verzehrt.
Daniel aß $\frac{2}{12}$ der Torte, Kai $\frac{2}{12}$, Klaus $\frac{3}{12}$ und Felix $\frac{2}{12}$.
Welchen Bruchteil der Torte aß Jan?

**2**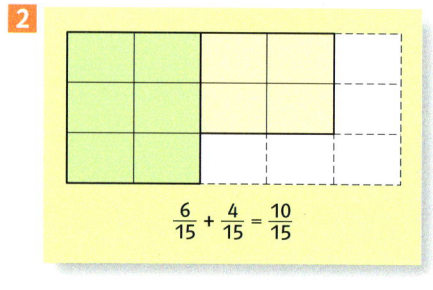

$\frac{6}{15} + \frac{4}{15} = \frac{10}{15}$

**3**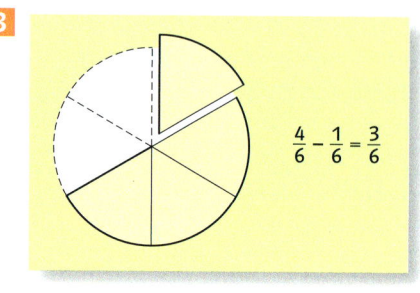

$\frac{4}{6} - \frac{1}{6} = \frac{3}{6}$

Welche Subtraktionsaufgabe ist hier dargestellt?

a) 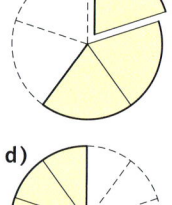 b) 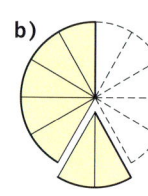 c)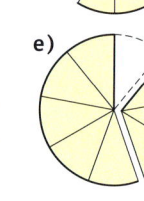

d) 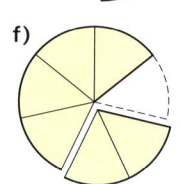 e)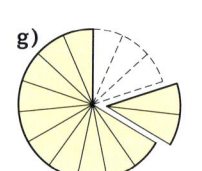

f) 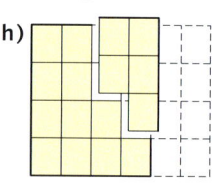 g)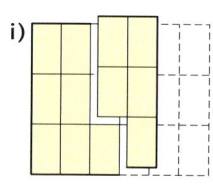

h) 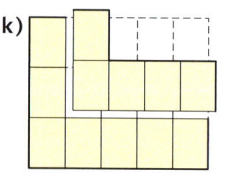 i)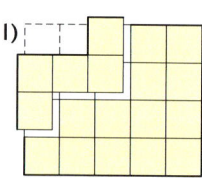

k) 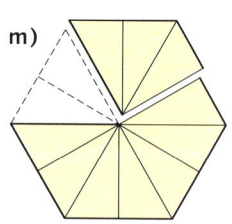 l)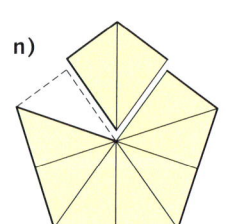

m) n)

Formuliere für jede Zeichnung eine Additionsaufgabe.

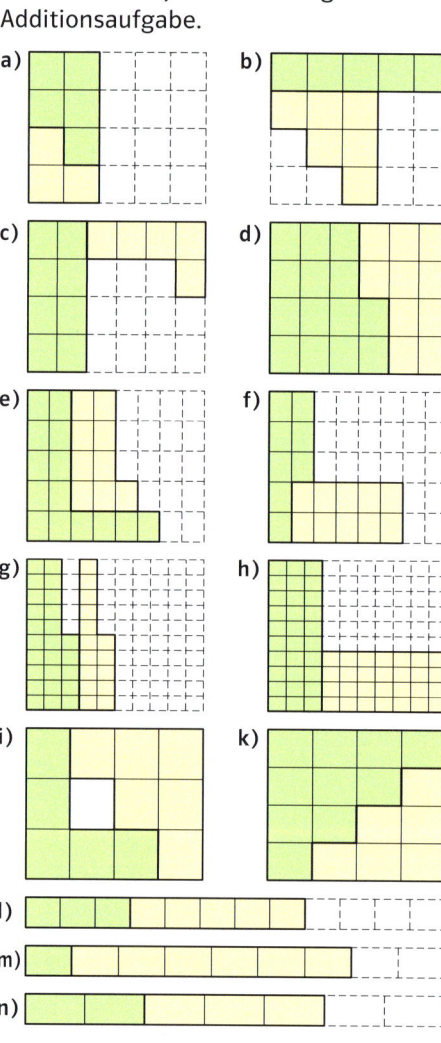

**4** Beschreibe, wie du gleichnamige Brüche addieren (subtrahieren) kannst. Erläutere dies an einem Beispiel.

# Gleichnamige Brüche addieren und subtrahieren

**5** Formuliere für jede Zeichnung eine Subtraktionsaufgabe. Wie lautet das Ergebnis?

a) 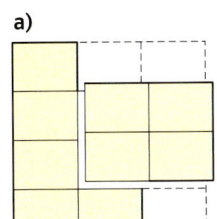   b)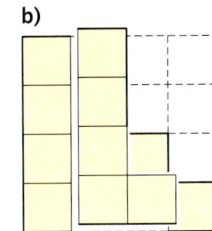

c) 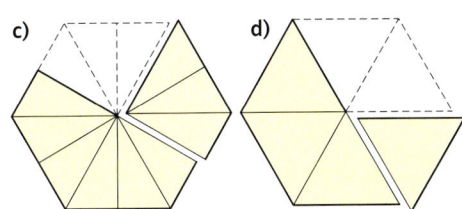 d)

e)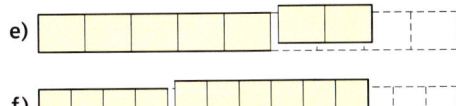

f)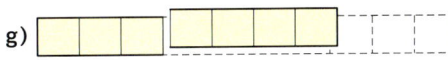

g)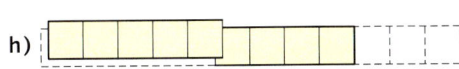

h)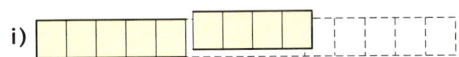

i)

**6** Stelle die Aufgaben jeweils zeichnerisch dar und bestimme das Ergebnis.

a) $\frac{2}{10} + \frac{3}{10}$    b) $\frac{5}{12} + \frac{3}{12}$

$\frac{5}{8} + \frac{1}{8}$    $\frac{1}{6} + \frac{2}{6}$

**7** Berechne.

a) $\frac{2}{5} + \frac{1}{5}$    b) $\frac{5}{7} - \frac{3}{7}$

$\frac{3}{7} + \frac{2}{7}$    $\frac{8}{9} - \frac{4}{9}$

$\frac{2}{9} + \frac{5}{9}$    $\frac{7}{10} - \frac{6}{10}$

$\frac{6}{13} + \frac{4}{13}$    $\frac{6}{15} - \frac{5}{15}$

$\frac{7}{20} + \frac{6}{20}$    $\frac{8}{11} - \frac{5}{11}$

$\frac{4}{12} + \frac{7}{12}$    $\frac{11}{13} - \frac{9}{13}$

**8** Welche Aufgabe ist hier dargestellt?

a)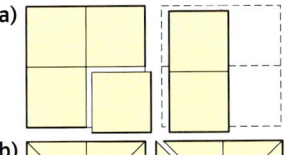

b)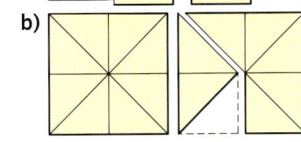

c)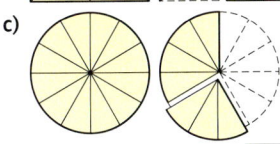

d)

e)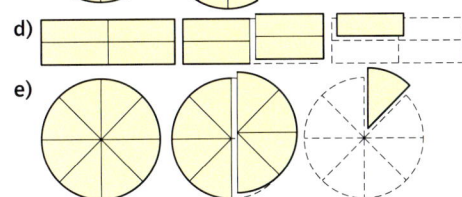

**9** Berechne und gib das Ergebnis, wenn möglich, als gemischte Zahl an.

a) $\frac{5}{7} + \frac{6}{7}$    b) $\frac{7}{8} + \frac{5}{8}$

$\frac{10}{11} + \frac{5}{11}$    $\frac{8}{9} + \frac{8}{9}$

$\frac{4}{5} + \frac{3}{5}$    $\frac{5}{3} + \frac{2}{3}$

$\frac{2}{3} + \frac{4}{3}$    $\frac{7}{12} + \frac{11}{12}$

**10** Berechne. Gib das Ergebnis als gemischte Zahl an.

a) $10 - \frac{2}{3}$   b) $3 - \frac{5}{7}$   c) $4 - 2\frac{1}{3}$

$3 - \frac{5}{8}$    $4 - \frac{7}{10}$    $4 - 1\frac{2}{5}$

$2 - \frac{1}{3}$    $2 - \frac{1}{9}$    $5 - 3\frac{7}{9}$

**11** Berechne. Gib das Ergebnis als gemischte Zahl an.

a) $2\frac{5}{6} + \frac{3}{6}$   b) $3\frac{1}{3} - \frac{2}{3}$   c) $2\frac{4}{8} + 3\frac{5}{8}$

$3\frac{7}{12} + \frac{11}{12}$    $5\frac{1}{4} - \frac{3}{4}$    $7\frac{7}{10} + 1\frac{8}{10}$

$2\frac{3}{7} + \frac{6}{7}$    $4\frac{2}{7} - \frac{6}{7}$    $2\frac{6}{11} + 3\frac{7}{11}$

$4\frac{7}{12} + \frac{5}{12}$    $9\frac{7}{18} - \frac{11}{18}$    $6\frac{3}{5} + 1\frac{3}{5}$

*Wenn möglich, kürze jedes Ergebnis.*

$\frac{4}{5} + \frac{3}{5}$

$= \frac{7}{5}$

$= 1\frac{2}{5}$

$6 - \frac{5}{9}$

$= 5\frac{9}{9} - \frac{5}{9}$

$= 5\frac{4}{9}$

$3\frac{3}{4} + \frac{3}{4}$

$= 3\frac{6}{4}$

$= 4\frac{2}{4} = 4\frac{1}{2}$

## Ungleichnamige Brüche addieren und subtrahieren

**1** Kannst du Laura bei diesen Aufgaben helfen?

$\frac{3}{6} + \frac{2}{6} = \square$

$\frac{8}{12} - \frac{5}{12} = \square$

$\frac{1}{2} + \frac{1}{4} = \square$

$\frac{3}{4} - \frac{3}{8} = \square$

$\frac{2}{4} + \frac{1}{4} = \square$

$\frac{6}{8} - \frac{3}{8} = \square$

**2** Bestimme die Platzhalter mithilfe der Zeichnungen.

a)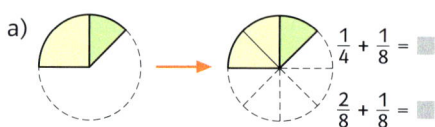

$\frac{1}{4} + \frac{1}{8} = \square$

$\frac{2}{8} + \frac{1}{8} = \square$

b)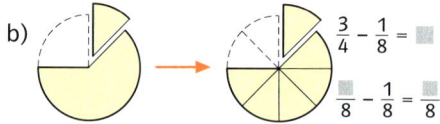

$\frac{3}{4} - \frac{1}{8} = \square$

$\frac{\square}{8} - \frac{1}{8} = \frac{\square}{8}$

c)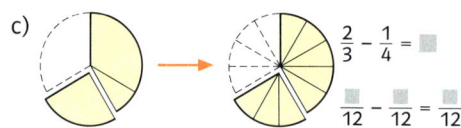

$\frac{2}{3} - \frac{1}{4} = \square$

$\frac{\square}{12} - \frac{\square}{12} = \frac{\square}{12}$

d)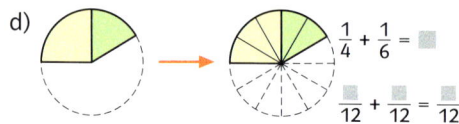

$\frac{1}{4} + \frac{1}{6} = \square$

$\frac{\square}{12} + \frac{\square}{12} = \frac{\square}{12}$

d)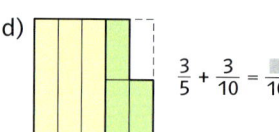

$\frac{3}{5} + \frac{3}{10} = \frac{\square}{10} + \frac{\square}{10} = \frac{\square}{10}$

e)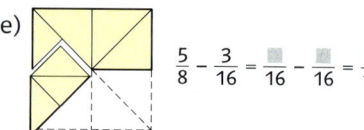

$\frac{5}{8} - \frac{3}{16} = \frac{\square}{16} - \frac{\square}{16} = \frac{\square}{16}$

**4** Welche Aufgabe ist hier dargestellt? Ermittle das Ergebnis.

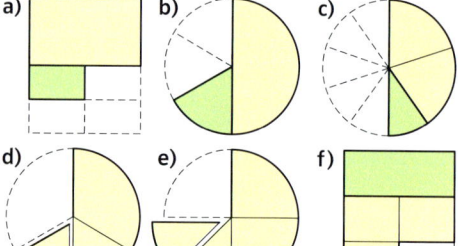

**3** Bestimme die Platzhalter.

a)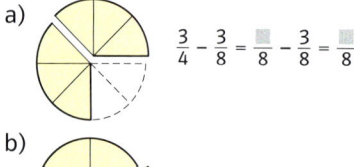

$\frac{3}{4} - \frac{3}{8} = \frac{\square}{8} - \frac{3}{8} = \frac{\square}{8}$

b)

$\frac{2}{3} - \frac{1}{6} = \frac{\square}{6} - \frac{1}{6} = \frac{\square}{6}$

c)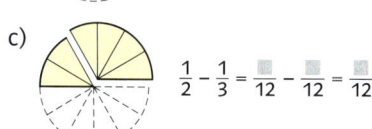

$\frac{1}{2} - \frac{1}{3} = \frac{\square}{12} - \frac{\square}{12} = \frac{\square}{12}$

**5** Notiere zu jeder Zeichnung eine Aufgabe und ermittle das Ergebnis.

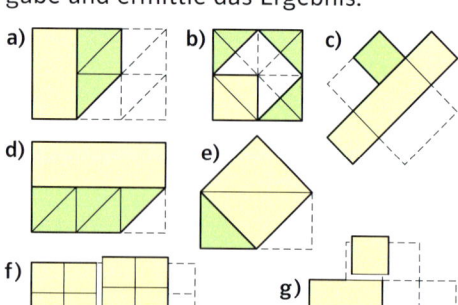

# Ungleichnamige Brüche addieren und subtrahieren

> **So kannst du ungleichnamige Brüche addieren und subtrahieren:**
>
> 1. Erweitere (kürze) die Brüche so, dass sie den gleichen Nenner haben.
> 2. Addiere oder subtrahiere die Zähler. Der Nenner ändert sich nicht.
>
> $\frac{2}{3} + \frac{1}{4}$  $\qquad$ $\frac{3}{4} - \frac{2}{5}$
>
> $= \frac{8}{12} + \frac{3}{12}$ $\qquad$ $= \frac{15}{20} - \frac{8}{20}$
>
> $= \frac{11}{12}$ $\qquad$ $= \frac{7}{20}$

**6** Bestimme die Platzhalter.

a) $\frac{1}{2} + \frac{1}{3} = \frac{\square}{6} + \frac{\square}{6} = \frac{\square}{6}$

b) $\frac{3}{4} + \frac{1}{5} = \frac{\square}{20} + \frac{\square}{20} = \frac{\square}{20}$

c) $\frac{2}{7} + \frac{1}{3} = \frac{\square}{21} + \frac{\square}{21} = \frac{\square}{21}$

d) $\frac{2}{9} + \frac{1}{6} = \frac{\square}{18} + \frac{\square}{18} = \frac{\square}{18}$

e) $\frac{7}{8} - \frac{1}{2} = \frac{7}{8} - \frac{\square}{8} = \frac{\square}{8}$

f) $\frac{3}{10} - \frac{1}{8} = = \frac{\square}{40} - \frac{\square}{40} = \frac{\square}{40}$

g) $\frac{3}{8} - \frac{1}{6} = \frac{\square}{24} - \frac{\square}{24} = \frac{\square}{24}$

h) $\frac{5}{8} + \frac{1}{7} = \frac{\square}{56} + \frac{\square}{56} = \frac{\square}{56}$

• **7** Berechne.

a) $\frac{7}{10} + \frac{1}{2}$ $\qquad$ b) $\frac{2}{3} - \frac{4}{7}$ $\qquad$ c) $\frac{11}{18} - \frac{5}{12}$

$\frac{5}{7} + \frac{1}{3}$ $\qquad$ $\frac{5}{8} - \frac{1}{3}$ $\qquad$ $\frac{3}{4} + \frac{1}{10}$

$\frac{3}{4} - \frac{1}{5}$ $\qquad$ $\frac{3}{4} + \frac{1}{7}$ $\qquad$ $\frac{1}{4} - \frac{1}{14}$

$\frac{2}{3} - \frac{1}{4}$ $\qquad$ $\frac{7}{12} + \frac{1}{6}$ $\qquad$ $\frac{3}{10} + \frac{1}{6}$

$\frac{2}{9} + \frac{1}{4}$ $\qquad$ $\frac{6}{7} - \frac{3}{8}$ $\qquad$ $\frac{5}{8} - \frac{7}{12}$

$\frac{9}{11} - \frac{1}{2}$ $\qquad$ $\frac{4}{9} + \frac{3}{8}$ $\qquad$ $\frac{7}{9} - \frac{3}{4}$

$\frac{7}{20} + \frac{3}{8}$ $\qquad$ $\frac{5}{6} - \frac{5}{8}$ $\qquad$ $\frac{5}{12} + \frac{7}{15}$

**L** $\frac{11}{20}$  $\frac{7}{24}$  $\frac{9}{12} = \frac{3}{4}$  $\frac{7}{22}$  $\frac{12}{10} = 1\frac{1}{5}$  $\frac{59}{72}$  $\frac{2}{21}$

$\frac{22}{21} = 1\frac{1}{21}$  $\frac{5}{12}$  $\frac{25}{28}$  $\frac{17}{36}$  $\frac{27}{56}$  $\frac{17}{20}$  $\frac{1}{24}$

$\frac{29}{40}$  $\frac{1}{36}$  $\frac{7}{36}$  $\frac{53}{60}$  $\frac{5}{24}$  $\frac{5}{28}$  $\frac{7}{15}$

**8** Übertrage die Tabelle in dein Heft und berechne.

a)

| + | $\frac{2}{3}$ | $\frac{3}{10}$ | $\frac{7}{12}$ | $\frac{9}{20}$ | $\frac{13}{30}$ |
|---|---|---|---|---|---|
| $\frac{3}{4}$ | $\square$ | $\square$ | $\square$ | $\square$ | $\square$ |
| $\frac{11}{15}$ | $\square$ | $\square$ | $\square$ | $\square$ | $\square$ |

b)

| − | $\frac{1}{10}$ | $\frac{4}{15}$ | $\frac{5}{18}$ | $\frac{11}{20}$ | $\frac{13}{30}$ |
|---|---|---|---|---|---|
| $\frac{3}{4}$ | $\square$ | $\square$ | $\square$ | $\square$ | $\square$ |
| $\frac{11}{12}$ | $\square$ | $\square$ | $\square$ | $\square$ | $\square$ |

> *Schreibe, wenn möglich, das Ergebnis als gemischte Zahl.*

**9** a) Peter isst ein Drittel und Julia die Hälfte der abgebildeten Schokolade. Welcher Bruchteil bleibt übrig?

b) Von einer weiteren Tafel werden Teile abgebrochen. Max erhält davon ein Viertel, Lara ein Drittel, Özlem ein Sechstel und Niklas ein Achtel.

c) Erkläre schriftlich, warum viele Schokoladentafeln in 24 Stücke aufgeteilt sind.

• **10** Suche zuerst einen gemeinsamen Nenner für die drei Brüche und berechne dann.

a) $\frac{1}{2} + \frac{1}{4} + \frac{7}{8}$ $\qquad$ b) $\frac{2}{5} + \frac{3}{10} + \frac{3}{4}$

$\frac{1}{3} + \frac{4}{9} + \frac{5}{6}$ $\qquad$ $\frac{7}{10} + \frac{7}{20} + \frac{3}{5}$

c) $\frac{3}{4} + \frac{1}{12} + \frac{3}{8}$ $\qquad$ d) $\frac{15}{8} + \frac{3}{4} + \frac{1}{2}$

$\frac{1}{6} + \frac{11}{15} + \frac{2}{3}$ $\qquad$ $\frac{1}{3} + \frac{3}{5} + \frac{5}{6}$

**L** $1\frac{17}{30}$  $1\frac{23}{30}$  $1\frac{9}{20}$  $1\frac{5}{8}$  $1\frac{5}{24}$  $1\frac{13}{20}$

$1\frac{11}{18}$  $2\frac{1}{12}$

# Grundwissen: Brüche addieren und subtrahieren

**Brüche beschreiben Teile eines Ganzen**

Bruch

Zähler ⟶ $\dfrac{5}{6}$ ⟵ Nenner

gemischte Zahl

ganze Zahl ⟶ $2\dfrac{2}{3}$ ⟵ Bruch

**Erweitern**

$\dfrac{2}{3}$ wird erweitert mit **3**

$\dfrac{2 \cdot 3}{3 \cdot 3} = \dfrac{6}{9}$

Zähler und Nenner werden mit derselben Zahl multipliziert.

**Kürzen**

$\dfrac{12}{15}$ wird gekürzt durch **3**

$\dfrac{12 : 3}{15 : 3} = \dfrac{4}{5}$

Zähler und Nenner werden durch dieselbe Zahl dividiert.

**Addition und Subtraktion gleichnamiger Brüche**

Beim Addieren (Subtrahieren) gleichnamiger Brüche werden die Zähler addiert (subtrahiert). Der Nenner ändert sich nicht.

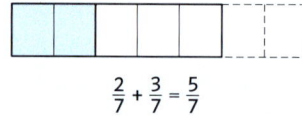

$\dfrac{2}{7} + \dfrac{3}{7} = \dfrac{5}{7}$

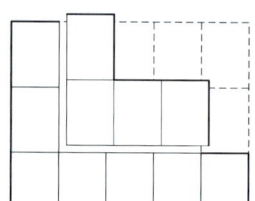

$\dfrac{11}{15} - \dfrac{4}{15} = \dfrac{7}{15}$

**Addition und Subtraktion ungleichnamiger Brüche**

Ungleichnamige Brüche werden vor dem Addieren (Subtrahieren) so erweitert oder gekürzt, dass sie den gleichen Nenner haben. Danach werden die gleichnamigen Brüche addiert (subtrahiert).

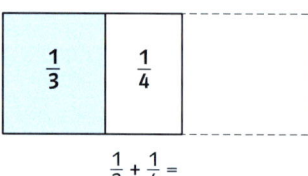

$\dfrac{1}{3} + \dfrac{1}{4} =$

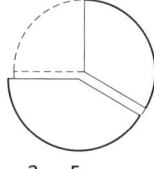

$\dfrac{3}{4} - \dfrac{5}{12} =$

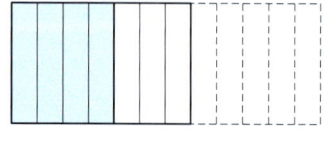

$\dfrac{1}{3} + \dfrac{1}{4} = \dfrac{4}{12} + \dfrac{3}{12} = \dfrac{7}{12}$

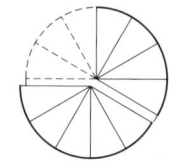

$\dfrac{3}{4} - \dfrac{5}{12} = \dfrac{9}{12} - \dfrac{5}{12} = \dfrac{4}{12} = \dfrac{1}{3}$

# Üben und Vertiefen

**1** Notiere zu jeder Zeichnung eine Aufgabe und ermittle das Ergebnis.

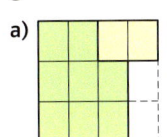 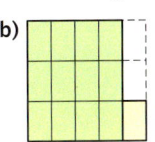 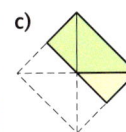
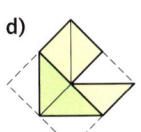 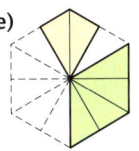 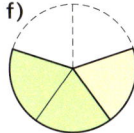
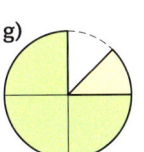 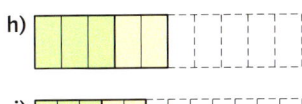

**2** Notiere zu jeder Zeichnung eine Aufgabe und bestimme das Ergebnis.

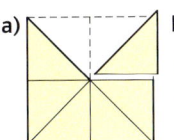 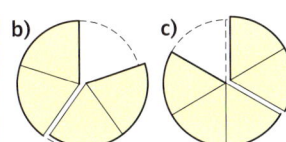
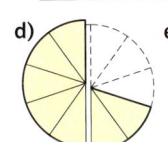 
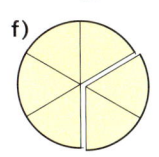 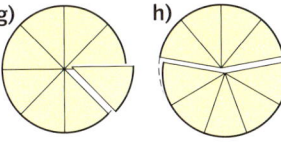
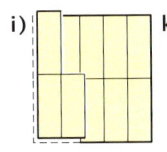 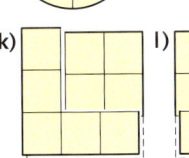

**3** Berechne.

a) $\frac{2}{5} + \frac{1}{5}$   b) $\frac{7}{10} - \frac{5}{10}$   c) $\frac{4}{11} + \frac{5}{11}$

$\frac{3}{8} + \frac{4}{8}$   $\frac{4}{12} + \frac{7}{12}$   $\frac{3}{20} + \frac{14}{20}$

$\frac{3}{7} + \frac{2}{7}$   $\frac{3}{8} + \frac{1}{8}$   $\frac{7}{10} - \frac{2}{10}$

$\frac{5}{9} + \frac{2}{9}$   $\frac{6}{15} - \frac{2}{15}$   $\frac{7}{18} + \frac{9}{18}$

$\frac{4}{11} + \frac{8}{11}$   $\frac{14}{17} - \frac{7}{17}$   $\frac{11}{21} + \frac{17}{21}$

**4** Bestimme die Platzhalter.

a)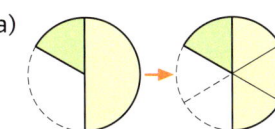

$\frac{1}{2} + \frac{1}{6} = \frac{\square}{6} + \frac{\square}{6} = \frac{4}{6}$

b)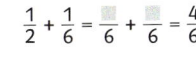

$\frac{1}{2} - \frac{3}{10} =$

$\frac{\square}{10} - \frac{\square}{10} = \frac{\square}{10}$

c)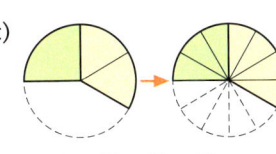

$\frac{1}{4} + \frac{2}{6} = \frac{\square}{12} + \frac{\square}{12} = \frac{\square}{12}$

d)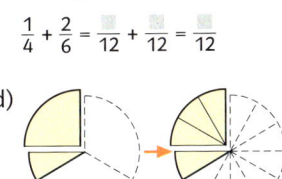

$\frac{1}{3} - \frac{1}{4} = \frac{\square}{12} - \frac{\square}{12} = \frac{\square}{12}$

e)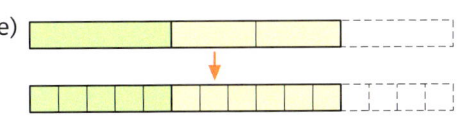

$\frac{1}{3} + \frac{2}{5} = \frac{\square}{15} + \frac{\square}{15} = \frac{\square}{15}$

**5** Berechne.

a) $\frac{1}{6} + \frac{3}{4}$   b) $\frac{5}{6} + \frac{1}{15}$   c) $\frac{1}{8} + \frac{1}{10}$

$\frac{3}{5} + \frac{3}{10}$   $\frac{1}{10} + \frac{5}{6}$   $\frac{1}{9} + \frac{5}{12}$

$\frac{3}{10} + \frac{5}{8}$   $\frac{7}{20} + \frac{3}{8}$   $\frac{2}{6} + \frac{2}{7}$

L  $\frac{14}{15}$  $\frac{9}{10}$  $\frac{19}{36}$  $\frac{13}{21}$  $\frac{11}{12}$  $\frac{9}{40}$  $\frac{9}{10}$  $\frac{29}{40}$  $\frac{37}{40}$

**6** Berechne.

a) $\frac{9}{10} - \frac{4}{15}$   b) $\frac{11}{12} - \frac{5}{9}$   c) $\frac{5}{7} - \frac{3}{14}$

$\frac{5}{6} - \frac{5}{8}$   $\frac{8}{9} - \frac{13}{20}$   $\frac{2}{9} - \frac{1}{8}$

$\frac{7}{8} - \frac{5}{12}$   $\frac{7}{15} - \frac{3}{10}$   $\frac{11}{18} - \frac{1}{6}$

L  $\frac{5}{24}$  $\frac{1}{2}$  $\frac{13}{36}$  $\frac{1}{6}$  $\frac{19}{30}$  $\frac{43}{180}$  $\frac{11}{24}$  $\frac{7}{72}$  $\frac{4}{9}$

**7** Berechne.

a) $\frac{2}{5} + \frac{7}{10} - \frac{1}{2} + \frac{1}{4}$   b) $\frac{7}{12} - \frac{3}{8} + \frac{5}{6} - \frac{2}{3}$

*Vergiss das Kürzen nicht.*

$\frac{34}{15}$

## Üben und Vertiefen

**8** Notiere zu jeder Zeichnung eine Aufgabe und ermittle das Ergebnis.

a) b) c) d) e) f)

**12** Das Ergebnis jeder Aufgabe führt dich zur nächsten Aufgabe. Zum Schluss erhältst du als Ergebnis $3\frac{1}{12}$.

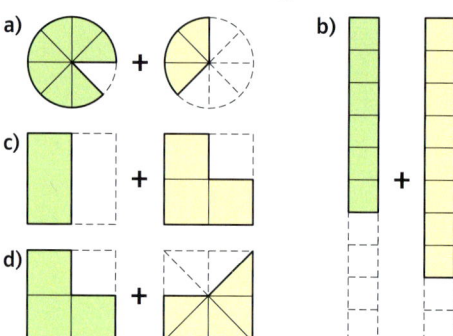

**13** Überprüfe die Ergebnisse. Die Kennbuchstaben ergeben ein Lösungswort, wenn du sie richtig zusammensetzt.

|  | richtig | falsch |
|---|---|---|
| $\frac{1}{2} + \frac{2}{3} + \frac{3}{4} = 1\frac{11}{12}$ | S | V |
| $\frac{5}{6} + \frac{2}{5} + \frac{1}{2} = 1\frac{11}{15}$ | E | O |
| $\frac{3}{4} + \frac{5}{6} - \frac{11}{12} = \frac{3}{4}$ | T | A |
| $\frac{2}{5} + \frac{3}{4} - \frac{9}{10} = \frac{1}{4}$ | N | H |

**9** Berechne.

a) $1\frac{6}{8} + \frac{5}{8}$   b) $2\frac{4}{6} + \frac{2}{6}$   c) $3\frac{6}{10} + \frac{5}{10}$

$2\frac{2}{3} + \frac{2}{3}$   $6\frac{5}{7} + \frac{3}{7}$   $4\frac{7}{12} + \frac{5}{12}$

$3\frac{6}{7} + \frac{5}{7}$   $5\frac{4}{9} + \frac{7}{9}$   $6\frac{4}{5} + \frac{1}{5}$

• **10** Berechne

a) $3 - \frac{2}{3}$   b) $2 - \frac{5}{8}$   c) $2 - \frac{7}{10}$

$4 - \frac{2}{7}$   $1 - \frac{3}{5}$   $5 - \frac{1}{6}$

$3 - \frac{2}{9}$   $2 - \frac{5}{12}$   $4 - \frac{5}{11}$

**L** $4\frac{5}{6}$   $1\frac{3}{8}$   $3\frac{6}{11}$   $1\frac{3}{10}$   $1\frac{7}{12}$   $2\frac{1}{3}$   $\frac{2}{5}$

$3\frac{5}{7}$   $2\frac{7}{9}$

**11** Berechne.

a) $5 - 1\frac{3}{4}$   b) $6 - 4\frac{1}{5}$   c) $10 - 3\frac{4}{5}$

$4 - 2\frac{2}{3}$   $5 - 3\frac{1}{8}$   $8 - 6\frac{2}{7}$

d) $7 - 3\frac{1}{4}$   e) $5 - 3\frac{4}{5}$   f) $10 - 7\frac{5}{8}$

$9 - 7\frac{1}{3}$   $6 - 4\frac{7}{8}$   $6 - 2\frac{7}{10}$

• **14** Bestimme die Platzhalter.

a)  $+ \frac{2}{3} = \frac{11}{12}$   b)  $- \frac{1}{3} = \frac{1}{12}$

 $+ \frac{1}{3} = \frac{8}{9}$    $- \frac{3}{7} = \frac{5}{14}$

 $+ \frac{1}{6} = \frac{17}{30}$    $- \frac{5}{6} = \frac{1}{24}$

c) $\frac{29}{30} -$  $= \frac{7}{10}$   d) $\frac{1}{2} +$  $= \frac{2}{3}$

$\frac{17}{32} -$  $= \frac{1}{8}$   $\frac{7}{9} +$  $= \frac{31}{36}$

$\frac{7}{12} -$  $= \frac{25}{48}$   $\frac{5}{18} +$  $= \frac{17}{54}$

**L** $\frac{1}{12}$   $\frac{1}{4}$   $\frac{11}{14}$   $\frac{1}{6}$   $\frac{4}{15}$   $\frac{13}{32}$   $\frac{5}{12}$   $\frac{1}{16}$   $\frac{2}{9}$   $\frac{2}{5}$   $\frac{7}{8}$

• **15** Berechne.

a) $\frac{1}{4} + 0{,}5$   b) $\frac{3}{4} - 0{,}4$   c) $0{,}5 + \frac{1}{8}$

d) $0{,}2 + \frac{3}{10}$   e) $0{,}75 + \frac{1}{2}$   f) $1{,}8 - \frac{3}{5}$

**L** 0,5   0,75   1,2   1,25   0,35   0,625

## Sachaufgaben

**1** Max kauft für seine Mutter auf dem Markt ein. Er kauft $2\frac{1}{2}$ kg Kartoffeln, $\frac{1}{4}$ kg Mett, $\frac{3}{4}$ kg Schellfisch, 1,2 kg Möhren und $1\frac{1}{4}$ kg Lauch. Wie schwer ist der Einkauf?

*Auf das Essen freue ich mich!*

**2** Etwa $\frac{2}{3}$ des menschlichen Körpers besteht aus Wasser, ungefähr $\frac{1}{10}$ des Körpers ist Fett.
Welcher Bruchteil des Menschen besteht aus anderen Stoffen?

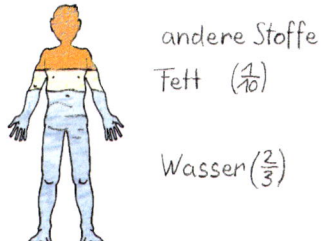

**3** Säugling Frederik trinkt am Vormittag $\frac{1}{5}$ l Säuglingsmilchnahrung und in der zweiten Tageshälfte weitere $\frac{3}{5}$ l. Wie viel Liter trinkt Frederik am Tag?

*Morgens trinke ich $\frac{1}{4}$ l Milch.*

**4** Lara, Ai und Elina laufen 75 m um die Wette. Ai kommt $\frac{6}{10}$ Sekunden nach Lara ins Ziel und Elina $\frac{2}{5}$ nach Ai.

Zeit für die Siegerin: 10,7 Sekunden

**5** Landwirtin Erdmann besitzt insgesamt 60 ha Wiesen, Acker und Wald. $\frac{1}{12}$ ihres Besitzes sind Wiesen, $\frac{3}{5}$ sind Ackerfläche.

**6** Eine junge Buche wächst in einem Jahr ungefähr 0,50 m, eine Tanne $\frac{2}{5}$ m und eine Eiche 30 cm. Berechne den jährlichen Wachstumsunterschied zwischen Tanne und Buche (Tanne und Eiche, Buche und Eiche). Gib das Ergebnis als Bruch und in Zentimetern an.

**7** In Deutschland leben 80 Millionen Menschen. Davon ist ungefähr $\frac{1}{5}$ unter 15 Jahre alt. Etwa 16 % sind über 65 Jahre alt. Welcher Bruchteil ist zwischen 15 und 65 Jahre alt?
Wie viele Personen sind das?

# Vernetzen: Mixgetränke

**Wir mixen kalte Drinks**
Pfirsiche abspülen, halbieren, achteln, in Scheiben schneiden. Eisteegetränk mit der Orangenlimonade verrühren, Zitronenmelissenblätter abspülen, trocken tupfen, in Streifen schneiden.
Alle Zutaten verrühren, gut gekühlt mit einigen Eiswürfeln servieren.

**Pfirsichbowle**
2 reife Pfirsiche
$\frac{1}{2}$ l Eistee (Pfirsichgeschmack)
$\frac{1}{4}$ l Orangenlimonade
Einige Zitronenmelissenblätter

*Wollen wir aus diesen Zutaten eine Bowle zubereiten?*

*Die Menge reicht doch gerade für eine Person!*

**1** a) Wie viel Liter Flüssigkeit erhalten Sara und Maren, wenn sie aus den angegebenen Zutaten eine Bowle zubereiten?
b) Sara und Maren erwarten zu einem kleinen Gartenfest vier Gäste. Wie viel Liter Eistee und wie viel Liter Orangenlimonade benötigen sie für die Pfirsichbowle? Sie rechnen damit, dass jede Person einen dreiviertel Liter Bowle trinkt.

**2** Maren möchte zur Begrüßung den Drink „Sommerduft" anbieten.
a) Wie viel Liter dieses Drinks kann sie aus den angegebenen Zutaten mixen?
b) Sie gießt das fertige Getränk in Gläser, die 125 ml fassen. Wie viel Gläser kann sie füllen?

**3** Berechnet für die übrigen Getränke, wie viel Liter ihr jeweils aus den angegebenen Zutaten erhaltet.

## Vernetzen: Handball spielen

Für die Turnierspiele hat die Trainerin eine Statistik angefertigt.

| Name | Anzahl der Tore | Anzahl der Würfe auf das Tor | Anzahl der Trainingseinheiten |
|---|---|---|---|
| Julia | 8 | 20 | 6 |
| Ahyse | 6 | 8 | 8 |
| Carla | 10 | 25 | 16 |
| Fabienne | 12 | 20 | 14 |
| Luzy | 8 | 10 | 12 |

*Wir haben mehr als ein Drittel aller Tore geworfen.*

**1** Julia ist begeisterte Handballspielerin. Sie trainiert einmal in der Woche mit ihrer Mannschaft.
Da sie zurzeit in der D-Jugend spielt, beträgt ihre Spielzeit zweimal 20 Minuten.

Bei Turnierspielen dürfen sich immer nur sieben Spielerinnen auf dem Feld befinden. Jede Mannschaft darf während des Spiels beliebig oft Spielerinnen auswechseln.

In der letzten Saison wurden sechs Turnierspiele von Julias Mannschaft bestritten. Vier Spiele haben sie gewonnen und eines unentschieden gespielt. Insgesamt haben die Mädchen 16 Trainingseinheiten durchgeführt.

a) Stimmt die Behauptung von Fabienne und Luzy?
b) Berechne jeweils die Trefferquote der Spielerinnen als Bruch und in Prozent.
c) Gib für jede Spielerin die Teilnahme am Training in Prozent an.
d) Wer ist deiner Meinung nach die erfolgreichste Spielerin? Begründe deine Antwort

## Vernetzen: Das Testament des Ali Baba

Ali Baba lag im Sterben. Also rief er seine Tochter Leila zu sich, um ihr seinen letzten Willen mitzuteilen.
„Omar, mein Ältester, soll von meinen 39 Kamelen die Hälfte erhalten, Ahmet ein Viertel, Osman ein Achtel und dir, Leila, soll ein Zehntel gehören."

Wenige Tage später starb Ali Baba. Nachdem eine angemessene Zeit der Trauer verstrichen war, teilte Leila ihren Brüdern den letzten Willen des Vaters mit.

*Lasst uns am nächsten Tag das Erbe aufteilen.*

Am nächsten Morgen und auch in den folgenden Tagen fanden die Geschwister, so sehr sie sich auch bemühten, keine Lösung, das Erbe nach dem Willen des Vaters aufzuteilen.

Schließlich baten sie den Weisen Mustafa um Hilfe.
Mustafa nahm sein weißes Kamel und stellte es auf dem Dorfplatz zu den übrigen 39 Kamelen. Er forderte die Geschwister nun auf, alle Kamele im Sinne des Vaters zu teilen. Das taten sie. Mustafa stieg auf sein weißes Kamel und verließ mit ihm das Dorf.

> Beschreibe das Problem in einem kurzen Text. Bearbeite die Aufgabe als Ich-du-wir-Aufgabe.
> Die Hinweise auf der nächsten Seite helfen dir.

# Kommunizieren und Präsentieren — Ich-du-wir-Aufgaben

**Ich:** Höre dir die Aufgabenstellung genau an und lies die Aufgabenstellung sorgfältig durch. Überlege, in welchen Schritten du die Aufgabe lösen kannst. Notiere, was du dir überlegt hast.

**Du:** Sprich mit deinem Partner über die Aufgabe. Stelle ihm deinen Lösungsweg vor. Höre dir seinen Lösungsweg an. Erarbeitet eine gemeinsame Lösung.

**Wir:** Informiert eure Klasse in einem kurzen Vortrag über die Aufgabe und euren Lösungsweg. Aus allen Beiträgen kann dann ein gemeinsames Ergebnis erarbeitet werden.

# Lernkontrolle 1

**1** Notiere zu jeder Zeichnung eine Aufgabe und ermittle das Ergebnis.

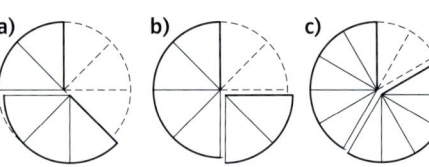

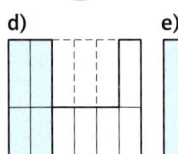 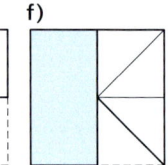

**2** Berechne. Gib das Ergebnis, wenn möglich, als gemischte Zahl an. Kürze.

a) $\frac{3}{4} + \frac{1}{4}$  b) $\frac{3}{10} + \frac{2}{5}$

$\frac{11}{12} - \frac{7}{12}$    $\frac{3}{4} - \frac{1}{3}$

$\frac{15}{11} - \frac{3}{11}$    $\frac{5}{8} + \frac{5}{6}$

$\frac{3}{5} + \frac{2}{5}$    $\frac{7}{8} - \frac{1}{4}$

**3** Am ersten Tag einer Reise wurde $\frac{5}{16}$ der gesamten Strecke zurückgelegt, am 2. Tag $\frac{7}{16}$. Welcher Bruchteil der Gesamtstrecke ist noch zu fahren?

**4** Berechne.

a) $\frac{1}{2} + \frac{1}{3} + \frac{1}{4}$  b) $\frac{1}{6} + \frac{1}{5} + \frac{1}{2}$

c) $\frac{2}{5} + \frac{1}{3} + \frac{1}{10}$  d) $\frac{1}{8} + \frac{1}{3} + \frac{1}{6}$

**5** Bestimme jeweils den Platzhalter.

a) ▩ $+ \frac{1}{4} = \frac{11}{12}$    b) $\frac{9}{10} -$ ▩ $= \frac{19}{30}$

▩ $+ \frac{1}{10} = \frac{17}{20}$    ▩ $- \frac{5}{8} = \frac{5}{24}$

$\frac{3}{10} +$ ▩ $= \frac{37}{40}$    ▩ $- \frac{5}{12} = \frac{11}{24}$

**6** Berechne.

a) $1\frac{6}{8} + \frac{5}{8}$  b) $4 - \frac{1}{7}$

$2\frac{2}{3} + \frac{2}{3}$   $7 - \frac{3}{7}$

$5\frac{4}{9} + \frac{7}{9}$   $3\frac{2}{5} - \frac{4}{5}$

$3\frac{11}{12} + 1\frac{8}{12}$   $4\frac{1}{9} - \frac{5}{9}$

$9\frac{8}{16} + 3\frac{12}{16}$   $6\frac{1}{24} - \frac{7}{24}$

**7** Berechne.

a) $7\frac{3}{8} + \frac{2}{3}$  b) $6\frac{5}{6} - \frac{7}{12}$

$1\frac{2}{3} + \frac{4}{5}$   $1\frac{7}{8} - \frac{7}{10}$

$6\frac{3}{5} + \frac{5}{8}$   $4\frac{3}{4} - \frac{4}{9}$

$9\frac{11}{12} + \frac{3}{4}$   $3\frac{7}{8} - \frac{5}{12}$

$5\frac{5}{6} + \frac{3}{7}$   $7\frac{11}{24} - \frac{5}{18}$

**8** Lara behauptet, dass ihr Pullover zu $\frac{2}{3}$ aus Viskose, zur Hälfte aus Wolle und zu $\frac{1}{5}$ aus anderen Fasern besteht. Kann das stimmen? Begründe deine Antwort.

---

**1** Übertrage die Figur in dein Heft und zeichne alle Symmetrieachsen ein.

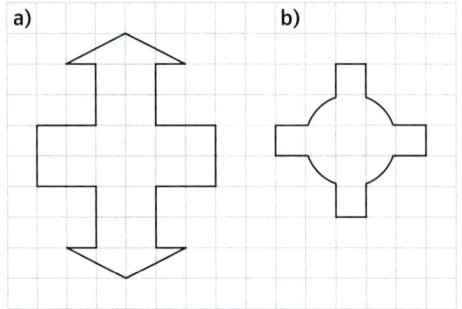

**2** Übertrage die Zeichnung in dein Heft und ergänze sie zu einer achsensymmetrischen Figur.

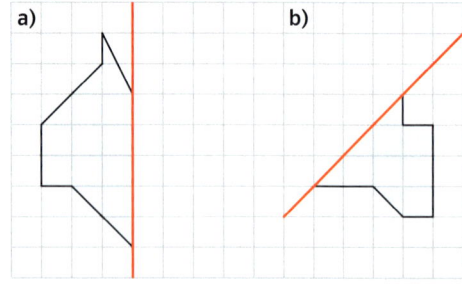

# Lernkontrolle 2

**1** Landwirt Herling hat Äcker, Weiden und Wald. $\frac{7}{12}$ seines Besitzes bestehen aus Äckern, $\frac{2}{9}$ aus Weiden.
a) Welcher Bruchteil seines Landes entfällt auf den Wald?
b) Veranschauliche die Bruchteile in einem Rechteck, das 9 cm lang und 4 cm breit ist.

**2** Berechne.

a) $2\frac{3}{4} + \frac{7}{8}$     b) $7\frac{1}{2} - \frac{5}{6}$

$\frac{5}{6} + 3\frac{19}{30}$     $5\frac{1}{5} - \frac{5}{8}$

$5\frac{4}{7} + \frac{3}{5}$     $6\frac{1}{3} - \frac{3}{4}$

$\frac{11}{12} + 2\frac{1}{2}$     $2\frac{2}{7} - \frac{1}{2}$

**3** Berechne.

a) $\frac{1}{2} - 0{,}25$   b) $0{,}5 + \frac{3}{8}$   c) $1{,}4 - \frac{1}{4}$

d) $\frac{4}{5} - 0{,}75$   e) $2{,}5 - \frac{3}{4}$   f) $\frac{7}{10} + 1{,}3$

**4** Ein Lastwagen darf $8\frac{1}{2}$ t transportieren. $3\frac{1}{4}$ t hat er bereits geladen, $2\frac{1}{5}$ t werden noch zugeladen. Mit wie viel Tonnen darf er höchstens noch beladen werden?

**5** Die erste von drei Zahlen ist $4\frac{1}{5}$, die zweite ist um $2\frac{1}{2}$ kleiner, die dritte um $\frac{2}{3}$ größer als die erste Zahl. Wie groß ist die Summe der drei Zahlen?

**6** Hier fehlen Brüche. Ergänze so, dass sich in den Spalten, den Zeilen und in den Diagonalen die Summe 1 ergibt.

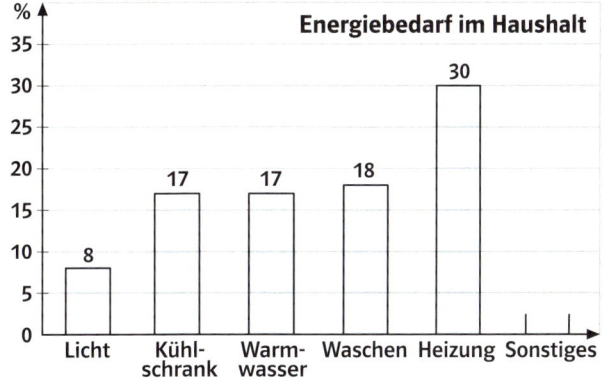

**7** Das Säulendiagramm stellt die Anteile am Energiebedarf in einem Haushalt dar.

**Energiebedarf im Haushalt**

- Licht: 8
- Kühlschrank: 17
- Warmwasser: 17
- Waschen: 18
- Heizung: 30
- Sonstiges: 

a) Der Energiebedarf aller anderen Geräte wird unter „Sonstiges" zusammengefasst. Gib den Anteil dafür in Prozent an.
b) Wie groß ist jeweils der Anteil von Heizung, Warmwasser und Licht als Bruch?
c) Wie groß ist der Anteil von Heizung und Warmwasser zusammen?

**1** Übertrage die Figur in dein Heft und ergänze sie zu einer achsensymmetrischen Figur.

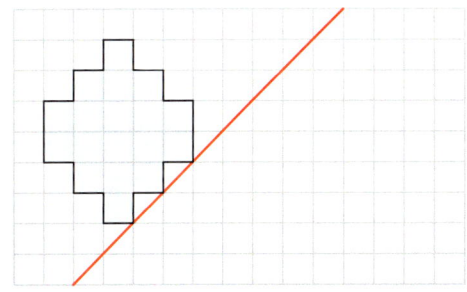

**2** Zeichne ein Viereck ABCD mit A(1|1), B(6|2), C(7|7) und D(2|6) in ein Koordinatensystem. Die Symmetrieachsen der Figur schneiden sich in einem Punkt. Gib die Koordinaten dieses Schnittpunktes an.

**3** Zeichne ein Fünfeck ABCDE mit A(2|2), B(10|2), C(12|5), D(11|10) und E(2|8). Welcher Eckpunkt muss verändert werden, damit das Fünfeck achsensymmetrisch zur Geraden RS mit R(0|5) und S(14|5) wird? Gib die Koordinaten dieses Eckpunktes an.

## Mathematische Reise

# Bruchrechnen in Ägypten

Vor 5000 Jahren schrieben die Menschen in Ägypten Zahlen mithilfe von Bildzeichen, die Hieroglyphen genannt werden.

| = 1    ∩ = 10    ℰ = 100

Um Bruchzahlen darzustellen, benutzten die Ägypter das Zeichen ⬬, das eigentlich „Mund" bedeutet.

⬬/||||| = $\frac{1}{5}$      ⬬/∩ = $\frac{1}{10}$

⬬/∩|| = $\frac{1}{12}$      ⬬/ℰ = $\frac{1}{100}$

Wenn der Nenner des Bruches aus vielen Bildzeichen bestand, wurde die Hieroglyphe ⬬ nur über einen Teil des Nenners geschrieben, die übrigen Zeichen standen daneben.

 = $\frac{1}{249}$

Für manche Brüche gab es besondere Zeichen.

⌒ = $\frac{1}{2}$       = $\frac{2}{3}$

**1** Welche Brüche sind hier dargestellt?

a) 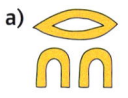    b)

c) 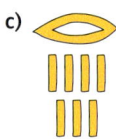    d)

e) 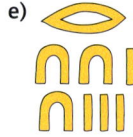    f)

g) 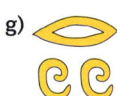   h)

i)    k)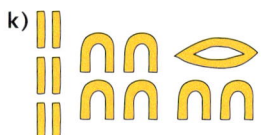

**2** Schreibe den Bruch wie die Ägypter.

a) $\frac{1}{5}$    b) $\frac{1}{15}$    c) $\frac{1}{30}$

d) $\frac{1}{24}$   e) $\frac{1}{110}$   f) $\frac{1}{236}$

# Mathematische Reise

## Bruchrechnen in Ägypten

**3** Mithilfe des Zeichens 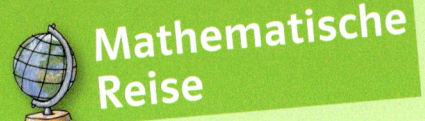 konnten die Ägypter nur Brüche mit dem Zähler 1 schreiben. Brüche mit anderen Zählern drückten sie als Summe aus.
Dabei benutzten sie niemals Zerlegungen wie $\frac{2}{5} = \frac{1}{5} + \frac{1}{5}$, sondern wählten bei den einzelnen Summanden immer verschiedene Nenner.

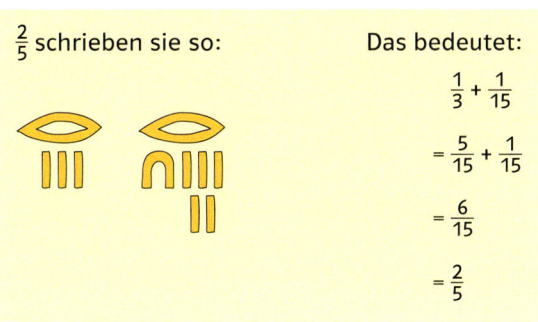

Welche Brüche sind hier dargestellt?

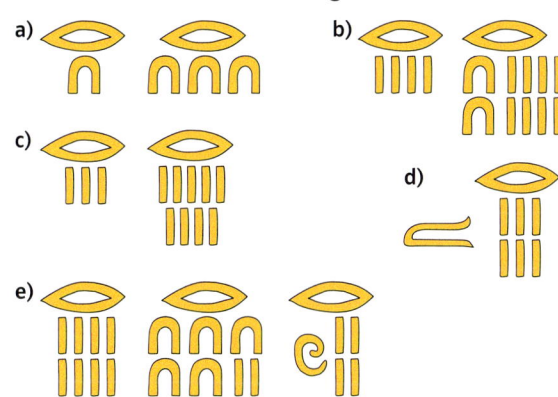

**4** Wie die Ägypter vor Jahrtausenden mit Brüchen rechneten, wissen wir vor allem durch den Papyrus Rhind. Dieser Papyrus ist 5,50 m lang und 32 cm breit. Er wurde um das Jahr 1650 vor Christus von dem Schreiber Ahmes verfasst, der eine 200 Jahre ältere Vorlage kopierte. Benannt ist der Papyrus nach dem Schotten Henry Alexander Rhind, der ihn 1858 kaufte.
Der Papyrus Rhind enthält eine Tabelle, in der Brüche mit dem Zähler 2 als Summe von Brüchen mit dem Zähler 1 dargestellt sind.

$$\frac{2}{3} = \frac{1}{2} + \frac{1}{6} \qquad \frac{2}{13} = \frac{1}{8} + \frac{1}{52} + \frac{1}{104}$$

$$\frac{2}{5} = \frac{1}{3} + \frac{1}{15} \qquad \frac{2}{15} = \frac{1}{10} + \frac{1}{30}$$

$$\frac{2}{7} = \frac{1}{4} + \frac{1}{28} \qquad \frac{2}{17} = \frac{1}{12} + \frac{1}{51} + \frac{1}{68}$$

$$\frac{2}{9} = \frac{1}{6} + \frac{1}{18} \qquad \frac{2}{19} = \frac{1}{12} + \frac{1}{76} + \frac{1}{114}$$

$$\frac{2}{11} = \frac{1}{6} + \frac{1}{66} \qquad \frac{2}{21} = \frac{1}{14} + \frac{1}{42}$$

Im Beispiel siehst du, wie die Ägypter mithilfe der Tabelle des Papyrus Rhind den Bruch $\frac{5}{9}$ in eine Summe aus verschiedenen Stammbrüchen umwandelten.

$$\frac{5}{9} = \frac{2}{9} + \frac{2}{9} + \frac{1}{9}$$
$$= \frac{1}{6} + \frac{1}{18} + \frac{1}{6} + \frac{1}{18} + \frac{1}{9}$$
$$= \frac{2}{6} + \frac{2}{18} + \frac{1}{9}$$
$$= \frac{1}{3} + \frac{1}{9} + \frac{1}{9}$$
$$= \frac{1}{3} + \frac{2}{9}$$
$$= \frac{1}{3} + \frac{1}{6} + \frac{1}{18}$$

Stelle den Bruch als Summe aus verschiedenen Stammbrüchen dar. Schreibe ihn dann in Hieroglyphen.

a) $\frac{3}{7}$    b) $\frac{3}{11}$    c) $\frac{5}{21}$

d) $\frac{7}{15}$    e) $\frac{8}{9}$    f) $\frac{5}{13}$

# 6 Körper und Flächen
*Aquarien*

Aquarien gibt es in vielen unterschiedlichen Größen und Formen. Die einzelnen Glasscheiben werden beim Bau mit Silikon zusammengefügt.
Wenn du ein Aquarium selbst bauen willst, musst du vorher die Anzahl und Größe der einzelnen Scheiben bestimmen. Gehe davon aus, dass die Becken oben keine Glasscheibe haben.
• Aus wie vielen Scheiben sind die einzelnen Modelle zusammengesetzt?
• Bei welchen Modellen sind sechs Scheiben rechteckig?
• Wie viele Kanten müssen jeweils mit Silikon verklebt werden?

*Panoramabecken*

*Quaderbecken*

*Deltabecken
mit gewölbter Frontscheibe*

Aquarien werden nach dem Salzgehalt des Wassers in Meer- und Süßwasseraquarien unterschieden.
Das Wasser des tropischen Süßwasseraquariums sollte eine konstante Wassertemperatur zwischen 26 °C und 28 °C aufweisen. Dazu ist eine Heizung erforderlich. Außerdem braucht man eine Filteranlage und eine Aquarienbeleuchtung.
Aquarien können sich in ihrer Größe stark unterscheiden. Das 60-Liter-Aquarium kommt im Hobbybereich sehr häufig vor, das kleinste Aquarium hat nur einen Rauminhalt von 4,5 Litern.
Aquarien, die mehr als 100 Liter fassen, sind leicht zu pflegen und deshalb für weniger erfahrene Aquarienfreunde geeignet. Vor dem Bau eines Aquariums sollte der Standort überlegt und das Gewicht berechnet werden.

# Das neue Aquarium

**1** Robin möchte ein Aquarium in seine Schrankwand einbauen. Dabei soll der vorhandene Raum möglichst gut ausgenutzt werden. Das Aquarium will er aus einzelnen Glasscheiben mithilfe von Silikon zusammensetzen.
Welche Außenmaße kann das Aquarium haben?
Skizziere das Aquarium als Schrägbild und trage die Maße ein.

**2** Um den Glasbedarf zu bestimmen, hat Robin eine Skizze der einzelnen Glasplatten auf kariertes Papier gezeichnet.
Die Plattenstärke wird vorerst nicht berücksichtigt.
Übertrage die Skizze in dein Heft und ergänze die fehlenden Maße und Bezeichnungen.
(1 Kästchen entspricht 10 cm)

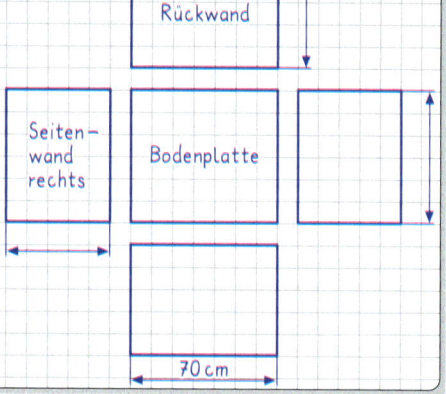

**3** Für die Berechnung der Kosten muss Robin auch den Flächeninhalt jeder Glasscheibe bestimmen.
a) Vervollständige die Materialliste in deinem Heft.
b) Berechne anschließend den gesamten Glasbedarf in Quadratzentimetern.
c) Gib das Ergebnis auch in Quadratmetern an.

$1\ m^2 = 10\,000\ cm^2$

### Materialliste

| Bezeichnung | Länge × Breite | Fläche (in cm²) |
|---|---|---|
| Frontwand | 70 cm × 50 cm | 3500 cm² |
|  | × |  |
|  | × |  |

# Das neue Aquarium

**4** Die Stärke der Glasscheiben soll zehn Millimeter betragen.
Wie teuer wird das Aquarium, wenn die Silikonmasse für das Zusammenfügen der Glasscheiben 20 Euro kostet?

**5** Robin hat das Aquarium gemeinsam mit seinen Freunden gebaut. Nun soll es mit Wasser gefüllt werden. Nachdem er vier Liter eingefüllt hat, stellt er fest, dass die Höhe des Wasserspiegels im Aquarium ungefähr einen Zentimeter beträgt.
a) Wie viel Liter Wasser kann er in das Aquarium einfüllen?
b) Am oberen Rand des Aquariums sollen fünf Zentimeter frei bleiben, um einen Deckel mit Beleuchtung einbauen zu können.
Wie oft muss Robin Wasser holen, wenn er einen 10-Liter-Eimer benutzt?

# Oberflächeninhalt von Quadern

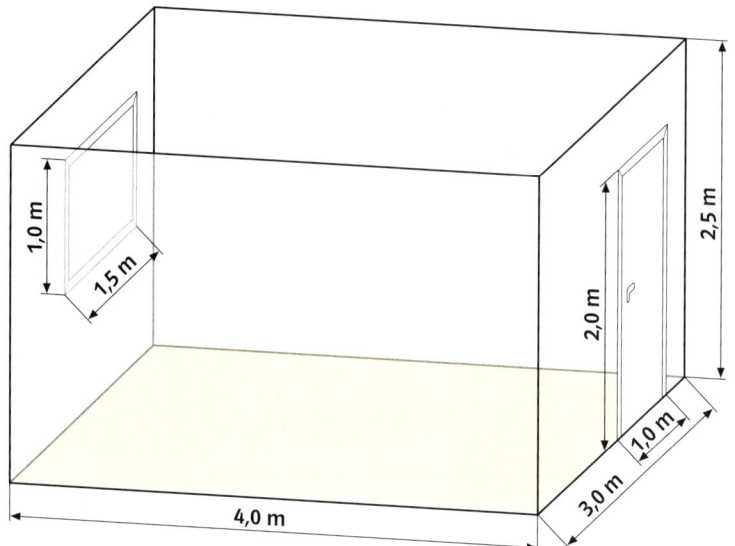

Flächeninhalte werden in Quadratmeter (m²) gemessen. Andere gebräuchliche Flächeneinheiten sind Quadratdezimeter (dm²), Quadratzentimeter (cm²) und Quadratmillimeter (mm²).

**Flächeneinheiten**

1 m² = 100 dm²
    1 dm² = 100 cm²
        1 cm² = 100 mm²

Die Umrechnungszahl ist **100**.

**1** Robins Zimmer soll renoviert werden.
Für den Fußboden ist Laminat vorgesehen. Die Wände und die Decke sollen gelb gestrichen werden.

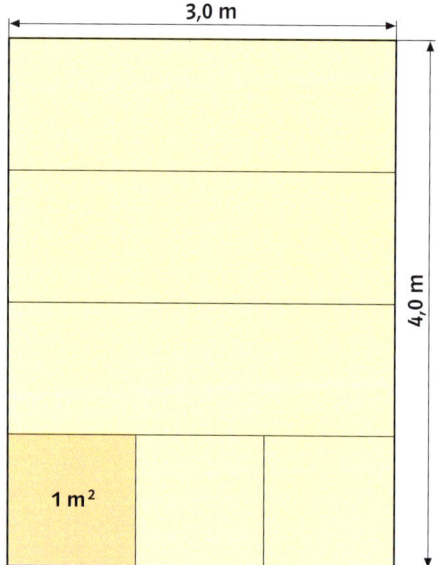

a) Wie viele Quadratmeter Laminat werden benötigt?
Erkläre deinen Lösungsweg mithilfe der abgebildeten Skizze.
b) Für wie viel Quadratmeter Wandfläche muss Robin gelbe Farbe kaufen?
c) Formuliere eine Formel für den Flächeninhalt von Rechtecken.

**2** a) Zeichne die Rechtecke in dein Heft und berechne ihren Flächeninhalt.

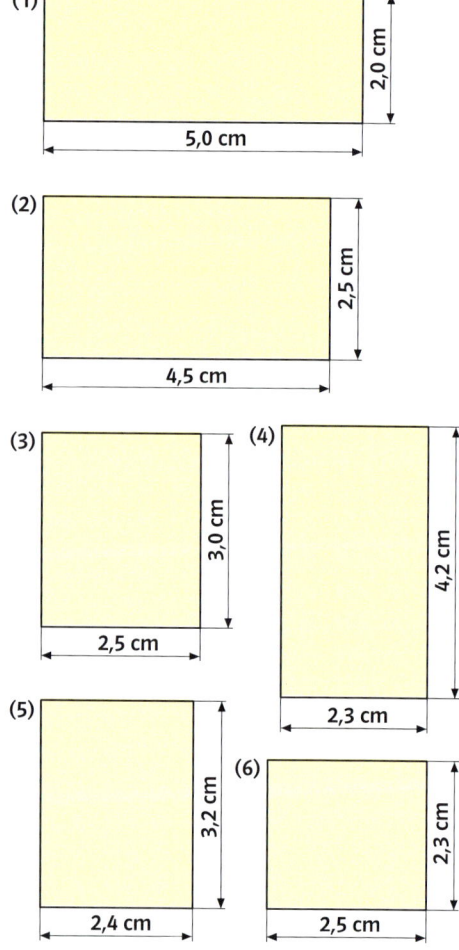

b) Gib den Flächeninhalt jedes Rechtecks in Quadratmillimeter an.

# Oberflächeninhalt von Quader und Würfel

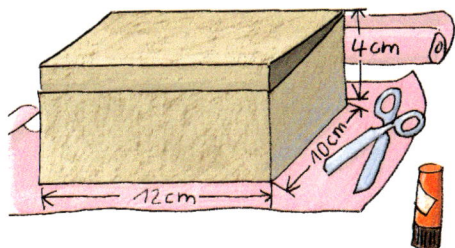

**4** Übertrage das Quadernetz auf kariertes Papier und berechne den Flächeninhalt.

a)   b)

c)   d)

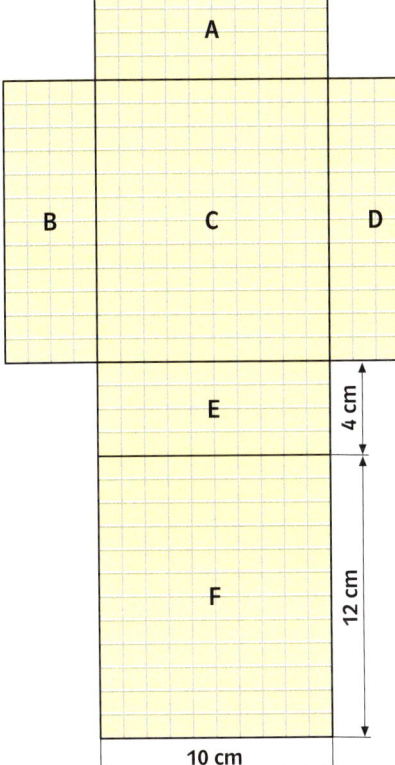

**3** Pia will eine quaderförmige Schachtel mit Folie bekleben. Sie hat die Folie bereits zugeschnitten.

a) Beschreibe die einzelnen Teilflächen, aus denen sich die Gesamtfläche zusammensetzt.
b) Wie viele Quadratzentimeter Folie benötigt sie?

> Alle Begrenzungsflächen eines Quaders bilden zusammen dessen **Oberfläche.** Der Flächeninhalt der Oberfläche heißt **Oberflächeninhalt.**

**5** Berechne den Oberflächeninhalt der folgenden Quader. Zeichne dazu zunächst ein Netz des jeweiligen Quaders.

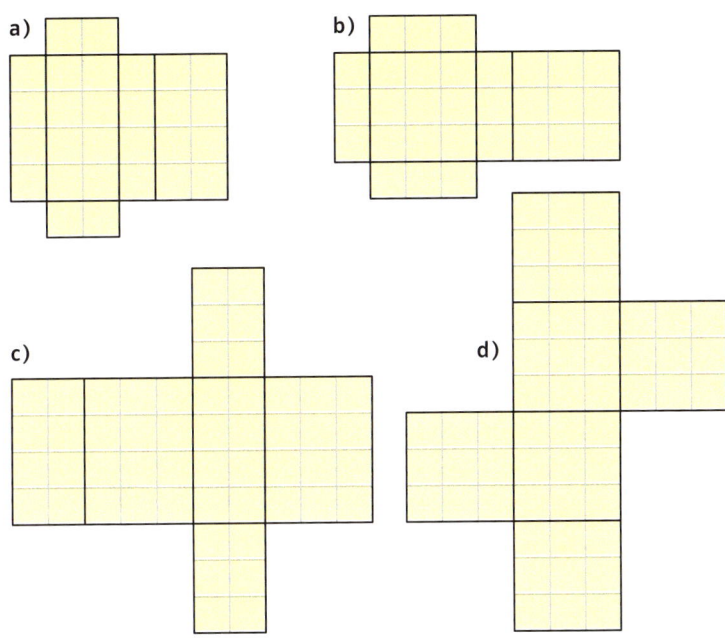

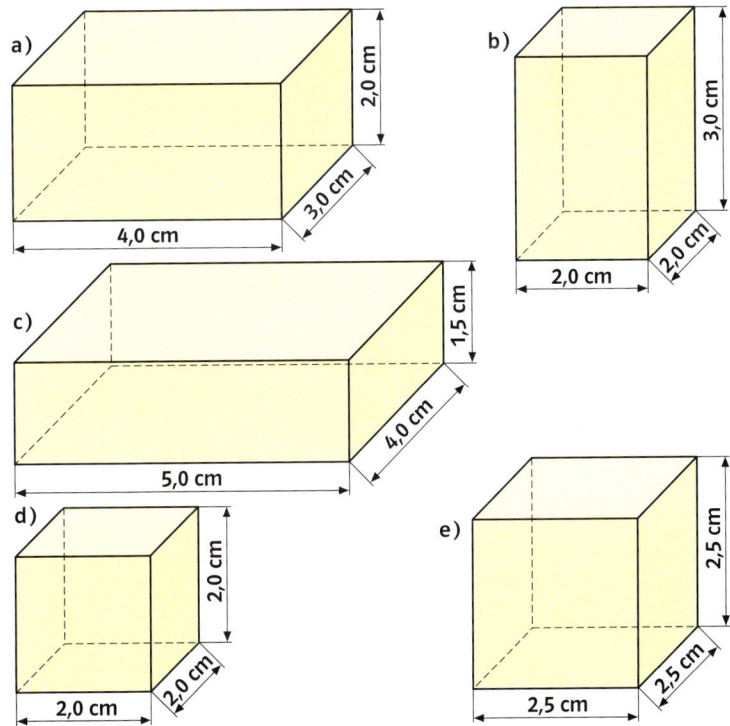

143

# Oberflächeninhalt von Quader und Würfel

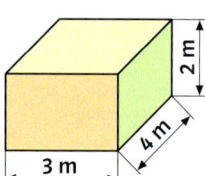
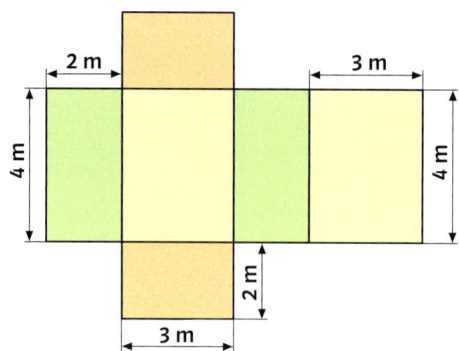
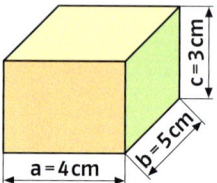

**8** Berechne den Oberflächeninhalt des Quaders.

a) a = 4 cm; b = 5 cm; c = 3 cm
b) a = 3,5 cm; b = 6 cm; c = 8 cm
c) a = 45 mm; b = 36 mm; c = 31 mm
d) a = 1,8 m; b = 2,6 m; c = 5 m
e) a = 5 m; b = 5 m; c = 5 m

**6** Pia und Lena berechnen den Oberflächeninhalt des abgebildeten Quaders. Vergleiche ihre Lösungswege.

```
Pia
O = 2·3m·2m + 2·4m·2m + 2·3m·4m
O = 2· 6m² + 2· 8m² + 2·12m²
O =    12m²   +  16m²   +  24m²
O = 52 m²
```

```
Lena
O = 2·(3m·2m + 4m·2m + 3m·4m)
O = 2·(  6m² +  8m²  + 12m² )
O = 2· 26 m²
O = 52 m²
```

**9** Die Pappschachteln sind an einer Seite geöffnet. Berechne, aus wie viel Quadratzentimeter Pappe die Schachtel besteht.

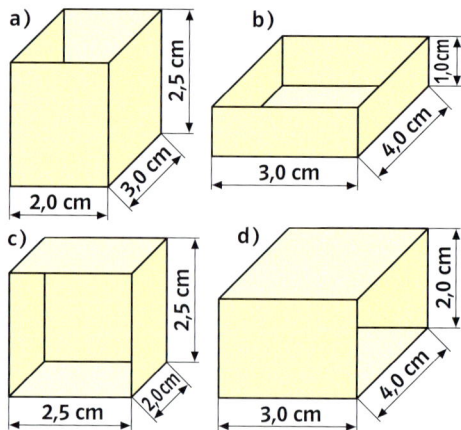

**7** Max berechnet den Oberflächeninhalt des abgebildeten Würfels.

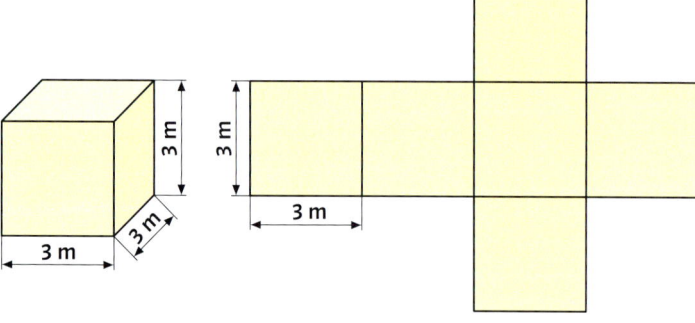

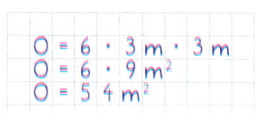

```
O = 6 · 3m · 3m
O = 6 · 9 m²
O = 54 m²
```

a) Beschreibe seine Rechnung.
b) Berechne den Oberflächeninhalt des Würfels mit der Kantenlänge a = 4 cm (a = 6 cm; a = 2,5 cm).

**10** Die Technik-AG soll ein Siegerpodest aus Spanplatte für das Sportfest anfertigen. Lukas schlägt vor, einzelne Quader anzufertigen und sie zu einem Podest zusammen zu schieben.

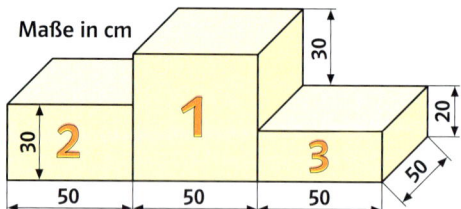

Berechne den Materialbedarf in Quadratmetern, wenn
a) die Quader unten geschlossen sind,
b) die Quader unten geöffnet sind.

# Rauminhalte vergleichen

**1** Körper können unterschiedliche Füllungen enthalten.
a) Vergleiche die abgebildete Körper und ihre Füllungen miteinander.
b) Kannst du eindeutig bestimmen, in welchen Körper am meisten und in welchen am wenigsten hineinpasst?

**2** Beschreibe, wie die Größe des Kofferraums bestimmt wird.

**3** Wie kannst du herausbekommen, in welches Glasgefäß du am meisten Wasser einfüllen kannst?

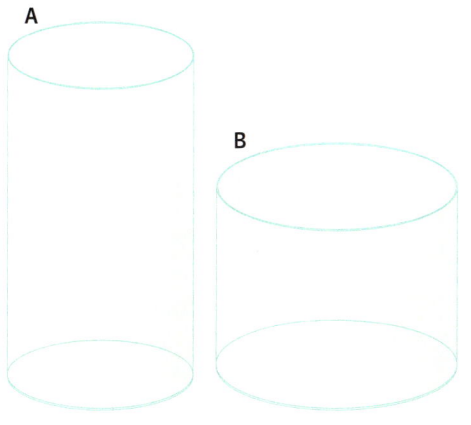

**4** Die Rauminhalte von drei unterschiedlichen Pappschachteln sollen miteinander verglichen werden.

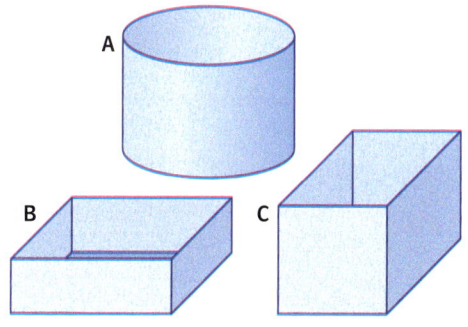

Dazu kannst du die folgenden Hilfsmittel benutzen:
Legosteine, Glaskugeln, Sand.
a) Bearbeitet die Aufgabe in Partnerarbeit, einigt euch auf eine Möglichkeit und beschreibt sie stichpunktartig im Heft.
b) Überlegt weitere Möglichkeiten, den Rauminhalt der Schachteln zu vergleichen.

Beachte dazu die Hinweise auf Seite 133.

## Rauminhalte vergleichen

**5** Rauminhalte bestimmter Körper lassen sich gut mithilfe von Würfeln bestimmen. Für welche der abgebildeten Körper ist die Methode geeignet? Wie müssen die Würfel beschaffen sein?

**7** a) Aus wie vielen Würfeln bestehen die einzelnen Körper? Welcher Körper hat den größten Rauminhalt?
b) Es sollen Quader entstehen. Wie viele Würfel müssen noch ergänzt werden?

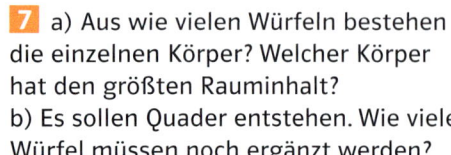
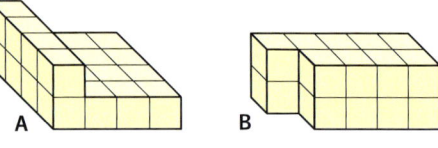
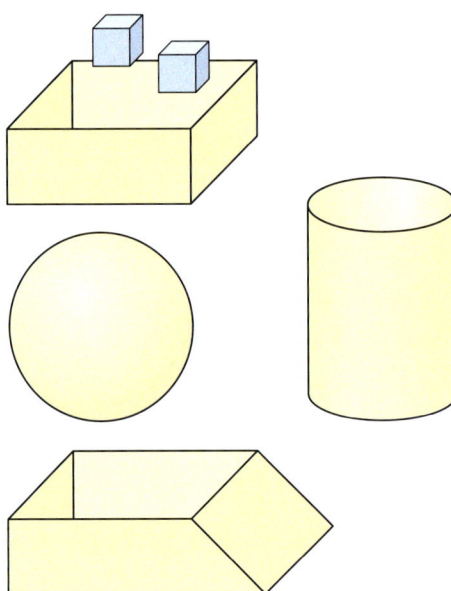
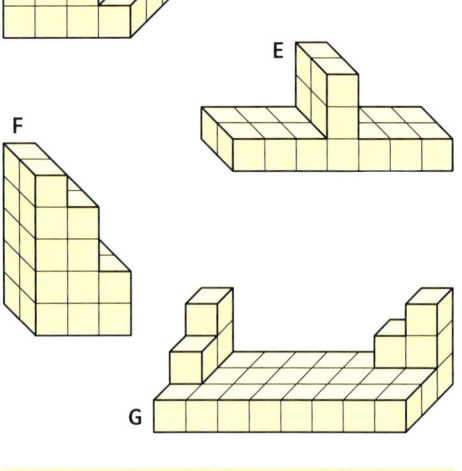

**6** a) Wie viele Würfel passen in jede Schachtel?
b) Welche Schachtel besitzt den größten, welche den kleinsten Rauminhalt?

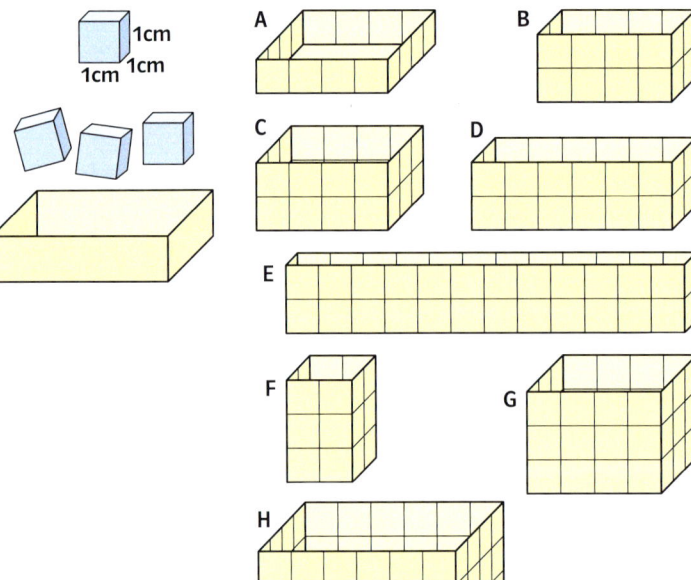

Der Rauminhalt eines Körpers wird mit Würfeln ausgemessen.
Für Rauminhalt sagt man auch **Volumen**.

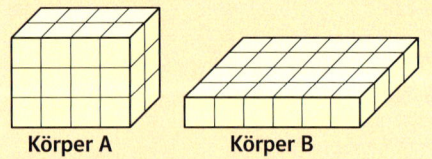

Körper A    Körper B

Der Rauminhalt von Körper A ist genau so groß wie der Rauminhalt von Körper B.

# Raumeinheiten

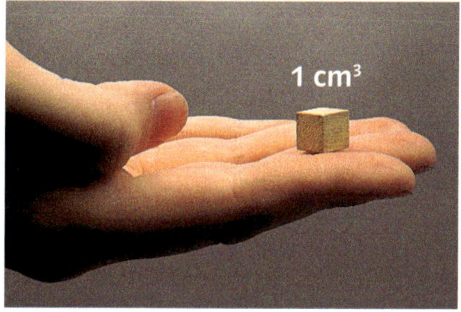

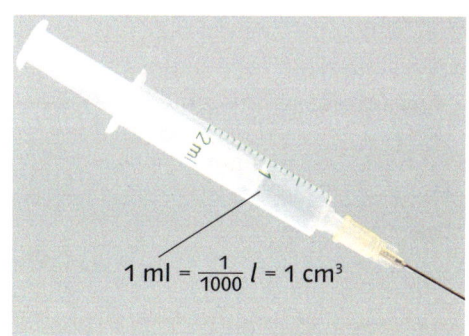

1 ml = $\frac{1}{1000}$ l = 1 cm³

Esslöffel

1 cl = $\frac{1}{100}$ l = 10 cm³

Ein Würfel mit der Kantenlänge 1 cm hat den Rauminhalt 1 cm³.
*Lies:* ein Kubikzentimeter

1 cm³ — Maßzahl / Einheit — Größe

| Würfel mit der Kantenlänge | 1 mm | 1 cm | 1 dm | 1 m |
|---|---|---|---|---|
| Rauminhalt (Volumen) | 1 mm³ | 1 cm³ | 1 dm³ | 1 m³ |
| Name | Kubik-millimeter | Kubik-zentimeter | Kubik-dezimeter | Kubik-meter |

**1** In welchen Raumeinheiten werden die angegebenen Räume und Körper sinnvoll ausgemessen?

Eimer, Klassenraum, Streichholzschachtel, Swimmingpool, Schublade, Tintenpatrone, Kugelschreibermine, Getreidesilo, Schuhkarton.

## Raumeinheiten umwandeln

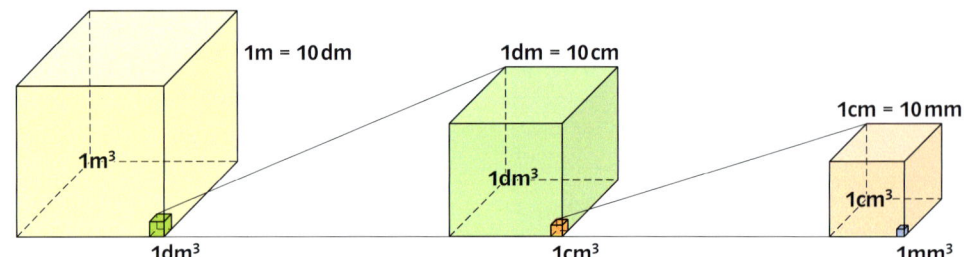

**2** a) Wie viele Kubikdezimeter passen in einen Kubikmeter?
b) Wie viele Kubikzentimeter passen in einen Kubikdezimeter?
c) Wie viele Kubikmillimeter passen in einen Kubikzentimeter?
d) Wie viele Milliliter passen in einen Liter?
e) Wie viele Liter passen in einen Hektoliter?

---

**Raumeinheiten**

1 m³ = 1000 dm³
1 dm³ = 1000 cm³
1 cm³ = 1000 mm³

Die Umrechnungszahl ist **1000**.

---

**3** a) Verwandle in Kubikzentimeter.
4 dm³; 34 dm³; 10 dm³; 627 dm³; 806 dm³
b) Verwandle in Kubikdezimeter.
4000 cm³; 7000 cm³; 15 000 cm³
c) Verwandle in Kubikdezimeter.
56 m³; 67 m³; 780 m³; 2,5 m³; 1,8 m³
d) Verwandle in Kubikmeter.
3000 dm³; 45 000 dm³; 340 000 dm³

**4** Verwandle in die nächstkleinere Einheit.
a) 27 m³    b) 21 dm³    c) 0,900 m³
   14 m³       118 cm³       1,080 cm³
   8 cm³        7 m³         0,003 dm³

**5** Schreibe in der nächstgrößeren Einheit.
a) 67 000 cm³   b) 3200 cm³   c) 7000 dm³
   74 000 mm³      1540 dm³      8100 cm³
   10 000 dm³       820 mm³       260 mm³

**6** Verwandle in die Einheit, die in Klammern steht.
a) 47 dm³ (cm³)      b) 345 cm³ (dm³)
   5 cm³ (mm³)         11 mm³ (cm³)
   129 dm³ (cm³)        4 dm³ (m³)

Der Rauminhalt von Gefäßen, die Flüssigkeiten enthalten, wird oft in Liter (l), Zentiliter (cl) und Milliliter (ml) ausgedrückt. Bei größeren Rauminhalten verwendet man auch Hektoliter (hl).

1 l = 1000 ml (Milliliter)
1 l = 100 cl (Zentiliter)
1 hl (Hektoliter) = 100 l

1 l = 1 dm³
1 ml = 1 cm³

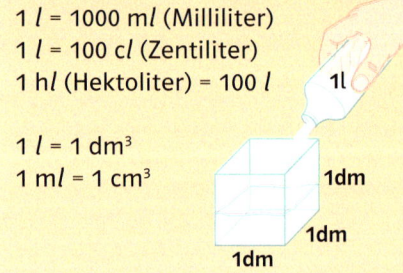

**7** Wandle um in Liter.
a) 2 hl       b) 19 dm³      c) 8,21 hl
   11 hl        222 dm³         0,09 hl
d) 66 000 ml              e) 40 000 cm³
   340 000 ml                216 000 cm³
f) 200 cl     g) 4 cl        h) 230 ml
   1300 cl      35 cl           1 ml

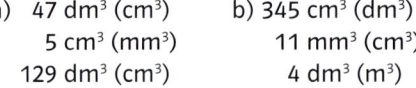

# Raumeinheiten umwandeln

**8** Welche Bedeutung hat die Aufschrift 0,2 *l* auf Gläsern? Gib in Milliliter und Zentiliter an.

**9**

Zutaten für einen Früchtecocktail:

> Sahne 2cl
> Zitronensaft 2cl
> Erdbeersirup 2cl
> Orangensaft 4cl
> Ananassaft 4cl

Bestimme die Gesamtmenge an Flüssigkeit
a) in Zentiliter
b) in Milliliter
c) in Kubikzentimeter
d) in Liter.

**10** Ein Glas hat ein Fassungsvermögen von 0,3 Liter. Welche der angegebenen Flüssigkeitsmengen passt in das Glas?
a) 300 m*l*      d) 250 cm³
b) 0,5 *l*       e) 0,29 dm³
c) 40 c*l*       f) 0,01 h*l*

**11** a) Schätze den Preis für einen Liter Tinte beim Kauf von neuen Drucker-Tintenpatronen.
b) Was kostet ein Liter Druckertinte bei der Verwendung eines Nachfüllsets?

**Drucker:**
Tintenpatrone
Schwarz
19 m*l*
**nur 18,99 €**

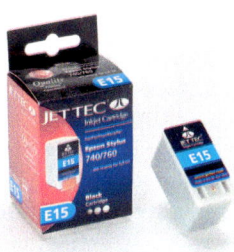

Nachfüllset 100 m*l*
**nur 3,99 €**

**12** Gib die Flüssigkeitsmenge in Liter, Milliliter, Kubikdezimeter und Kubikzentimeter an.

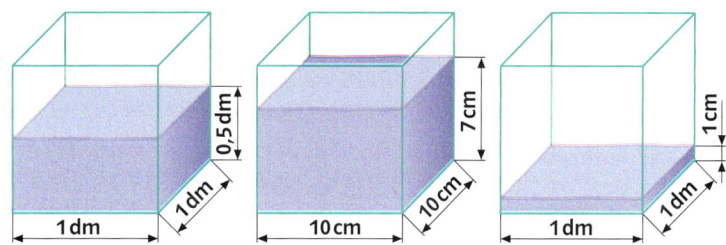

**13** Wie viele Kubikzentimeter fehlen zum vollen Liter?

(1)      (2)      (3)

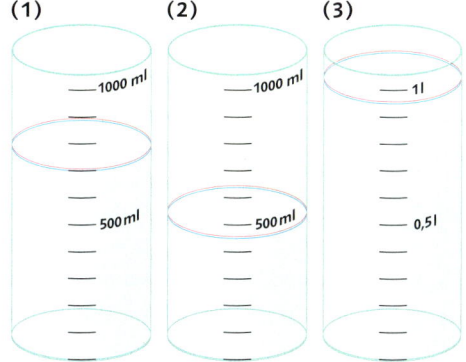

## Volumen von Quader und Würfel

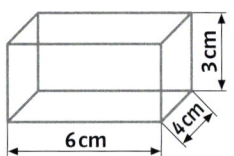

**1** Das Volumen (der Rauminhalt) des links abgebildeten Quaders soll berechnet werden. Diskutiere eine mögliche Vorgehensweise mit deinem Sitznachbarn. Erläutere dann den gefundenen Lösungsweg.

Bild 1

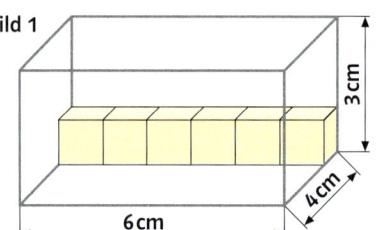

Bild 2

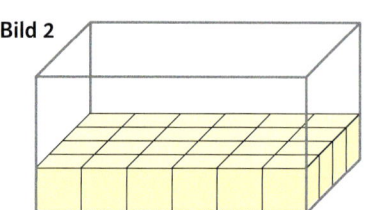

Bild 3

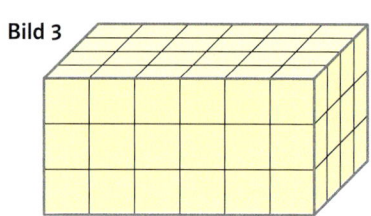

Beachte dazu die Hinweise auf Seite 133.

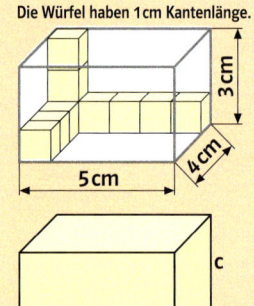

Die Würfel haben 1 cm Kantenlänge.

Die **Länge 5 cm** gibt an, wie viele **Würfel** in eine **Stange** passen: **5**
Die **Breite 4 cm** gibt an, wie viele **Stangen** die untere Schicht bilden: **4**
Die **Höhe 3 cm** gibt an, wie viele **Schichten** übereinander passen: **3**

Gesamtanzahl der Würfel: $5 \cdot 4 \cdot 3 = 60$

Das Volumen des Quaders beträgt: $5 \cdot 4 \cdot 3 \text{ cm}^3 = 60 \text{ cm}^3$

Für einen Quader mit den Kantenlängen a, b und c ergibt sich die Formel
$V = a \cdot b \cdot c$

**2** Berechne das Volumen des abgebildeten Quaders wie im Beispiel.

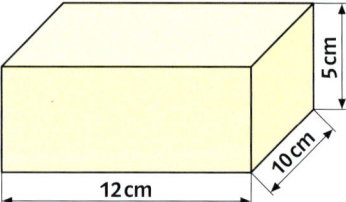

$V = a \cdot b \cdot c$
$V = 12 \text{ cm} \cdot 10 \text{ cm} \cdot 5 \text{ cm}$
$V = 600 \text{ cm}^3$

**3** Philipp hat eine Volumenformel für den Würfel aufgestellt.

$V = a \cdot a \cdot a = a^3$

Erkläre die Formel.

**4** Berechne das Volumen des abgebildeten Würfels.

a) 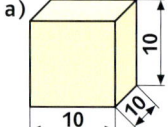   b) Maße in cm   c)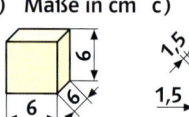

a) b) c)

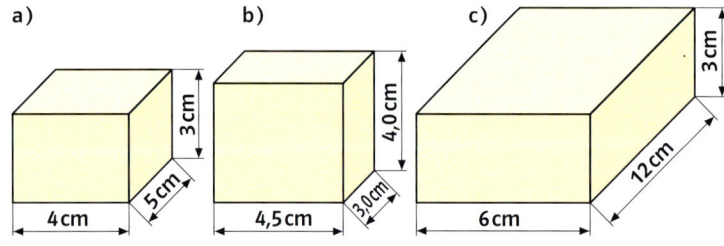

**5** Bestimme das Volumen eines Würfels mit der Kantenlänge 8 cm (12 dm, 2 m).

**6** Eine Turnhalle ist 21 m breit, 45 m lang und 6 m hoch. Wie viel Kubikmeter Luft fasst die Turnhalle?

150

# Grundwissen: Körper und Flächen

## Oberflächeninhalt

**Quader**

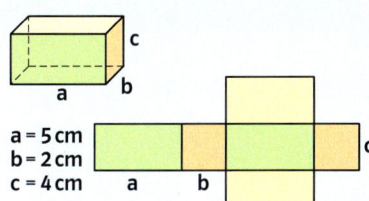

a = 5 cm
b = 2 cm
c = 4 cm

$O = 2 \cdot (5\,cm \cdot 2\,cm + 5\,cm \cdot 4\,cm + 4\,cm \cdot 2\,cm)$
$O = 2 \cdot (10\,cm^2 + 20\,cm^2 + 8\,cm^2)$
$O = 2 \cdot 38\,cm^2$
$O = 76\,cm^2$

**Würfel**

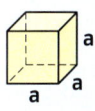 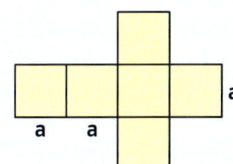

a = 7 cm

$O = 6 \cdot 7\,cm \cdot 7\,cm$
$O = 6 \cdot 49\,cm^2$
$O = 294\,cm^2$

## Volumen

**Quader**

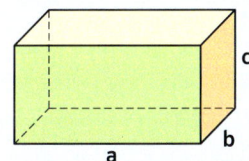

a = 5 cm
b = 2 cm
c = 4 cm

$V = a \cdot b \cdot c$
$V = 5\,cm \cdot 2\,cm \cdot 4\,cm$
$V = 40\,cm^3$

**Würfel**

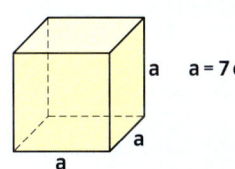

a = 7 cm

$V = a \cdot a \cdot a = a^3$
$V = 7\,cm \cdot 7\,cm \cdot 7\,cm$
$V = 343\,cm^3$

## Flächeneinheiten

Zum Messen von Flächeninhalten werden Einheitsquadrate verwendet.

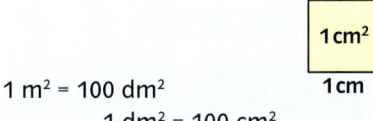

$1\,m^2 = 100\,dm^2$
$1\,dm^2 = 100\,cm^2$
$1\,cm^2 = 100\,mm^2$

## Raumeinheiten

Zum Messen von Rauminhalten werden Einheitswürfel verwendet.

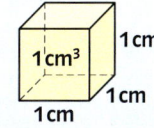

$1\,m^3 = 1000\,dm^3$
$1\,dm^3 = 1000\,cm^3$
$1\,cm^3 = 1000\,mm^3$

**Liter**
$1\,l = 1\,dm^3 = 1000\,ml = 100\,cl$

**Milliliter**
$1\,ml = \frac{1}{1000}\,l$

**Zentiliter**
$1\,cl = \frac{1}{100}\,l$

**Hektoliter**
$1\,hl = 100\,l$

## Üben und Vertiefen

**1** Berechne den Oberflächeninhalt und das Volumen der Körper.

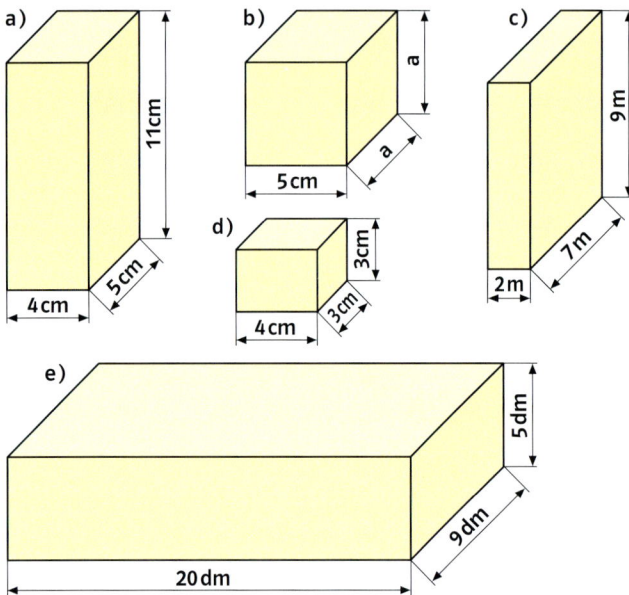

**2** Eine Milchpackung ist 13 cm lang, 6 cm breit und 13 cm hoch. Berechne das Volumen in Kubikzentimetern und den Materialverbrauch in Quadratzentimetern.

**3** Ein Klassenraum ist 8 m lang, 6 m breit und 3 m hoch. Wie viel Luft fasst der leere Klassenraum?

**4** Melina möchte einen Kunststoffquader mit Stoff beziehen. Er ist 90 cm lang, 60 cm breit und 20 cm hoch.

**5** Berechne Oberflächeninhalt und Volumen des Quaders.
a) Länge 34 cm, Breite 20 cm, Höhe 2,5 cm
b) Länge 1 m, Breite 2 m, Höhe 1 mm

**6** Ein Würfel hat einen Oberflächeninhalt von 486 cm². Bestimme seine Kantenlänge.

**7** Ein Quader ist 3 cm lang, 2 cm breit und hat einen Rauminhalt von 30 cm³. Bestimme
a) seine Höhe und
b) seinen Oberflächeninhalt.

**8** Wie viele Würfel mit der Kantenlänge 3 cm passen in den abgebildeten Quader?

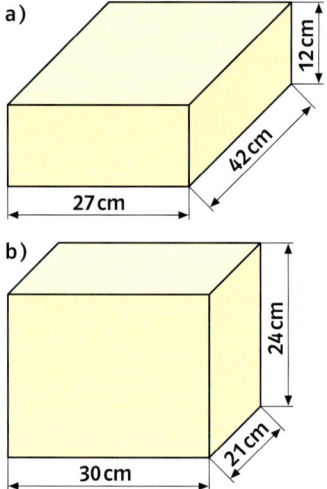

**9** Larissa möchte für drei quaderförmige Blumenkästen (Innenmaße: 80 cm lang, 20 cm breit, 15 cm hoch) Blumenerde kaufen.
a) Wie viele Beutel zu je 10 Liter muss sie kaufen?
b) Wie viel Liter Erde bleiben übrig?

**10** Das rechteckige Dach eines Bungalows ist 13 m lang und 8 m breit. Es ist mit einer 20 cm hohen Pulverschneeschicht bedeckt.

a) Wie schwer ist die Schneelast, wenn ein Kubikmeter Pulverschnee 90 kg wiegt?
b) Nassschnee hat eine Masse von 500 kg pro Kubikmeter.

## Üben und Vertiefen

**11** Berechne das Volumen der zusammengesetzten Körper.

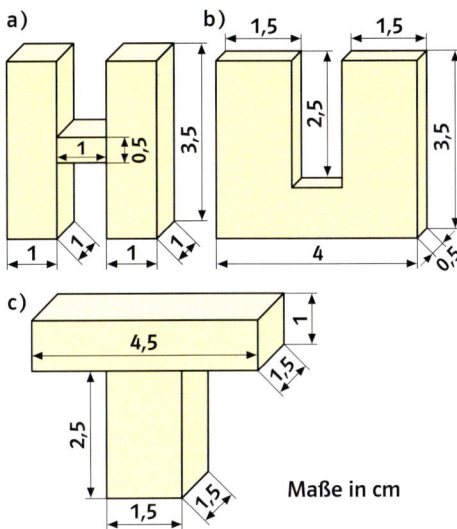

**12** Ein quaderförmiges Schwimmbecken ist 8 m lang und 3 m breit. Die Wassertiefe soll 1,70 m betragen.
a) Wie viel Kubikmeter Wasser können eingefüllt werden?
b) Wie teuer ist eine Füllung, wenn ein Kubikmeter Wasser 7 Euro kostet?

**13** Hausmeister Vogt will für die Schule Bretter holen und möchte sie auf dem Dachgepäckträger seines Autos transportieren. Der Dachgepäckträger darf mit 50 kg belastet werden.
Jedes Brett ist 2,20 m lang, 18 cm breit und 2 cm dick.
Ein Kubikdezimeter Holz wiegt 0,5 kg.
Wie viele Bretter darf Herr Vogt höchstens aufladen?

**14** Berechne Oberflächeninhalt und Volumen des Körpers.

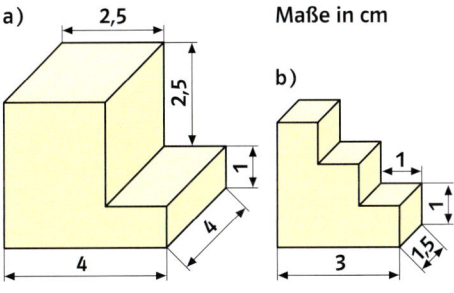

**15** Im Prospekt werden zwei Kühlschränke mit 160 Liter und 210 Liter Fassungsvermögen angeboten. Kontrolliere die Angaben.

Maße in cm

**16** Jenni hat Körper aus Streichholzschachteln zusammengesetzt. Sie behauptet, dass alle den gleichen Oberflächeninhalt und das gleiche Volumen haben.
Überlege, ob Jenni Recht hat. Begründe deine Meinung schriftlich.

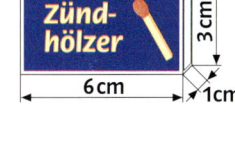

**17** Jana möchte eine quaderförmige Schachtel mit einem Liter Fassungsvermögen bauen. Welche **ganzzahligen** Kantenlängen (gemessen in Zentimeter) könnte die Schachtel haben? Gib drei Möglichkeiten an.

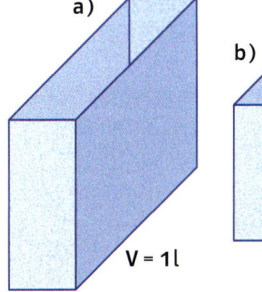 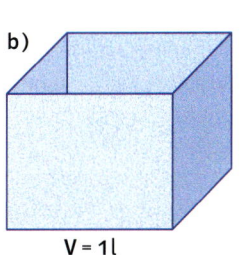

## Üben und Vertiefen

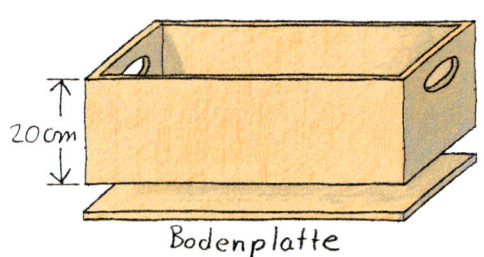

**18** Herr Vester möchte eine Spielzeugkiste für seinen Sohn anfertigen. Im Keller findet er ein Brett für die seitliche Umrandung und eine Sperrholzplatte, die er als Boden verwenden kann. Er besitzt eine Kreissäge, mit der er die einzelnen Teile passend zuschneiden kann. Die Kiste soll ein möglichst großes Volumen bekommen.

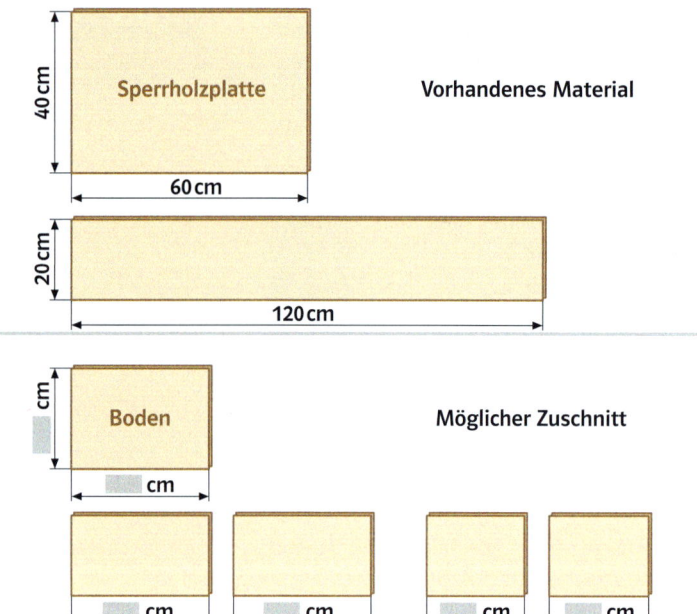

a) Überlege dir eine Möglichkeit, wie du eine Kiste aus den vorhandenen Teilen bauen kannst. Gib die Länge und die Breite der Kiste an. Berechne anschließend ihr Volumen.
b) Setzt euch in Zweiergruppen zusammen und vergleicht die gefundenen Lösungen miteinander.
c) Findet die Seitenmaße für die Kiste mit dem größten Volumen. Überlegt euch eine Begründung, die ihr der Klasse präsentieren könnt.

**19** In einem quaderförmigen Plastikkanister steht eine Flüssigkeit 40 cm hoch.
Berechne die Flüssigkeitshöhen $h_1$ und $h_2$, wenn der Kanister auf einer Seite liegt.

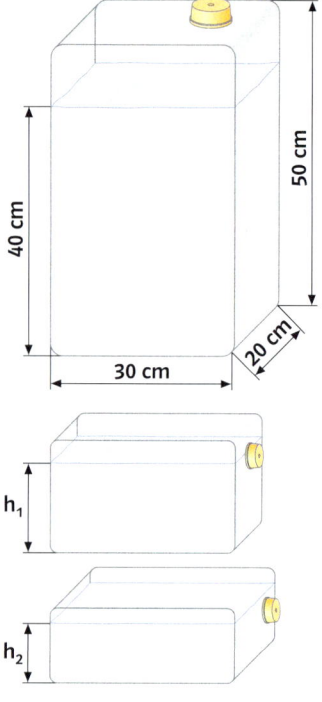

**20** Wie ändert sich der Rauminhalt eines Quaders, wenn man
a) eine Kantenlänge verdoppelt,
b) Länge, Breite und Höhe verdoppelt,
c) eine Kantenlänge verdoppelt und eine andere Kantenlänge halbiert?

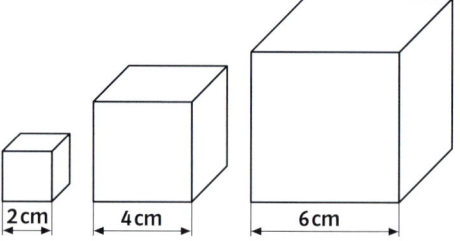

**21** Wie ändert sich der Rauminhalt eines Würfels, wenn man seine Kantenlänge verdoppelt (verdreifacht)?

**22** Wie ändert sich der Oberflächeninhalt eines Würfels, wenn man seine Kantenlänge verdoppelt?

# Vernetzen: Aquarium

**1** Pia möchte auch ein kleines Aquarium für ihr Zimmer bauen. Sie hat ein Schrägbild mit den gewünschten **Außenmaßen** angefertigt.
Die Stärke der Glasscheiben soll einen Zentimeter betragen und der Boden soll von unten eingesetzt werden.

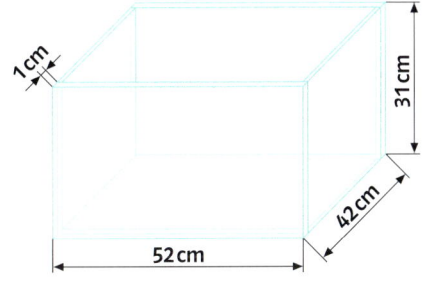

a) Berechne die Größe der einzelnen Glasscheiben. Achte dabei auf die Glasstärke.
b) Der Glaser rechnet in Quadratmetern ab. Ein Quadratmeter Glas mit 10 mm Stärke kostet 90 Euro im Zuschnitt.
c) Wie viel Liter Wasser passen in das Aquarium, wenn es bis zum oberen Rand gefüllt wird?
d) Das Wasser läuft durch einen Schlauch in das Becken. Wie lange dauert das Befüllen, wenn pro Minute zwei Liter eingefüllt werden?

**2** Beim Bau eines Aquariums können die einzelnen Glasscheiben unterschiedlich zusammengesetzt werden.
In der Zeichnung siehst du zwei Möglichkeiten **A** und **B**, die Vorder-, Rück- und Seitenscheiben eines Aquariums zusammenzusetzen.
a) Beschreibe die beiden Möglichkeiten, das Aquarium zu bauen.
b) Wie groß muss jeweils die Bodenplatte sein, wenn sie von unten eingesetzt wird?
c) Welches Aquarium fasst mehr Wasser? Begründe deine Meinung schriftlich.

Möglichkeit **A** (Draufsicht)

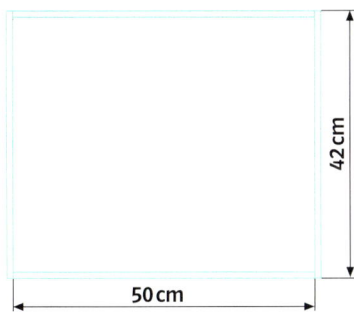

Möglichkeit **B** (Draufsicht)

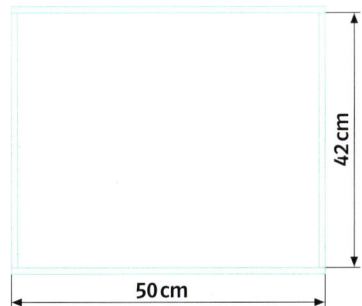

## Vernetzen: Aquarium

**3** Pias Aquarium hat die **Innenmaße** 50 cm breit, 40 cm tief und 30 cm hoch.
a) Der Wasserspiegel ist beim Einfüllen um einen Zentimeter gestiegen. Wie viel Liter Wasser sind eingelaufen?
b) Um wie viel Zentimeter steigt der Wasserspiegel, wenn Pia 10 Liter Wasser einfüllt?

**4** Im Physikunterricht hat Pia gelernt, dass man das Volumen von Körpern auch bestimmen kann, wenn man ihre Wasserverdrängung bestimmt.
Um wie viel Zentimeter steigt der Wasserspiegel, wenn Pia einen Würfel mit 10 cm Seitenlänge in das Wasser eintaucht?

**5** Pia hat einen Ball unter Wasser gedrückt. Dabei ist der Wasserspiegel um 1,5 cm gestiegen.

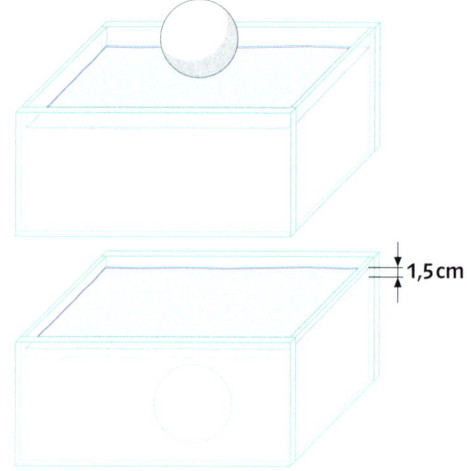

**6** a) Wie viel cm steigt der Wasserspiegel, wenn der abgebildete Quader 1 cm tief ins Wasser des Aquariums gehalten wird?
b) Pia wählt für den Quader eine andere Grundfläche und hält ihn dann 1 cm unter Wasser.

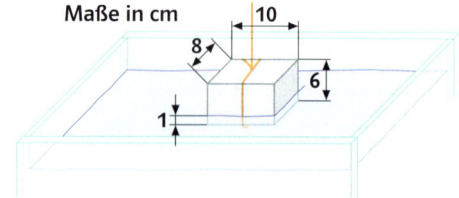

## Vernetzen: Niederschläge

**1** Marcel hört im Radio folgende Meldung: „In der Nacht zum Dienstag sind in Bielefeld bei starken Regenfällen 40 mm Niederschlag gefallen." In einem Lexikon findet er den folgenden Text:

> Die **Niederschlagsmenge** ist die Höhe der Wasserschicht, die sich bei Niederschlag (Regen, Schnee, Hagel, Nebel usw.) auf einer ebenen Fläche gebildet hätte. Dabei werden Faktoren wie Verdunstung, Bodenversickerung oder Abfluss nicht berücksichtigt.
> Sie wird in Millimeter angegeben.

Erläutere die Radiomeldung mithilfe des Textes.

**2** Um sich die Wassermenge, die auf einen Quadratmeter gefallen ist, besser vorstellen zu können, hat Marcel eine Skizze angefertigt.
Wie viele Liter Wasser sind in der Nacht auf einen Quadratmeter gefallen? Rechne vorher alle Längenmaße in Dezimeter um (1 dm³ = 1 *l*).

**3** Marcels Eltern wollen das Regenwasser von ihrem Flachdach (Länge 8 m, Breite 6 m) in eine unterirdische Zisterne leiten. Sie gehen davon aus, dass im Durchschnitt pro Monat 80 mm Niederschlag fallen.
a) Wie viele Liter Regenwasser fließen bei dieser Annahme pro Monat in die Zisterne?
b) Die Zisterne hat ein Fassungsvermögen von sechs Kubikmetern. Nach wie vielen Monaten ist die Zisterne voll, wenn kein Wasser entnommen wird?
c) Monatlich werden 3 m³ entnommen.

**4** Die Abbildung zeigt einen Regenmesser. Betrachte die Skala auf dem Regenmesser und vergleiche sie mit der Skala auf einem Lineal. Erkläre den Unterschied.

# Lernkontrolle 1

**1** Berechne die fehlenden Werte des Quaders.

|   | a)    | b)     |
|---|-------|--------|
| a | 4 cm  | 16 dm  |
| b | 5 cm  | 8,5 dm |
| c | 3 cm  | 5 dm   |
| V |       |        |
| O |       |        |

**2** Wandle in die Einheit um, die in Klammern steht.
a) 24 cm$^3$ (mm$^3$)   b) 53 000 cm$^3$ (dm$^3$)
   2 dm$^3$ (cm$^3$)        70 000 dm$^3$ (m$^3$)
   5,6 m$^3$ (dm$^3$)       360 mm$^3$ (cm$^3$)

**3** Ein quaderförmiges Getränkepäckchen hat die Maße 5 cm lang, 8 cm breit und 12,5 cm hoch. Wie viel Liter passen in die Tüte?

**4** Arne hat den Anfangsbuchstaben der „Felix-Fechenbach-Gesamtschule" aus Holz hergestellt.
a) Berechne sein Volumen in Kubikzentimeter.

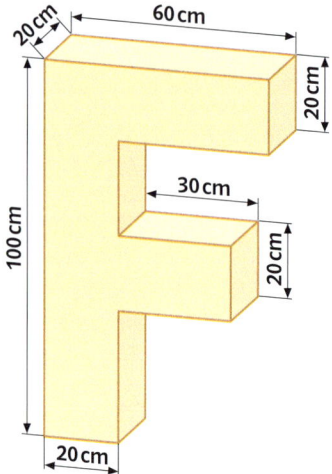

b) Der Buchstabe soll mit Klarlack gestrichen werden.
Berechne den Oberflächeninhalt in m$^2$.

---

**1** Gib die Koordinaten der eingezeichneten Punkte als Zahlenpaar an.

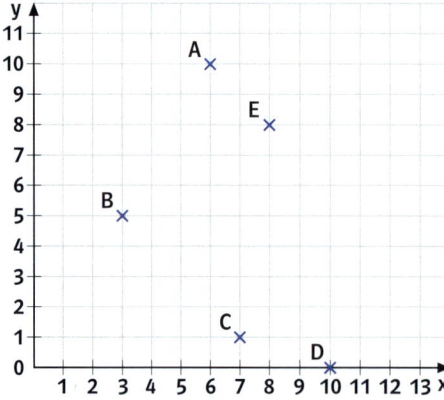

**2** Zeichne die Punkte in ein Koordinatensystem ein: A (3|2), B (8|1), C (2|7), D (1|5), E (0|0), F (13|1), G (10|10)

**3** Zeichne ein Koordinatensystem. Trage die Punkte ein und verbinde sie in der angegebenen Reihenfolge. Welche Figur erhältst du?

Punkte  
A (2|2), B (10|2), C (10|5), D (6|5), E (6|7), F (4|9), G (2|7)

Reihenfolge  
A, B, C, D, E, F, G, A

**4** Zeichne ein Koordinatensystem. Trage die Punkte ein und verbinde sie in der angegebenen Reihenfolge. Welche Figur erhältst du?

Punkte  
A (7|3), B (8|6), C (11|7), D (8|8), E (7|11), F (6|8), G (3|7), H (6|6)

Reihenfolge  
A, B, C, D, E, F, G, H, A

# Lernkontrolle 2

**1** Berechne die fehlenden Werte des Quaders.

|   | a)     | b)      |
|---|--------|---------|
| a | 4,3 cm | 16 dm   |
| b | 6,1 cm |         |
| c | 2 cm   | 7 dm    |
| V |        | 280 dm² |
| O |        |         |

**2** Wandle in die angegebene Einheit um.
a) 4,1 cm³ (mm³)
2,4 dm³ (cm³)
6,2 m³ (dm³)
b) 9300 cm³ (dm³)
70 dm³ (m³)
86 mm³ (cm³)

**3** Ein quaderförmiges Schwimmbecken soll gestrichen werden. Es ist 5 m lang, 3 m breit und 1,8 m tief. Für wie viel Quadratmeter muss Farbe eingekauft werden, wenn das Becken zweimal gestrichen wird?

**4** Ein Aquarium ist 8 dm lang, 4,5 dm breit und 6,5 dm hoch.
a) Wie viel Liter Wasser fasst das Aquarium, wenn es bis 5 cm unterhalb der Oberkante gefüllt wird?
b) Durch Verdunstung ist der Wasserstand um einen Zentimeter gefallen. Wie viel Liter Wasser sind verdunstet?

**5** In das Wasser des abgebildeten Aquariums wird ein Metallwürfel mit der Kantenlänge 20 cm ganz eingetaucht. Um wie viel Zentimeter steigt der Wasserspiegel?

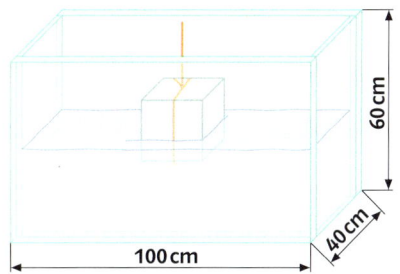

## Wiederholung

**1** a) Übertrage das Koordinatensystem in dein Heft und verbinde die Punkte in alphabetischer Reihenfolge.
b) Ergänze die Figur zu einer achsensymmetrischen Figur. Die Symmetrieachse ist s.

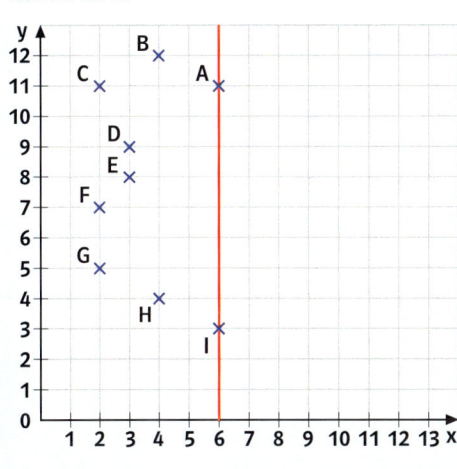

**2** a) Ergänze die Figur in deinem Heft zu einer achsensymmetrischen Figur mit der Symmetrieachse s. Benenne die erzeugten Punkte. Gib die Koordinaten aller Punkte der Figur an. Was stellst du fest?
b) Gib die Koordinaten zweier weiterer Punkte an, die auf der Symmetrieachse liegen.

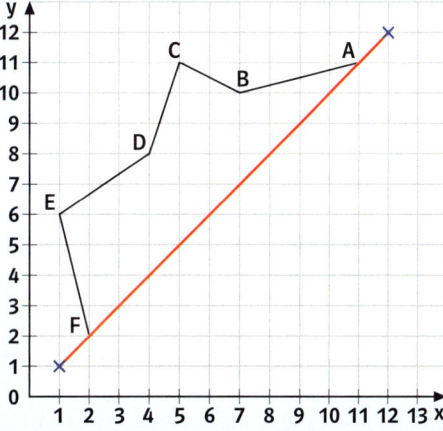

*Die Klasse 6a vor der Überfahrt nach Langeoog*

# 7 Sachprobleme
## Auf Klassenfahrt

*Auf Kutterfahrt*

*Wer baut die schönste Sandburg?*

Die Klasse 6a macht eine Klassenfahrt auf die Insel Langeoog.
Welche Mathematikaufgaben lassen sich im Zusammenhang mit einer Klassenfahrt stellen?

*Bei der Untersuchung des Fangs*

# Sachprobleme erfassen und erkunden

Langeoog ist eine Insel in der Nordsee und gehört zu den Ostfriesischen Inseln.
Die Insel ist 19,67 km² groß und hat einen 14 km langen Sandstrand. Dem Strand schließt sich eine Dünenlandschaft mit bis zu 20 m hohen Dünen an. Auf der Insel leben 2028 Einwohner.

Der Wasserturm auf der Kaapdüne aus dem Jahre 1909 ist das Wahrzeichen Langeoogs. Es ist gleichzeitig eine Aussichtsplattform in 32 m Höhe. Zu sehen ist das Dorf und bei guter Sicht das Festland. Vor dem Bau des Wasserturms befand sich ein sogenanntes Kaap als Seezeichen für die Schifffahrt auf der Düne.

**Schullandheim**
85 Betten, 6 Einzelzimmer, ein Doppelzimmer, drei Vierer-, ein Fünfer-, zehn Sechserzimmer, drei Tagungsräume, Vollpension pro Tag für Schülerinnen und Schüler: 20,70 €

Fahrtkosten pro Schüler:
Bus: 55,00 €
Fähre: 12,50 €
Gepäckbeförderung: 5,00 €

Die Klassenfahrt beginnt an einem Samstagmorgen und endet am darauf folgenden Freitagnachmittag.
Die vierzehn Mädchen und vierzehn Jungen der Klasse 6a haben im Schullandheim drei Sechserzimmer, ein Fünfer- und zwei Viererzimmer zugewiesen bekommen.

Dauer der Busfahrt: 4 h 20 min
Übersetzen mit der Fähre: 35 min
Fahrt mit der Inselbahn: 10 min

## Sachprobleme erfassen und erkunden

Langeoog liegt im Nationalpark Niedersächsisches Wattenmeer.

**Das Watt**
Das Watt ist der Teil des Wattenmeeres, der im Wechsel der Gezeiten regelmäßig überflutet wird und wieder trockenfällt. Es ist von Prielen und Rinnen durchzogen, die das Wasser aus der Nordsee heran- und wieder hinausführen.
Auf und unter der Wattoberfläche leben zahllose kleine Lebewesen. Sie nehmen aus dem Wasser und dem Boden die Nährstoffe, aber auch Schadstoffe auf, die mit der Flut herangespült werden.
Ein wichtiger Bewohner des Watts ist der Wattwurm. Wattwürmer sind meist 20, selten 40 cm lang und werden im Durchschnitt 5 Jahre alt. Jeder Wurm frisst täglich etwa 70 g Watt. Im Durchschnitt leben 20 Würmer auf einem Quadratmeter.

Einrichtung des Nationalparks: 1.1.1986
Die Gesamtfläche des Nationalparks beträgt 2777 km². Davon sind 1368 km² (49%) Wattfläche, 1 220 km² (44%) permanente Wasserfläche und 189 km² (7%) Landflächen (Inseln und Küste).

**1** Welche Mathematikaufgaben müssen im Zusammenhang mit der Vorbereitung und der Durchführung der Klassenfahrt gelöst werden?
Formuliert in Gruppen mindestens drei unterschiedliche Aufgaben. Überlegt, welche Angaben nötig sind, um die Aufgaben auch lösen zu können.

### Problemlösen

## Probleme erfassen und erkunden

1. Stelle fest, welche Informationen im Text, im Bild oder Diagramm enthalten sind.
2. Überlege, welche mathematische Fragestellung in diesem Zusammenhang sinnvoll ist.
3. Formuliere eine Aufgabe.
4. Stelle alle Informationen zusammen, die du zur Lösung der Aufgabe brauchst. Wenn nötig, suche weitere Informationen in Lexika, im Internet oder frage deine Lehrerin oder deinen Lehrer.

Hier geht es zunächst um das Erfassen und Erkunden von Problemen, noch nicht um das Lösen.

## Sachprobleme durch Schätzen, Messen und Überschlagen lösen

Der Wattwurm wird im Durchschnitt 5 Jahre alt. Jeder Wurm frisst täglich rund 70 g Watt. Ein Kubikmeter Wattboden wiegt ungefähr 2,5 Tonnen.

**1** Isabel und Tim haben auf ihrer Wattwanderung mehrere Wattwürmer gefunden.
Im Schullandheim überlegen sie, wie viele Wattwürmer wohl im ganzen Nationalpark leben.
Dazu wollen sie eine Schätzung vornehmen. Sie sammeln zunächst alle Angaben, die sie für ihre Rechnung brauchen.

20 Wattwürmer leben im Durchschnitt auf einem Quadratmeter Wattfläche. Die Wattfläche im Niedersächsischen Nationalpark ist 1368 km² groß.

Dann führen sie ihre Überschlagsrechnung durch:

20 · 1368 · 1 000 000
= 27 360 000 000
≈ 27 000 000 000

a) Erkläre die Rechnung von Isabel und Tim. Kann es wirklich sein, dass 27 Milliarden Wattwürmer im Nationalpark leben?
b) Wie viel Kilogramm Watt frisst ein Wattwurm in seinem Leben?
c) Wie viel Tonnen Watt fressen alle Wattwürmer im Niedersächsischen Nationalpark in einem Jahr?

**2** Auf einem Quadratmeter Wattboden können bis zu 20 000 Wattschnecken leben. Wie viele Wattschnecken leben dann im ganzen Nationalpark?

Die Miesmuschel ist eines der bedeutendsten Tiere im Wattenmeer, denn sie macht ein Viertel der gesamten Biomasse aus.
Die Miesmuschel (Mytilus edulis) hat eine tropfenförmige, glatte Schale mit brauner oder blauer Außenhaut, an der Innenseite perlmuttglänzend. Miesmuscheln ernähren sich von eingestrudeltem Plankton. Pro Stunde filtrieren ausgewachsene Tiere bis zu 2 *l* Wasser; unter Berücksichtigung der Trockenzeiten im Watt also 10–20 *l* täglich. Die Jungmuscheln kleben sich an Miesmuschelbänke oder anderen harten Untergrund an und leben dort maximal 8–10 Jahre.

**3** In einem Biologiebuch findest du die oben zusammengefassten Informationen über Miesmuscheln.
Bestimme mithilfe einer Überschlagsrechnung, wie viel Liter Wasser eine Miesmuschel in ihrem Leben filtert.

**4** Ein Austernfischer wird im Durchschnitt 10 bis 15 Jahre alt. Er ernährt sich unter anderem auch von Miesmuscheln und vertilgt täglich zwischen 8 und 14 Stück.
In Deutschland leben von den Austernfischern ungefähr 13 000 Paare. Schätze, wie viele Miesmuscheln von allen Austernfischern in Deutschland pro Jahr gefressen werden.

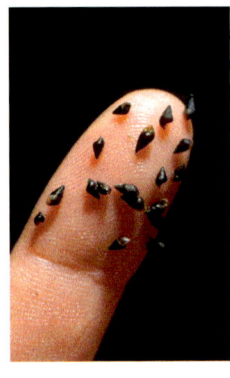

## Sachprobleme durch Schätzen, Messen und Überschlagen lösen

**5** Kannst du berechnen, wie viel Kraftstoff alle im Jahr 2006 in der Bundesrepublik Deutschland zugelassenen Pkw und Lkw in diesem Jahr verbraucht haben?

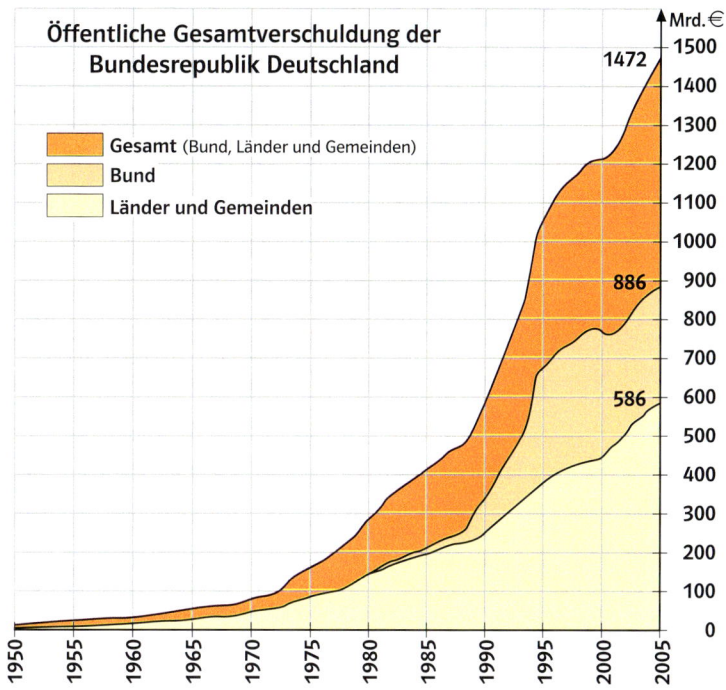

Öffentliche Gesamtverschuldung der Bundesrepublik Deutschland

Im Jahr 2006 waren in der Bundesrepublik Deutschland 46 090 000 Pkws und 2 573 000 Lkws zugelassen. Ein Pkw legte im Durchschnitt 15 000 km im Jahr zurück, ein Lkw 50 000 km. Der durchschnittliche Verbrauch beim Pkw beträgt 8,2 *l* auf 100 km, beim Lkw sind es 35 *l* auf 100 km.

**6** Wie viel Kilogramm wiegen alle Schülerinnen und Schüler, alle Lehrerinnen und Lehrer, Sekretärinnen und Hausmeister deiner Schule?
Überlege zunächst, welche Angaben du brauchst, um eine sinnvolle Schätzung machen zu können.

**7** Im Oktober 2005 betrug die Staatsverschuldung der Bundesrepublik Deutschland 1419 Milliarden Euro. Johanna und Janosch wollen wissen, wie hoch ein Turm aus 1-Euro-Münzen über diesen Betrag wäre.
Sie haben dazu zehn 1-Euro-Münzen übereinander gestapelt und die Höhe des Stapels gemessen.
a) Beantworte die Frage von Johanna und Janosch mithilfe einer Überschlagsrechnung.
b) Würde dieser Turm bis zum Mond (bis zur Sonne) reichen?
Um diese Frage beantworten zu können, brauchst du weitere Informationen.

Ein Stapel aus zehn 1-Euro-Münzen ist 2,3 cm hoch.

### Problemlösen — Schätzen, Messen und Überschlagen

1. Überlege, welche Angaben du für eine Überschlagsrechnung benötigst.
2. Prüfe, ob du alle Angaben den vorhandenen Informationen entnehmen kannst.
   Wenn nötig, verschaffe dir weitere Angaben, zum Beispiel durch eine Messung oder eine Schätzung.
3. Führe die Überschlagsrechnung aus. Wähle dazu ein geeignetes Rechenverfahren.
4. Überlege, ob das Ergebnis deiner Rechnung sinnvoll ist.

## Sachprobleme durch Schätzen, Messen und Überschlagen lösen

**9** 60 % der Menschheit ernährt sich hauptsächlich von Reis. Der Tagesbedarf eines erwachsenen Indonesiers liegt bei ungefähr 200 g. Berechne, wie viele Reiskörner ein erwachsener Indonesier in einem Jahr zu sich nimmt.

**8** Auf ihrem Wandertag kommen die Schülerinnen und Schüler auch an einem Weizenfeld vorbei. „Wie viele Weizenkörner wachsen auf diesem Weizenfeld?", fragt Lea.
Lydia und Oliver überlegen, welche Informationen sie brauchen, um diese Frage beantworten zu können.

1 dt (Dezitonne)
= 0,1 t
= 100 kg

Landwirtschaftliche Ertragsangaben werden häufig in Dezitonnen gemacht.

| Größe des Feldes: | 4,8 ha |
|---|---|
| Ertrag pro ha: | 90 dt |

„Damit können wir nun ausrechnen, wie viel Kilogramm Weizen auf dem Feld geerntet werden können", sagt Oliver. „Aber wie viele Körner sind das?"
Lydia hat eine Idee. Sie kauft aus dem Bioladen Weizenkörner und bestimmt das Gewicht von 100 Körnern.

100 Weizenkörner wiegen 5 g.

a) Beschreibe die einzelnen Lösungsschritte.
b) Führe die Lösungsschritte aus und beantworte Leas Frage.

**10** Löse die Aufgabe nach der Ich-Du-Wir-Methode.
Beachte dazu die Hinweise auf der nächsten Seite.
a) Wie teuer ist es, einen Quadratmeter (einen Hektar) mit 5-Euro-Scheinen zu bedecken?
b) Wie teuer ist eine Tonne 1-Cent-Münzen (5-Cent-Münzen, 1-Euro-Münzen)?
c) Wie teuer ist ein Stapel 50-Euro-Scheine von 1 m Höhe?
d) Wie schwer ist eine Milliarde Euro in 2-Euro-Münzen?

**11** Wie viele Erbsen passen in einen 10-Liter-Eimer?

## Sachprobleme durch Schätzen, Messen und Überschlagen lösen

**12** Marina und Robin wollen wissen, wie schwer der abgebildete Findling ist. Dazu bestimmen sie zunächst sein Volumen. Der Findling hat ungefähr die Gestalt eines Quaders und ist rund 3,0 m breit, 6,0 m lang und 2,6 m hoch. Marina hat in einem Lexikon gelesen, dass ein Kubikdezimeter Granit eine Masse von 2,8 kg hat.

**Ayers-Rock (Uluru) in Australien**
3,4 km lang, bis zu 2 km breit, 350 m hoch

**13** Bestimme die Masse der Felsformation, die aus der Erde herausragt. Führe dazu eine Überschlagsrechnung durch.

**14** Lenas Eltern haben in ihrem Garten einen Teich angelegt. Lena möchte wissen, wie viel Liter Wasser der Teich enthält.

Der Gartenteich ist in der Mitte 1,1 m tief, am Rand 0,5 m. Die Säule im Teich ist 1 m hoch.

**15** Wie viel Kubikmeter Wasser enthält das Steinhuder Meer (die Edertalsperre, der Bodensee)?
Verschaffe dir dazu im Atlas, im Lexikon oder im Internet Informationen über die Abmessungen und die Wassertiefe.

## Kommunizieren   Ich-du-wir-Aufgaben

Ich: Höre dir die Aufgabenstellung genau an, lies die Aufgabenstellung sorgfältig durch. Überlege, in welchen Schritten du die Aufgabe lösen kannst. Stelle fest, welche Informationen du durch Messen und Schätzen beschaffen musst.

Du: Rede mit deinem Partner über die Aufgabe. Stelle ihm deinen Lösungsweg vor.

Wir: Informiere deine Klasse in einem kurzen Vortrag über die Aufgabe und deinen Lösungsweg.

Aus allen Beiträgen wird dann ein gemeinsames Ergebnis erarbeitet.

## Sachprobleme durch Vorwärts- und Rückwärtsrechnen lösen

Leergewicht: 1430 kg
zulässiges Gesamtgewicht: 1890 kg

**1** Familie Müller hat für die Ferien ein Ferienhaus gemietet.
Sarah und René überlegen, wie viel Gepäck sie insgesamt mitnehmen dürfen. Dazu fragen sie zunächst alle Mitreisenden nach ihrem Körpergewicht (mit Kleidung und Schuhen).

> Körpergewicht:
> Papa 85 kg, Mama 69 kg,
> Oma 75 kg, Sarah 52 kg,
> Rene 44 kg

Der eingekaufte Proviant wiegt 45 kg. Jeder nimmt einen Koffer mit eigenen Sachen mit. Sarah und René wollen berechnen, wie viel Kilogramm jeder Koffer dann höchstens wiegen darf.

**2** Marcel, Tina und Mareike wollen für ihren Wandertag einkaufen. Jedes Kind kauft Multivitaminsaft und ein Kaugummi. Marcel kauft noch vier Müsliriegel, Tina einen und Mareike drei. Sie bezahlen jeweils mit einem 10-Euro-Schein.

0,80 €

1,08 €

0,40 €

0,60 €

0,30 €

1,40 €

a) Berechne, wie viel Euro jedes Kind zurückbekommt.
b) Wie viele Müsliriegel kann Marcel höchstens kaufen, wenn er für Multivitaminsaft, Kaugummi und Müsliriegel insgesamt höchstens 5,00 € ausgeben will?

**3** Auf einem Wandertag soll für alle 28 Kinder der Klasse Eis gekauft werden. Es sind noch 130 € übrig, um den Museumsbesuch (1,80 €), die Schlossbesichtigung (1,10 €) und das Eis (0,50 € die Kugel) zu bezahlen.
Wie viele Eiskugeln können höchstens für jedes Kind gekauft werden?

**4** Für den Mathematikunterricht wollen die 29 Schülerinnen und Schüler der Klasse 6b ihre Zirkel und Geodreiecke gemeinsam bestellen.
Zwei unterschiedliche Geo-Dreiecke und zwei verschiedene Zirkel stehen zur Auswahl.

0,70 €        0,80 €

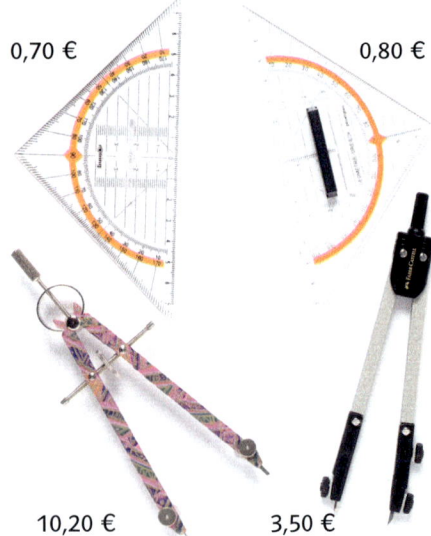

10,20 €        3,50 €

Nenne Vor- und Nachteile der einzelnen Modelle. Berechne die möglichen Gesamtpreise für die ganze Klasse.

## Sachprobleme durch Vorwärts- und Rückwärtsrechnen lösen

**5** Auf dem Flohmarkt hat Melina mehrere Comic-Hefte zu jeweils 0,50 € und eine DVD für 3,50 € gekauft. Sie hat insgesamt 6,00 € bezahlt. Melina überlegt, ob sie auch die richtige Anzahl an Heften erhalten hat. Sie geht vom Ergebnis aus und rechnet zurück.

> Gesamtkosten: 6,00 €
> Preis für die DVD: 3,50 €
> Preis für die Comic-Hefte:
> 6,00 € − 3,50 € = 2,50 €
> Preis pro Heft: 0,50 €
> Anzahl der Hefte: 2,50 € : 0,50 € = 5
>
> Melina hat fünf Comic-Hefte gekauft.

Theresa kauft zwei DVDs und mehrere Comic-Hefte für 10,50 €.

**6** a) Erkläre, wie du die Aufgabe durch Umkehren lösen kannst.

> Philipp kauft acht Schnellhefter und bezahlt mit einem 5-Euro-Stück. Er erhält 2,20 € zurück.
>
> ☐ —·8→ ☐ —+ 2,20→ 5,00
> 0,45 ←:8— 2,80 ←− 2,20— 5,00

b) Nancy kauft sieben Hefte und bezahlt mit einem 10-Euro-Schein. Sie erhält 7,20 € zurück.
c) Maximilian kauft ein Ringbuch für 2,95 € und vier Gelschreiber. Er muss insgesamt 7,75 € bezahlen.
d) Fabian bezahlt acht Batterien mit einem 20-Euro-Schein und erhält 4,08 € zurück.

**7** Hendrik kauft Briefmarken zu 0,55 € und vier Briefmarken zu je 1,45 €. Er bezahlt 8,55 €.

**8** Ein Kleintransporter darf mit 960 kg beladen werden. Zwei Kisten, die jeweils 120 kg schwer sind, stehen schon auf der Ladefläche. Es sollen noch Kisten mit einem Gewicht von jeweils 80 kg transportiert werden.

149,00 €

**9** Daniel spart für Inline-Skates. Jeden Monat legt er von seinem Taschengeld 8 € zurück. Zum Geburtstag erhält er von seinen Großeltern den Restbetrag von 77 €.

**10** a) Auf dem Schulfest bezahlt Maik für ein Glas Apfelsaft und mehrere Stücke Kuchen 3,50 €.
b) Nicole trinkt zwei Glas Orangensaft und isst mehrere Waffeln für 4,20 €.
c) Frau Wolf kauft für sich eine Tasse Kaffee und für jedes ihrer Kinder ein Glas Apfelsaft und eine Waffel. Sie bezahlt 3,40 €.

## Sachprobleme durch Probieren lösen

*Probieren geht über Studieren!*

**1** Die Klasse 6b hat für ihren Wandertag einen Bus gemietet. Die Kosten dafür betragen 300 €. Der Eintritt in ein Museum kostet pro Schüler 1,50 €, der Besuch des Planetariums 2,10 € . Begleitpersonen zahlen keinen Eintritt. Der Klassenlehrer der 6b hat ausgerechnet, dass die Gesamtkosten für den Wandertag 404,40 € betragen.
Sein Sohn Tobias möchte wissen, wie viele Schülerinnen und Schüler in der Klasse 6b sind. Er hat einen Rechenausdruck (**Term**) für die Berechnung der Gesamtkosten aufgestellt.

> **Term** zur Berechnung der Gesamtkosten:
>
> 300 € + ■ · (1,50 € + 2,10 €)
> 300 € + x · (1,50 € + 2,10 €)
>
> Anstelle von ■ als Platzhalter kannst du auch die **Variablen** x, y, z benutzen.

Er vermutet, dass die Klassenstärke zwischen 27 und 30 liegt. Deshalb setzt Tobias zunächst für den Platzhalter (die Variable x) 30 ein und berechnet den Wert des Terms.

> 300 € + 30 · (1,50 € + 2,10 €) = 408 €

Sein Wert liegt über den Gesamtkosten, die der Klassenlehrer berechnet hat, deshalb muss die Klassenstärke kleiner als 30 sein. Bestimme die Klassenstärke der 6b.

**2** Frau Müller geht mit den Kindern aus der Nachbarschaft ins Spaßbad. Der Eintritt kostet 3,50 € für Kinder und 6,50 € für Erwachsene. Frau Müller bezahlt insgesamt 20,50 €.
a) Begründe, warum du mit dem folgenden Term die Gesamtkosten berechnen kannst.

> 6,50 € + x · 3,50 € = 20,50 €

 12

b) Bestimme die Anzahl der Kinder durch Probieren.

**3** Nadine unternimmt mit ihrer Familie eine dreitägige Fahrradtour. Am zweiten Tag schaffen sie 18 km mehr als am ersten und am dritten noch 3 km mehr als am zweiten. Insgesamt haben sie 219 km zurückgelegt.

**4** Herr Peters hat sich für zwei Tage einen Transporter geliehen. Er bezahlt insgesamt 182,00 €.

Tagespreis: 55 €
Kilometerpreis: 0,60 €

**5** Drei Kisten wiegen zusammen 42 kg. Die zweite Kiste ist doppelt so schwer wie die erste. Die dritte ist doppelt so schwer wie die zweite. Wie schwer ist jede Kiste?

## Sachprobleme durch Probieren lösen

**5** Auf der Kirmes ist Janosch mit dem Autoscooter und in der Raupe gefahren. Eine Fahrt mit dem Autoscooter kostet 1,20 €, die Fahrt in der Raupe 1,50 €. Janosch bezahlt insgesamt 9,60 €.

**6** Kristin möchte sich ein Gliederarmband kaufen. Beim Kauf von mehr als drei Kettengliedern erhält sie das Grundarmband gratis. Kristin möchte Kettenglieder mit und ohne Schmuckstein kombinieren. Sie gibt 26,60 € aus.

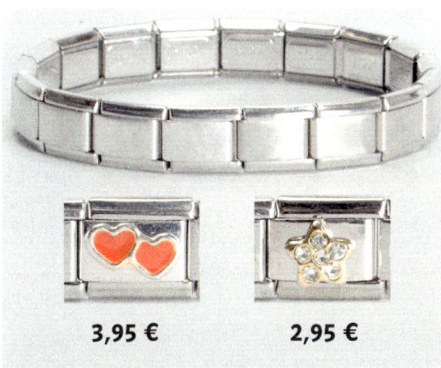

3,95 €       2,95 €

**7** Die Schülerinnen und Schüler der Klasse 6a haben zur Verschönerung ihrer Klasse für 35,86 € Wechselrahmen gekauft.

5,98 €       4,48 €
40 · 40 cm       24 · 30 cm

**8** Stefans Mutter möchte im Garten ein Beet anlegen und es wie früher in Bauerngärten mit einer Buchsbaumhecke umgeben.

Das Beet soll die Form eines Rechtecks haben und insgesamt eine Fläche von 16 m² einnehmen.
Für die Buchsbaumhecke rechnet der Gärtner mit fünf Pflanzen pro Meter Hecke. Eine Buchsbaumpflanze kostet 3,00 €.
a) Gib mehrere Möglichkeiten für die Länge und Breite des Beetes an. Berechne dazu jeweils die Kosten für die Buchsbaumhecke.
b) Bei welcher Länge und Breite sind die Kosten am geringsten? Begründe.

**9** Lisa möchte ihr Kaninchen im Sommer gern im Garten herumlaufen lassen. Ihr Vater kauft dazu vier Pflanzstäbe als Pfosten und 8 m Drahtzaun (60 cm hoch).

Welche Abmessungen kann Lisa für den Auslauf wählen? Gib mehrere Möglichkeiten an. Berechne zu jeder Möglichkeit auch die Größe der Fläche, die dem Kaninchen zur Verfügung steht.
Wann wird die Fläche am größten?

## Wir beobachten das Wetter

**1** Sebastian beobachtet mit großem Interesse das Wetter. Auf dem Balkon hat er einen Regenmesser angebracht. Jeden Morgen liest er den Niederschlag des vergangenen Jahres ab.

| Datum | Niederschlag |
|---|---|
| 15. Dez. | 5 mm |
| 16. Dez. | 4 mm |
| 17. Dez. | 0 mm |
| 18. Dez. | 2 mm |
| 19. Dez. | 6 mm |
| 20. Dez. | 1 mm |
| 21. Dez. | 3 mm |

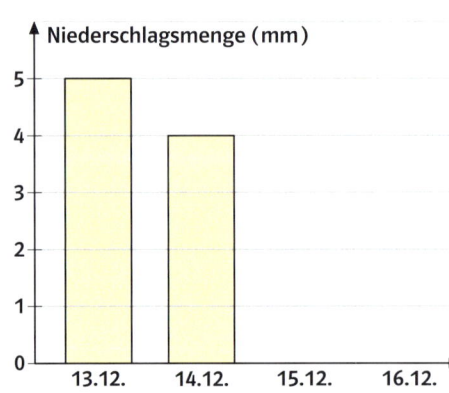

a) Vervollständige das Säulendiagramm in deinem Heft.
b) Wie viel Millimeter Niederschlag ist in der Woche vom 15. bis 21. Dezember insgesamt gefallen?
c) Berechne die durchschnittliche tägliche Niederschlagsmenge in dieser Woche. Dividiere dazu die Gesamtmenge durch die Anzahl der Tage.
d) An welchen Tagen lag die Niederschlagsmenge über (unter) dem Durchschnitt?

# Wir beobachten das Wetter

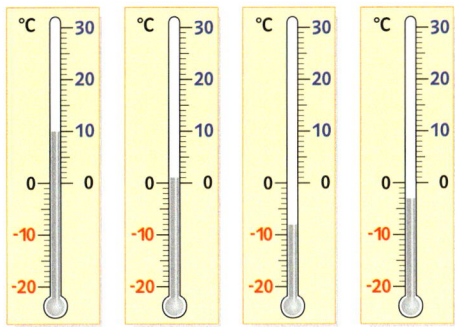

| Zeit / Tag | 29. Dez. | 30. Dez. |
|---|---|---|
| 0 Uhr | 1 °C | –4 °C |
| 4 Uhr | –4 °C | –7 °C |
| 8 Uhr | –2 °C | –3 °C |
| 12 Uhr | 2 °C | –1 °C |
| 16 Uhr | 3 °C | 0 °C |
| 20 Uhr | –2 °C | –3 °C |
| 24 Uhr | –4 °C | –6 °C |

**2** Sebastian hat draußen in einen Kasten ein Thermometer gelegt. Er liest regelmäßig die Lufttemperatur ab. Dafür steht er sogar nachts auf.
Erkläre, wie ein Thermometer funktioniert. Erkläre die Bedeutung der roten Zahlen auf der Thermometerskala. Lies die Thermometer ab.

**3** Sebastian hat seine Messergebnisse in einer Tabelle gesammelt.

| Zeit/Tag | 27. Dez. | 28. Dez |
|---|---|---|
| 0 Uhr | 5 °C | 4 °C |
| 4 Uhr | 3 °C | 2 °C |
| 8 Uhr | 6 °C | 4 °C |
| 12 Uhr | 8 °C | 6 °C |
| 16 Uhr | 9 °C | 8 °C |
| 20 Uhr | 6 °C | 5 °C |
| 24 Uhr | 4 °C | 1 °C |

Für jeden Tag trägt er jeweils Uhrzeit und Temperatur als Punkt in ein Koordinatensystem ein und verbindet anschließend die Punkte.

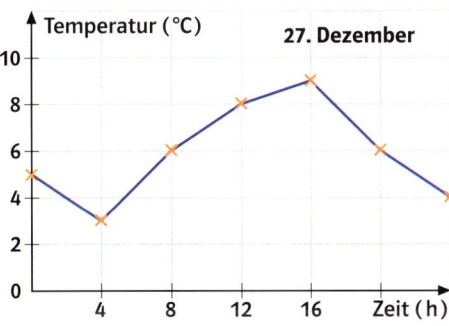

Stelle die Temperaturen für den 28.12. in einem Koordinatensystem dar (x-Achse: 1 cm ≙ 2 h; y-Achse: 1 cm ≙ 1 °C).

**4** Um die Temperaturen für den 29. und den 30. Dezember in das Koordinatensystem eintragen zu können, muss die y-Achse nach unten verlängert werden.
Stelle die Temperaturen für den 29. und den 30. Dezember dar.
Gib jeweils die höchste und die niedrigste Tagestemperatur an.

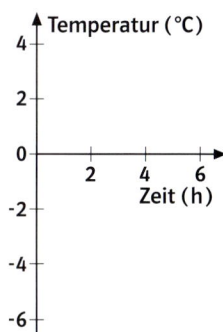

**5** Sebastian hat die Temperaturen um 8 Uhr verglichen. Gib ebenso die Temperaturunterschiede um 20 Uhr (24 Uhr) an.

*Temperaturunterschiede um 8 Uhr*
28. 12.: 2 °C kälter als am Vortag
29. 12.: 6 °C kälter als am Vortag
30. 12.: 1 °C kälter als am Vortag

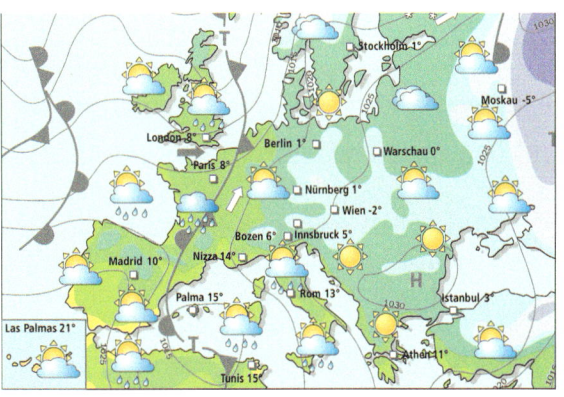

**6** Der Wetterbericht sagt voraus, dass die Temperaturen am 31. Dezember um 4 °C kälter als am Vortag sein werden. Welche Temperaturen sind zu den verschiedenen Tageszeiten zu erwarten?

## Das Wetter im Jahresverlauf

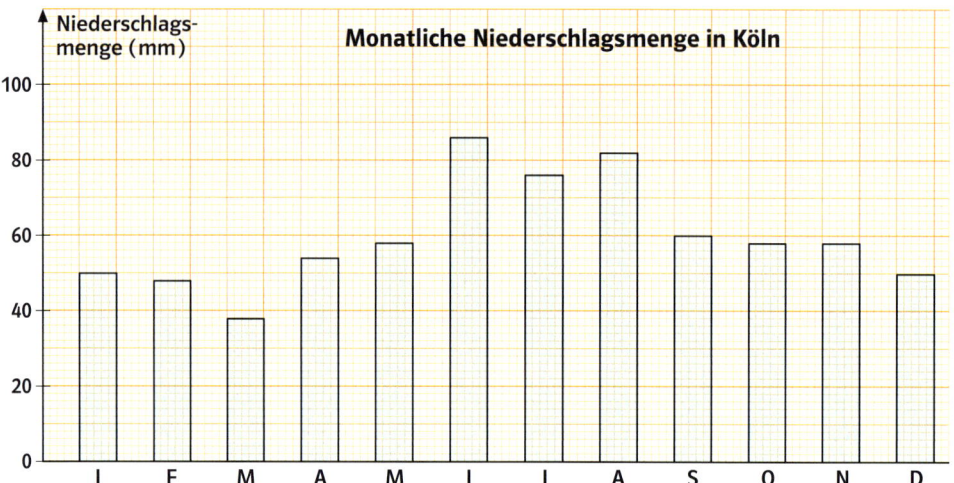

**1** a) Trage die monatlichen Niederschlagsmengen in eine Tabelle ein.
b) Berechne die jährliche Niederschlagsmenge.
c) Berechne das arithmetische Mittel der monatlichen Niederschläge.
d) In welchen Monaten liegt die Niederschlagsmenge unter (über) dem arithmetischen Mittel?

**2** Die Tabelle gibt die monatlichen Niederschlagsmengen in Millimeter an.

|           | Jan | Feb | Mär | Apr | Mai | Jun |
|-----------|-----|-----|-----|-----|-----|-----|
| Frankfurt | 57  | 44  | 36  | 43  | 54  | 72  |
| Münster   | 66  | 56  | 42  | 50  | 52  | 60  |

|           | Jul | Aug | Sep | Okt | Nov | Dez |
|-----------|-----|-----|-----|-----|-----|-----|
| Frankfurt | 68  | 77  | 56  | 50  | 53  | 53  |
| Münster   | 87  | 76  | 58  | 57  | 76  | 56  |

a) Zeichne für die Niederschlagsmengen in Frankfurt am Main und Münster jeweils ein Säulendiagramm.
b) Berechne jeweils den Jahresniederschlag und das arithmetische Mittel der monatlichen Niederschläge.

**3** Bei einem starken Gewitter kann es 25 bis 35 mm Niederschlag geben.
a) Wie viel Liter Wasser fallen dann auf einen Quadratmeter Erdboden?
b) Wie viel Liter Wasser fallen auf ein Hausdach mit einer Dachfläche von 150 m²?

**4** In der Tabelle findest du die monatlichen Niederschlagsmengen in Millimeter.

|              | Jan | Feb | Mär | Apr | Mai | Jun |
|--------------|-----|-----|-----|-----|-----|-----|
| Kassel       | 46  | 42  | 32  | 46  | 60  | 64  |
| Kahler Asten | 152 | 126 | 112 | 106 | 96  | 108 |

|              | Jul | Aug | Sep | Okt | Nov | Dez |
|--------------|-----|-----|-----|-----|-----|-----|
| Kassel       | 70  | 66  | 52  | 52  | 48  | 46  |
| Kahler Asten | 124 | 122 | 104 | 130 | 126 | 154 |

a) Zeichne für jeden Monat zwei Säulen nebeneinander: eine für die Niederschläge in Kassel, die andere für die Niederschläge auf dem Kahlen Asten.
b) Bestimme für jeden Monat den Unterschied der Niederschlagsmengen.

# Das Wetter im Jahresverlauf

**5** Im Koordinatensystem sind die Temperaturen am 28. November in Berlin dargestellt.
a) Trage die Temperaturen aus dem Koordinatensystem in eine Tabelle ein.
b) Zu welcher Zeit wird die höchste (niedrigste) Temperatur erreicht?
c) In welchen Zeitspannen steigt (fällt) die Temperatur?

**6** Am 27. Februar wurden in Freiburg und Dresden folgende Temperaturen gemessen:

|  | Freiburg | Dresden |
|---|---|---|
| 0 h | 2 °C | –4 °C |
| 2 h | 2 °C | –7 °C |
| 4 h | 1 °C | –9 °C |
| 6 h | 0 °C | –8 °C |
| 8 h | 2 °C | –5 °C |
| 10 h | 5 °C | –3 °C |
| 12 h | 9 °C | 1 °C |
| 14 h | 11 °C | 2 °C |
| 16 h | 7 °C | 1 °C |
| 18 h | 5 °C | –1 °C |
| 20 h | 1 °C | –4 °C |
| 22 h | 1 °C | –6 °C |
| 24 h | 0 °C | –7 °C |

a) Stelle die Temperaturen für beide Orte in einem Koordinatensystem dar (x-Achse: 1 cm ≙ 2 h; y-Achse: 1 cm ≙ 2 °C). Verwende verschiedene Farben.
b) Vergleiche. Wann ist der Unterschied der Temperaturen am größten (am kleinsten)?

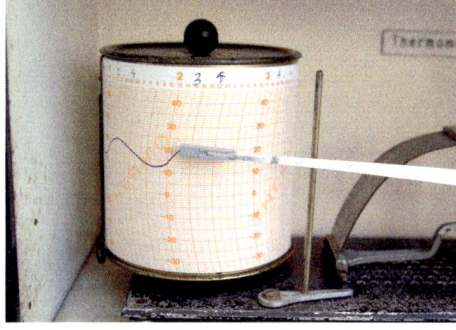

**7** Der Temperaturschreiber einer Wetterstation hat die unten abgebildete Temperaturkurve am 2. Dezember in Hamburg aufgezeichnet.
a) Trage die Temperaturen zu den verschiedenen Zeitpunkten in eine Tabelle ein.
b) In welchen Zeitspannen steigt (fällt) die Temperatur?
c) Wann wird die höchste (niedrigste) Temperatur erreicht?
d) Wann wird die 0°-Grenze überschritten?

## Temperaturänderungen

> Temperaturen unter Null Grad werden mit einem Minuszeichen angegeben.

**1** Welche Temperaturen zeigen die Thermometer jeweils an?

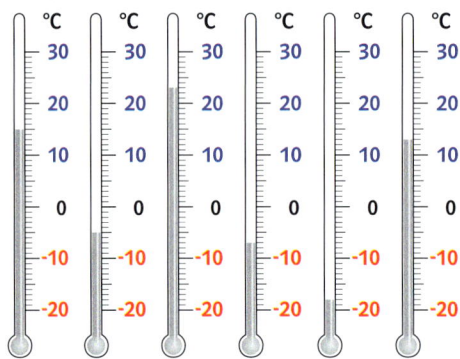

**2** a) Lies die markierten Temperaturen ab.

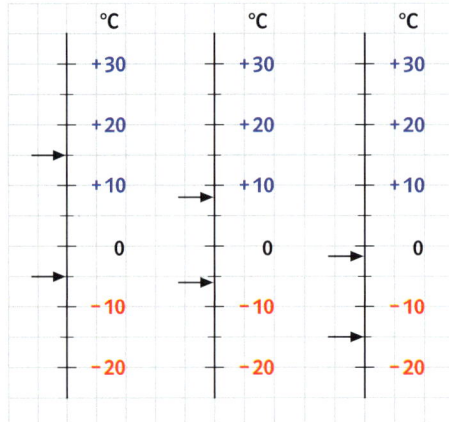

b) Zeichne eine Thermometerskala und markiere + 15 °C (– 6 °C, – 12 °C, + 23 °C, – 1 °C, +1 °C).

**3** Vergleiche die Temperaturen. Welche ist höher? Verwende das >-Zeichen.

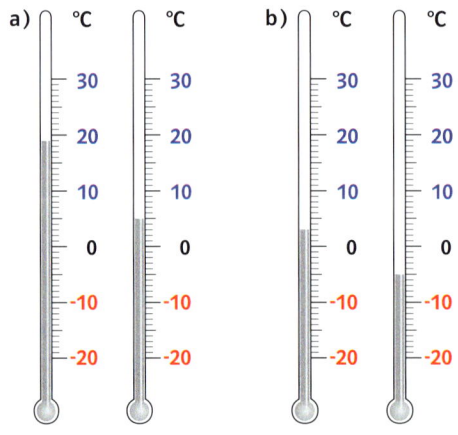

**4** Vergleiche die Temperaturen. Welche ist niedriger? Verwende das <-Zeichen.

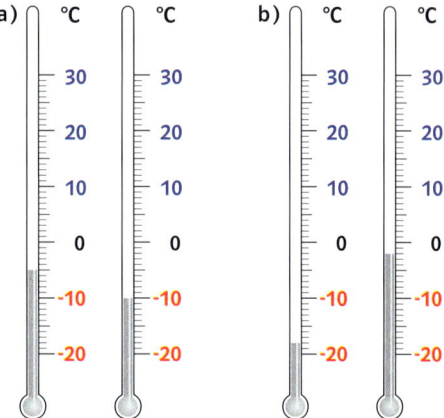

**5** Vergleiche die Temperaturangaben. Setze in deinem Heft > oder < ein.
a) + 12 °C ■ + 19 °C  b) – 3 °C ■ – 14 °C
   + 8 °C ■ – 5 °C       – 14 °C ■ + 23 °C
   + 17 °C ■ – 11 °C     + 1 °C ■ – 5 °C
   – 6 °C ■ + 10 °C      + 8 °C ■ – 13 °C

c) – 4 °C ■ – 12 °C  d) – 24 °C ■ + 17 °C
   – 7 °C ■ – 9 °C      + 35 °C ■ – 35 °C
   – 13 °C ■ – 20 °C    – 26 °C ■ – 31 °C
   – 15 °C ■ + 10 °C    – 31 °C ■ – 25 °C

**6** Ordne die Temperaturen der Größe nach. Beginne mit der niedrigsten Temperatur.
a) – 12 °C, + 3 °C, – 7 °C, + 9 °C, – 14 °C
b) + 45 °C, – 8 °C, – 31 °C, – 11 °C, 0 °C
c) – 3 °C, – 20 °C, – 7 °C, – 15 °C, – 14 °C
d) + 32 °C, – 9 °C, – 32 °C, +1 °C, 0 °C

**7** Ordne die Temperaturen der Größe nach. Beginne mit der höchsten Temperatur.
a) – 14 °C, + 5 °C, – 8 °C, + 7 °C, – 11 °C
b) + 25 °C, – 3 °C, – 30 °C, – 17 °C, + 2 °C
c) – 4 °C, – 21 °C, – 1 °C, – 18 °C, – 16 °C
d) + 13 °C, – 19 °C, – 31 °C, + 2 °C, 0 °C

In der Klasse 6b sind 14 Mädchen und 15 Jungen. Zur Begrüßung morgens geben sich manche Schülerinnen und Schüler die Hand. Wie oft müssen Hände geschüttelt werden, wenn jeder jedem die Hand gibt?

# Temperaturänderungen

**8** Um 8 Uhr beträgt die Temperatur −4 °C. Bis Mittag steigt die Temperatur um 10 °C. Was zeigt das Thermometer um 12 Uhr an?
Die Temperatur fällt bis 20 Uhr um 8 °C. Welche Temperatur misst man um 20 Uhr?

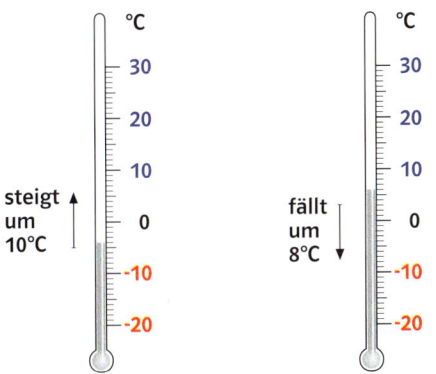

**9** Die Temperatur steigt um 7 °C (fällt um 12 °C). Was zeigen die Thermometer dann jeweils an?

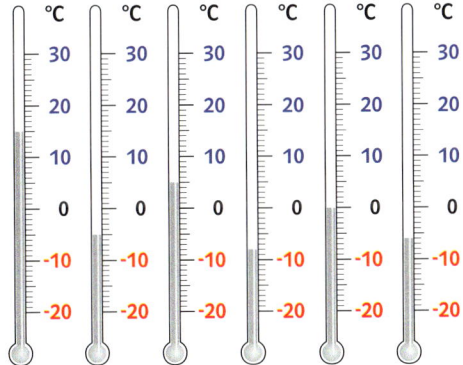

**10** Berechne die Endtemperatur.

Anfangstemperatur: −7 °C
Temperatur steigt um 9 °C
−7 °C $\xrightarrow{+9\,°C}$ +2 °C

| Anfangstemperatur | Temperatur steigt um |
|---|---|
| +4 °C | 9 °C |
| −5 °C | 8 °C |
| +3 °C | 15 °C |
| −8 °C | 4 °C |
| −16 °C | 9 °C |
| −19 °C | 12 °C |
| −11 °C | 16 °C |

**11** Berechne die Endtemperatur.

Anfangstemperatur: +6 °C
Temperatur fällt um 10 °C
+6 °C $\xrightarrow{-10\,°C}$ −4 °C

| Anfangstemperatur | Temperatur fällt um |
|---|---|
| +12 °C | 7 °C |
| +4 °C | 8 °C |
| +3 °C | 10 °C |
| −2 °C | 6 °C |
| −9 °C | 11 °C |
| +13 °C | 15 °C |
| +19 °C | 26 °C |

**12** Berechne die Endtemperatur.
a)
| Anfangstemperatur | Temperatur fällt um | Temperatur steigt um |
|---|---|---|
| −12 °C | 15 °C | 18 °C |
| −19 °C | 14 °C | 22 °C |

b)
| Anfangstemperatur | Temperatur fällt um | Temperatur steigt um |
|---|---|---|
| +23 °C | 30 °C | 15 °C |
| +26 °C | 40 °C | 11 °C |

**13** Wie hat sich die Temperatur verändert?
a)
| Anfangstemperatur | End-Temperatur |
|---|---|
| +13 °C | +20 °C |
| −8 °C | +5 °C |
| +12 °C | −2 °C |
| −16 °C | −14 °C |

b)
| Anfangstemperatur | End-Temperatur |
|---|---|
| −4 °C | −15 °C |
| −14 °C | −21 °C |
| −20 °C | −38 °C |
| +5 °C | −8 °C |

c)
| Anfangstemperatur | End-Temperatur |
|---|---|
| −3 °C | +16 °C |
| −11 °C | +19 °C |
| −16 °C | +18 °C |
| −7 °C | +11 °C |

## Das Wetter in Europa

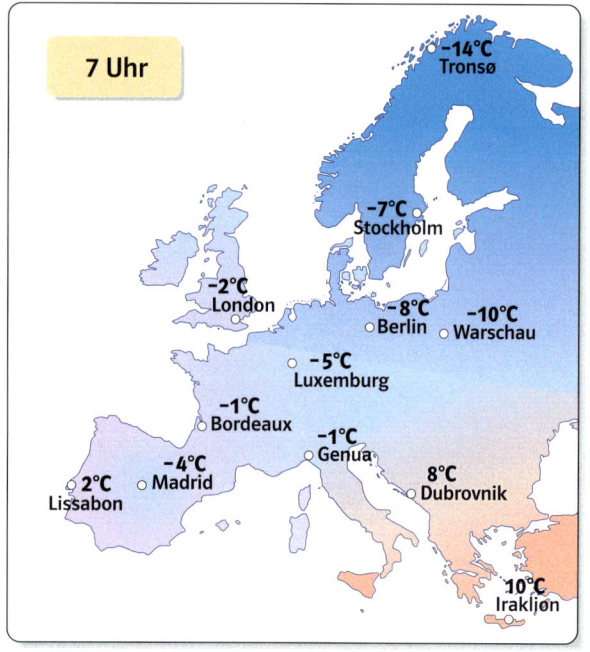

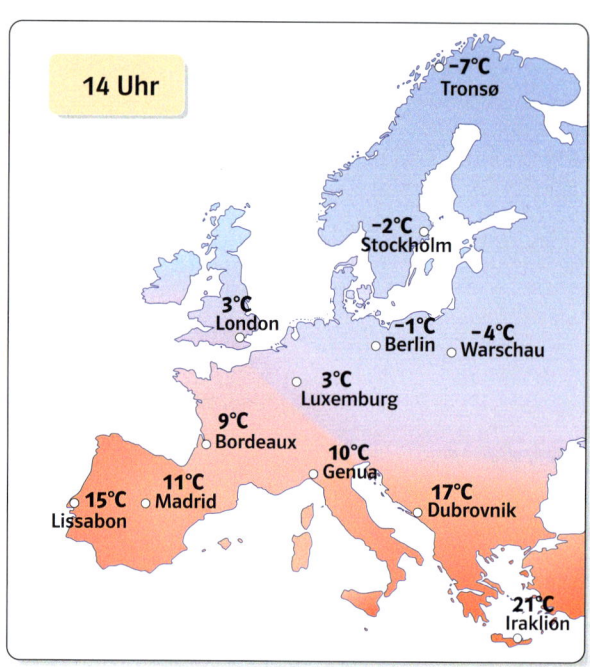

**1** a) Stelle die Temperaturen um 7 Uhr und um 14 Uhr jeweils an einer Thermometerskala dar.
b) Bestimme für jede Stadt die Temperaturveränderung.

**2** a) Stelle die Anzahl der Tage mit Niederschlägen in einem Säulendiagramm dar.
b) Stelle die Sonnenscheindauer in einem Balkendiagramm dar.

|  | Tage mit Niederschlägen | Sonnenscheindauer (h) |
|---|---|---|
| Berlin | 166 | 1818 |
| Bordeaux | 152 | 2052 |
| Dubrovnik | 119 | 2523 |
| Genua | 86 | 2217 |
| Iraklion | 77 | 2868 |
| Lissabon | 113 | 3023 |
| London | 153 | 1514 |
| Luxemburg | 182 | 1630 |
| Madrid | 84 | 2824 |
| Stockholm | 163 | 1973 |
| Tromsö | 221 | 1246 |
| Warschau | 147 | 1465 |

**3** In den Tabellen findest du Daten zum Wetter auf der Insel Langeoog.

**Niederschlagsmenge**
(Januar 2005 – Dezember 2005)

|  | Jan | Feb | Mär | Apr | Mai | Jun |
|---|---|---|---|---|---|---|
| mm | 33 | 41 | 43 | 42 | 31 | 50 |

|  | Jul | Aug | Sep | Okt | Nov | Dez |
|---|---|---|---|---|---|---|
| mm | 114 | 66 | 46 | 76 | 79 | 46 |

**Mittlere Temperatur**
(Januar 2005 – Dezember 2005)

|  | Jan | Feb | Mär | Apr | Mai | Jun |
|---|---|---|---|---|---|---|
| °C | 4,8 | 2,2 | 4,3 | 9,3 | 12,1 | 15,0 |

|  | Jul | Aug | Sep | Okt | Nov | Dez |
|---|---|---|---|---|---|---|
| °C | 17,6 | 16,5 | 16,3 | 13,4 | 7,8 | 4,5 |

a) Stelle die monatliche Niederschlagsmenge und die mittlere Temperatur jeweils in einem Säulendiagramm dar.
b) Berechne das arithmetische Mittel der mittleren Temperaturen und den Jahresniederschlag.

# Das Wetter in Europa

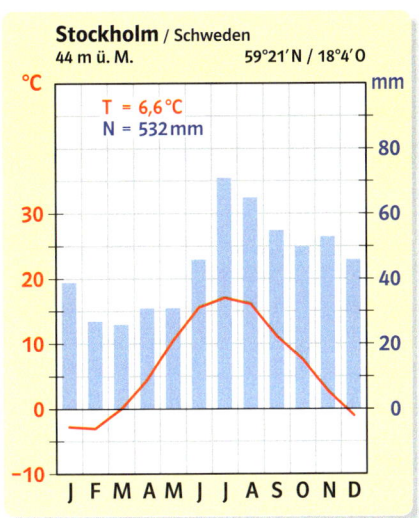

| Stockholm | | |
|---|---|---|
| Monat | (mm) | (°C) |
| Jan | 39 | −2,8 |
| Feb | 27 | −3,0 |
| Mar | 26 | 0,0 |
| Apr | 31 | 4,4 |
| Mai | 31 | 10,5 |
| Jun | 46 | 15,6 |
| Jul | 71 | 17,0 |
| Aug | 65 | 16,1 |
| Sep | 55 | 11,2 |
| Okt | 50 | 7,5 |
| Nov | 53 | 2,6 |
| Dez | 46 | −1,0 |
| **Jahr** | **532** | **6,6** |

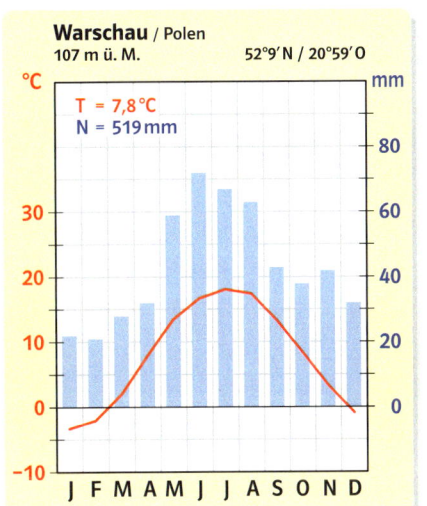

| Warschau | | |
|---|---|---|
| Monat | (mm) | (°C) |
| Jan | 22 | −3,3 |
| Feb | 21 | −2,0 |
| Mar | 28 | 2,0 |
| Apr | 32 | 7,8 |
| Mai | 59 | 13,4 |
| Jun | 72 | 16,6 |
| Jul | 67 | 17,9 |
| Aug | 63 | 17,3 |
| Sep | 43 | 13,2 |
| Okt | 38 | 8,3 |
| Nov | 42 | 3,2 |
| Dez | 32 | −0,9 |
| **Jahr** | **519** | **7,8** |

**4** Vergleiche die Klimadiagramme der drei europäischen Städte. Nenne Gemeinsamkeiten und Unterschiede und versuche diese zu erklären.

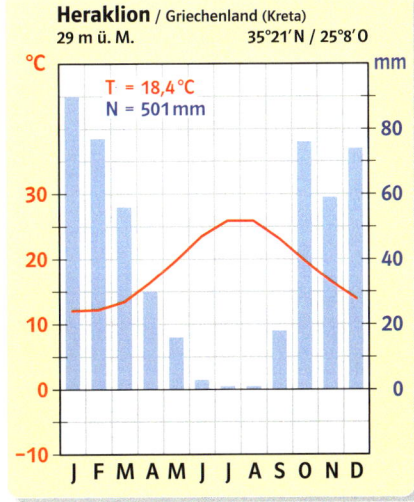

| Heraklion | | |
|---|---|---|
| Monat | (mm) | (°C) |
| Jan | 90 | 12,0 |
| Feb | 77 | 12,1 |
| Mar | 56 | 13,4 |
| Apr | 30 | 16,3 |
| Mai | 16 | 19,8 |
| Jun | 3 | 23,5 |
| Jul | 1 | 25,7 |
| Aug | 1 | 25,6 |
| Sep | 18 | 23,1 |
| Okt | 76 | 19,7 |
| Nov | 59 | 16,6 |
| Dez | 74 | 13,8 |
| **Jahr** | **501** | **18,4** |

Die **Alhambra** ist eine im 13. und 14. Jahrhundert erbaute Stadtburg der maurischen Könige in Granada (Spanien). Sie ist eine der großartigsten Schöpfungen islamischer Baukunst.

# 8 Symmetrien und Muster

Betrachte die einzelnen Muster und Bilder aus der Alhambra. Beschreibe die Regelmäßigkeiten, die du entdeckst. Bei welchen Mustern findest du Gemeinsamkeiten im Aufbau?

## Muster entwerfen

**1** Regelmäßige Muster spielen bei der Verzierung von Gegenständen eine große Rolle. Setze die Streifenmuster in deinem Heft fort (Länge mindestens 10 cm) und gestalte sie farbig.

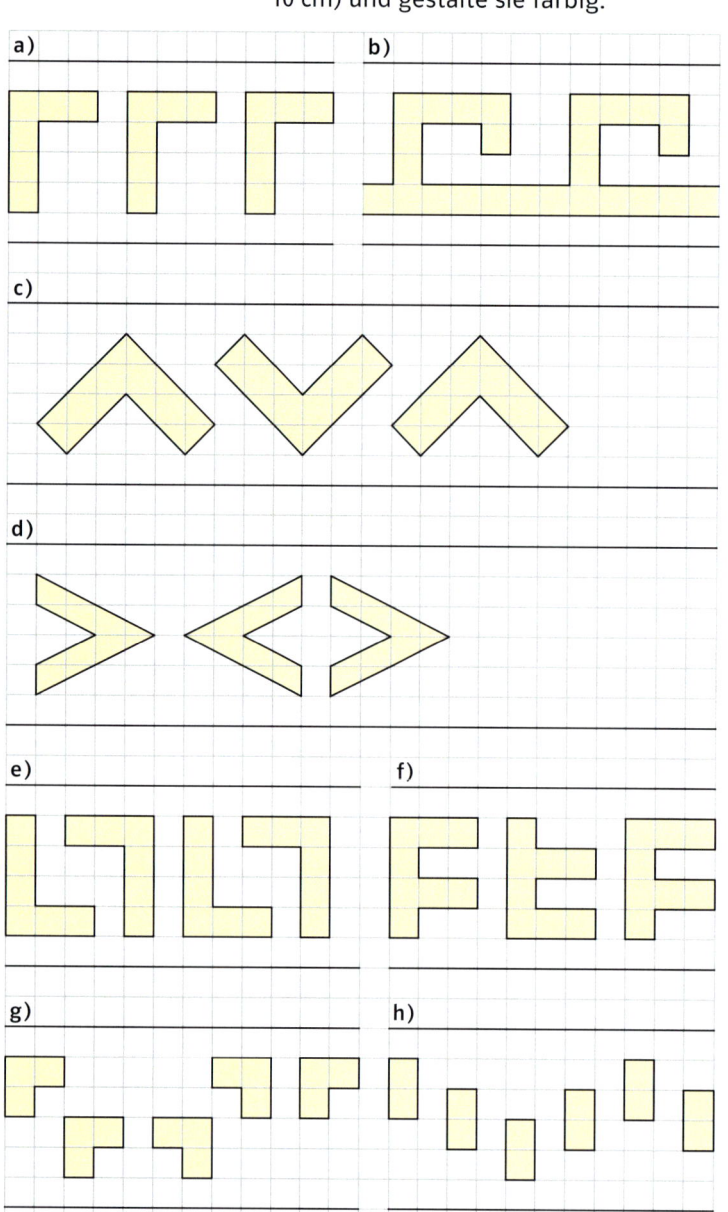

**2** Lara hat Musterstreifen mit ihrem Anfangsbuchstaben entworfen, um ihr Briefpapier zu verzieren.
a) Wie hat Lara das unten abgebildete Grundmuster entworfen?

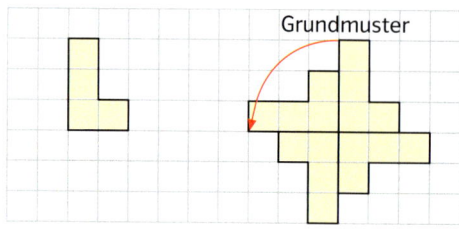

b) Übertrage den abgebildeten Musterstreifen auf deine Heftseite.

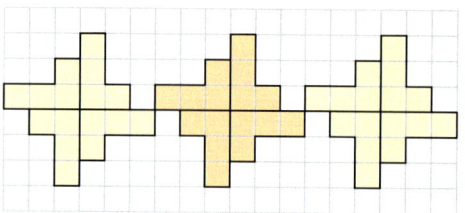

c) Entwirf ähnliche Muster mit einem anderen Buchstaben.

**3** Felix wollte ein schräg nach oben laufendes Muster mit dem Anfangsbuchstaben seines Vornamens entwerfen. Überprüfe, ob ihm das gelungen ist.
a) Nimm den Anfangsbuchstaben deines Vornamens und entwirf ein ähnliches Muster. Dabei soll der neue Buchstabe jeweils drei Kästchen nach rechts und zwei Kästchen nach oben wandern.

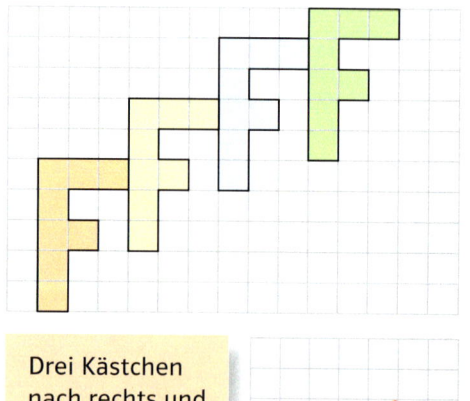

Drei Kästchen nach rechts und zwei Kästchen nach oben.

# Muster entwerfen

**4** a) Schneide von einer DIN-A4-Seite einige 5 cm breite Streifen ab. Am besten geeignet ist dünne Pappe. Falte einen Streifen wie in der Abbildung und schneide den zusammengefalteten Streifen seitlich ein. Beim Auseinanderfalten erhältst du ein Muster. Beschreibe dieses Muster.

b) Durch eine andere Faltung ist es möglich, aufwendige Muster anzufertigen. Falte den Streifen wie abgebildet und erstelle das gezeigte Muster. Fertige anschließend eigene Muster und klebe sie in dein Heft.

**5** a) Beschreibe, wie das unten abgebildete Muster hergestellt wurde.

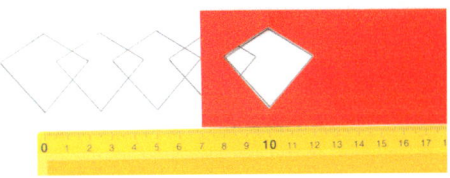

b) Versuche, die abgebildeten Muster nach dem gleichen Verfahren herzustellen.

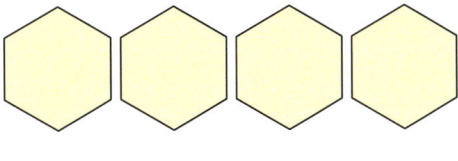

c) Entwirf eigene Muster und gestalte sie farbig.

## Verschiebung

Viele Völker haben Bandornamente zum Verschönern von Gegenständen und Gebäuden genutzt.

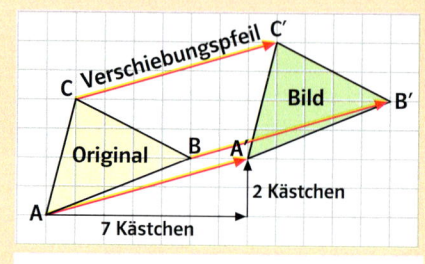

**Verschiebungsvorschrift:**
7 Kästchen nach rechts und
2 Kästchen nach oben

Bei einer Verschiebung sind die Verschiebungspfeile gleich lang und parallel zueinander.
Die Verschiebung wird durch die **Verschiebungsvorschrift** festgelegt.

Bandornamente (Streifenmuster) kannst du durch wiederholtes Verschieben einer Figur in die gleiche Richtung herstellen.

**1** In der Zeichnung ist die Raute A'B'C'D' durch Verschiebung aus der Raute ABCD hervorgegangen.

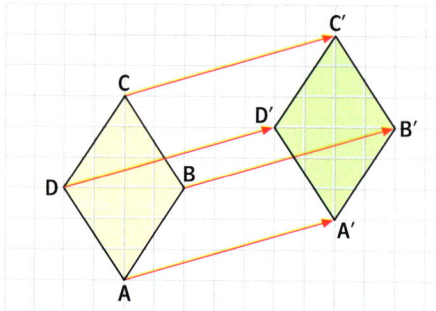

a) Wie liegen die rot eingezeichneten Verschiebungspfeile zueinander?
b) Vergleiche die Länge der einzelnen Pfeile miteinander.
c) Beschreibe die Verschiebung so, dass dein Sitznachbar sie ausführen kann.

**2** Übertrage die Figur in dein Heft und verschiebe sie. Die Verschiebungspfeile sind schon eingezeichnet.

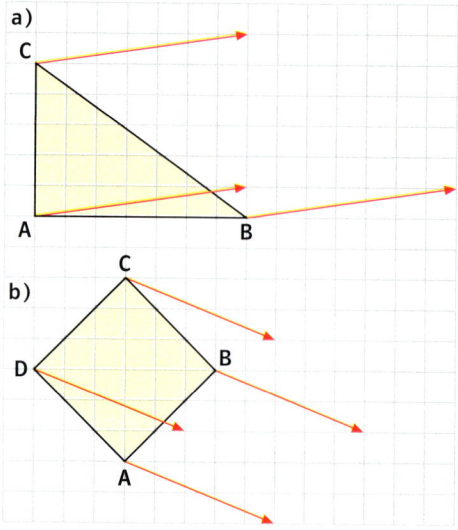

**3** Zeichne ein Dreieck. Lege die Eckpunkte der Figur auf Gitterpunkte des karierten Papiers. Verschiebe die Figur nach folgender Vorschrift:
a) 5 Kästchen nach rechts
b) 6 Kästchen nach rechts und 2 Kästchen nach unten
c) 4 Kästchen nach links und 7 Kästchen nach oben
d) 6 Kästchen nach unten.

# Verschiebung

**4** Übertrage die Figur in dein Heft und verschiebe sie mit dem eingezeichneten Pfeil. Kennzeichne die Bildpunkte und gib die Verschiebungsvorschrift an.

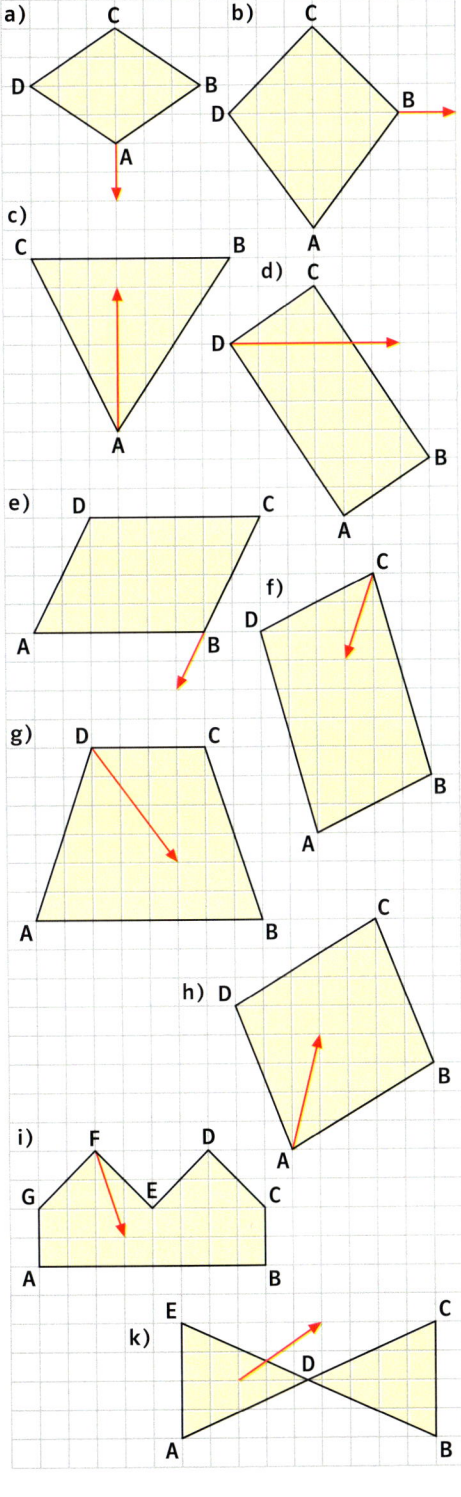

**5** Zeichne die Figur mit den angegebenen Eckpunkten in ein Koordinatensystem (Einheit 0,5 cm). Verschiebe sie, sodass der Punkt A in den Punkt A' übergeht. Gib die Koordinaten der fehlenden Bildpunkte an und bestimme die Verschiebungsvorschrift.

a) Dreieck

| Original | Bild |
|---|---|
| A (1\|1) | A' (6\|6) |
| B (6\|3) |  |
| C (2\|6) |  |

b) Rechteck

| Original | Bild |
|---|---|
| A (9\|1) | A' (1\|4) |
| B (15\|3) |  |
| C (14\|6) |  |
| D (8\|4) |  |

c) Parallelogramm

| Original | Bild |
|---|---|
| A (3\|7) | A' (6\|2) |
| B (9\|9) |  |
| C (7\|11) |  |
| D (1\|9) |  |

d) Raute

| Original | Bild |
|---|---|
| A (12\|4) | A' (4\|1) |
| B (15\|8) |  |
| C (12\|12) |  |
| D (9\|8) |  |

**6** Die abgebildeten Muster sind durch mehrfaches Verschieben entstanden.
a) Gib jeweils die Verschiebungsvorschrift an.
b) Zeichne jeweils die Originalfigur in dein Heft und erzeuge ein neues anderes Muster durch mehrfaches Verschieben. Gestalte die Muster farbig.

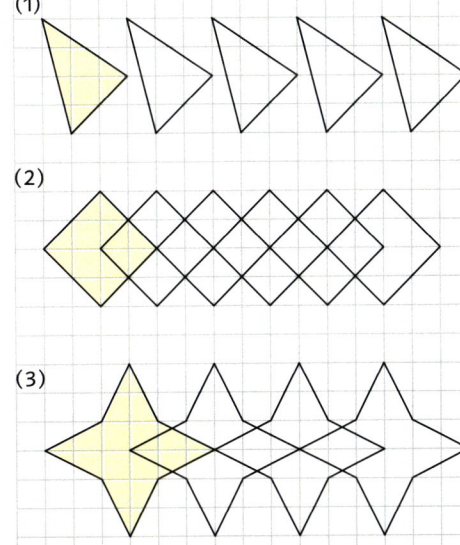

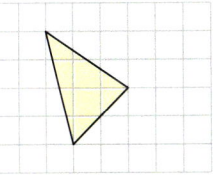

Originalfigur

185

## Spiegelung

**1** Das Spiegelbild der Hafenstraße enthält elf Fehler.

**2** a) Lea möchte sich mit Merle verabreden. Wie lautet ihre Antwort?
b) Auf der Pinnwand siehst du einzelne Sätze in Spiegelschrift geschrieben. Versuche sie zu lesen.
c) Schreibt ebenfalls Wörter oder Sätze in Spiegelschrift auf. Fordert anschließend eine Mitschülerin oder einen Mitschüler auf, die Texte richtig zu lesen.

**3** Bei den folgenden Wörtern sind beim Spiegeln Fehler passiert. Findest du sie?

Fußball  Schulhof
Computer  Internet
Volleyball  Basketball

# Spiegelbilder zeichnen

**1** Spiegele die Figur im Heft an der Spiegelachse s. Kennzeichne die Bildpunkte mit A', B', C' oder D'.

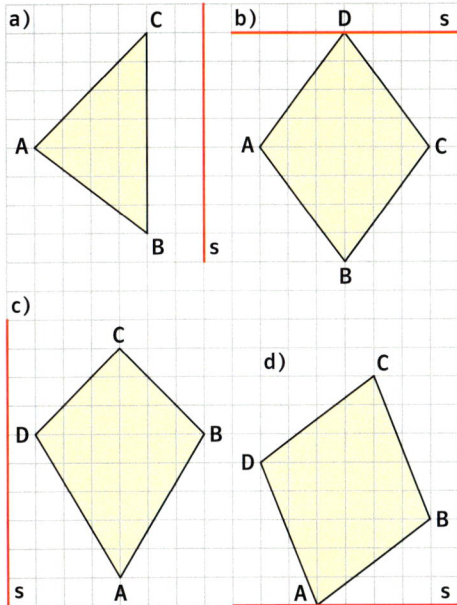

### Achsenspiegelung

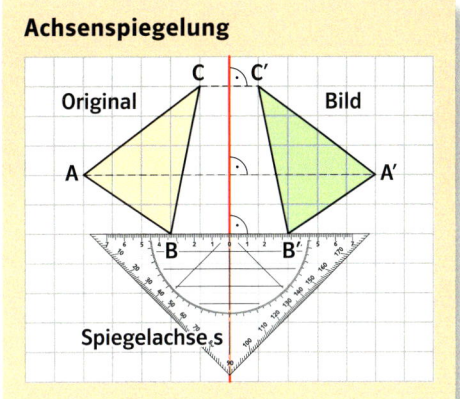

Bei der Achsenspiegelung steht die Verbindungsstrecke zwischen einem **Originalpunkt** und seinem **Bildpunkt** senkrecht auf der Spiegelachse.
Ein Originalpunkt und sein Bildpunkt haben jeweils den gleichen Abstand zur **Spiegelachse**.

**2** a) Ergänze die Figur durch Spiegelung an s zu einer achsensymmetrischen Figur. Welche Gesamtfigur erhältst du?
b) Wähle in jeder Figur einen Originalpunkt und seinen Bildpunkt aus. Vergleiche den Abstand von Originalpunkt und Bildpunkt zur Spiegelachse miteinander. Was stellst du fest?

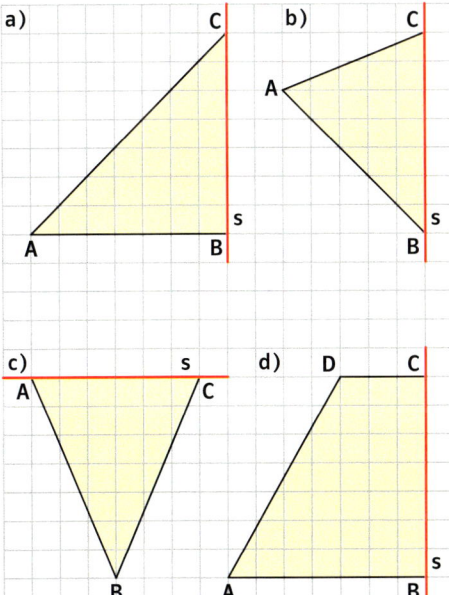

**3** Übertrage die Figur auf kariertes Papier und spiegele sie an s.

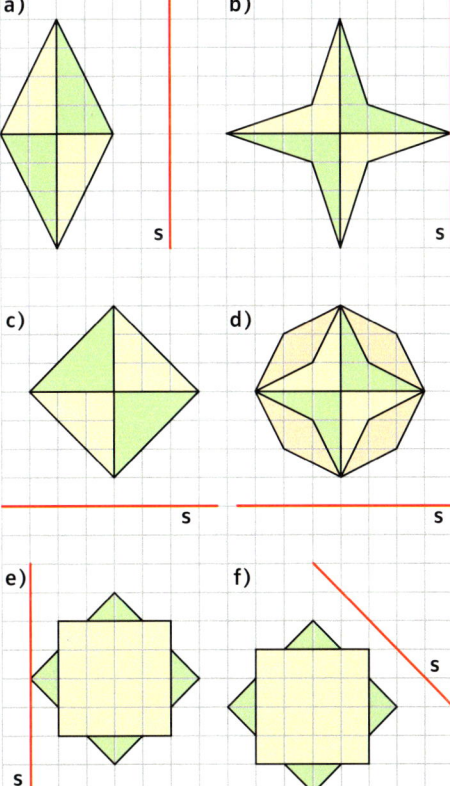

187

## Spiegelbilder zeichnen

**4** Übertrage die Figur und zeichne ihr Spiegelbild. Verlängere, wenn notwendig, die Spiegelachse s.

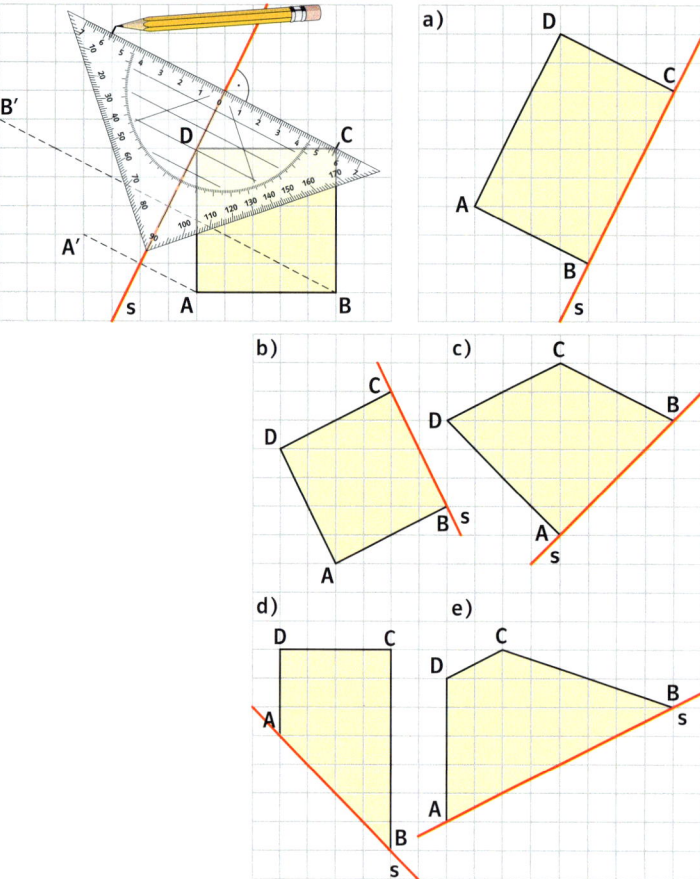

**5** Übertrage die Figur und spiegele sie an s.

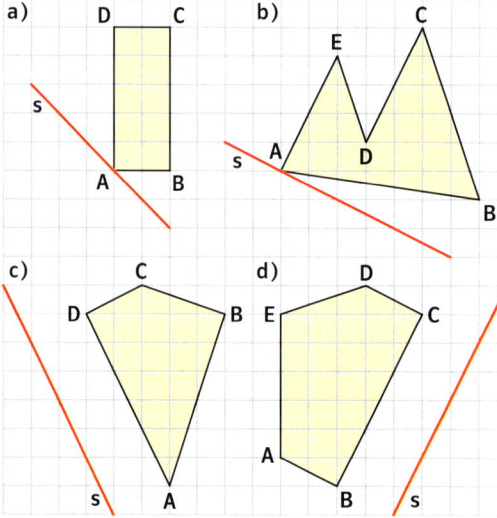

**6** Bei den folgenden Figuren fehlt die Spiegelachse s. Stattdessen ist ein Bildpunkt angegeben.
a) Konstruiere die Spiegelachse s.
b) Spiegele die Figur an s.
c) Beschreibe, wie du die Lage von s bestimmen kannst.

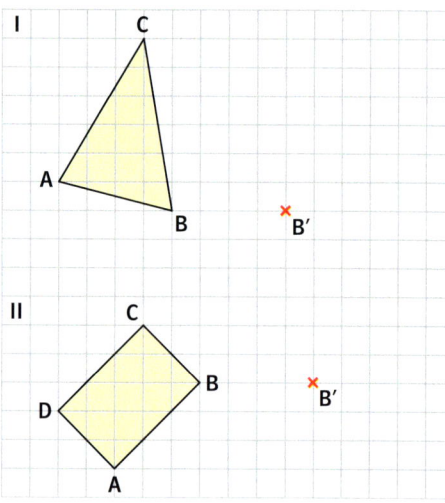

**7** Finde auch hier zuerst die Spiegelachse. Spiegele danach an s.

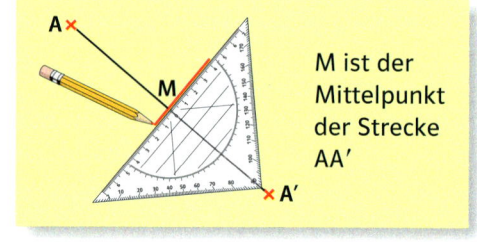

M ist der Mittelpunkt der Strecke AA′

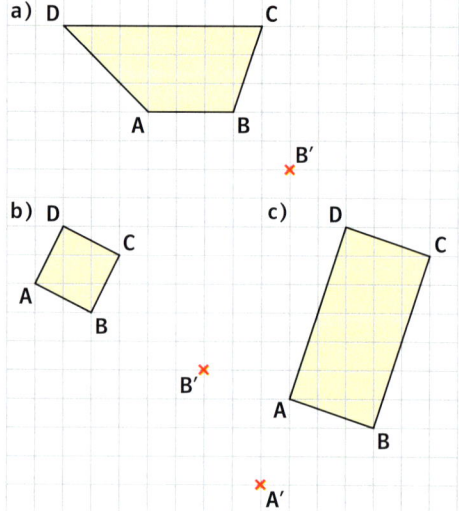

# Eigenschaften der Achsenspiegelung

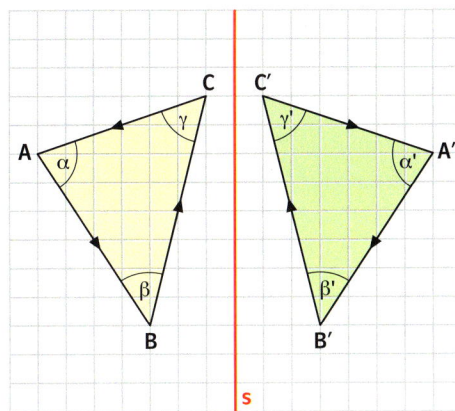

**1** Das abgebildete Dreieck ABC ist an der Spiegelachse s gespiegelt.
a) Vergleiche jeweils die Länge der Seiten und die Größe der Winkel in Original- und Bildfigur. Was stellst du fest?
b) Im Dreieck ABC kannst du die Eckpunkte in der Reihenfolge A-B-C entgegen dem Uhrzeigersinn durchlaufen. Betrachte den Umlaufsinn des Bilddreiecks A'B'C'.

> Bei einer Achsenspiegelung bleiben die Länge einer Strecke sowie die Größe eines Winkels erhalten. Der Umlaufsinn ändert sich.

**2** Die abgebildete Achsenspiegelung ist nicht richtig ausgeführt worden.
a) Finde den Fehler.
b) Begründe, warum A'B'C' keine Spiegelung von ABC sein kann.

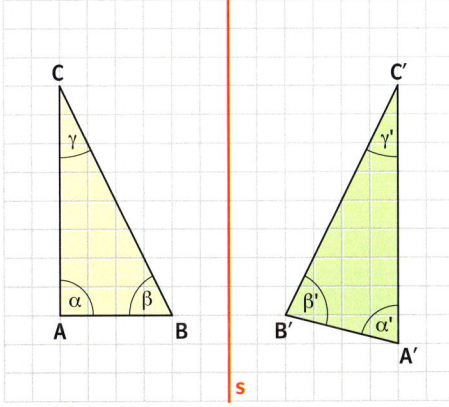

**3** Überprüfe die folgenden Achsenspiegelungen auf Fehler. Beschreibe den Fehler in deinem Heft.

a)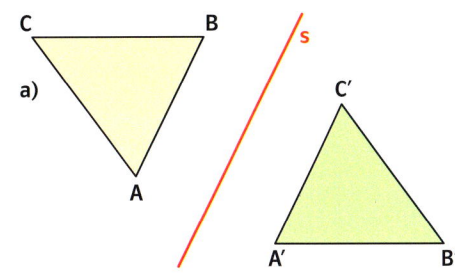

b)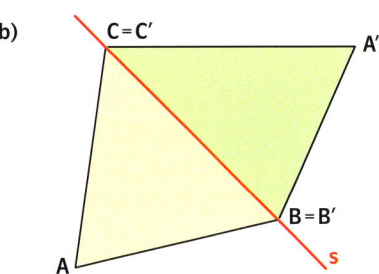

c)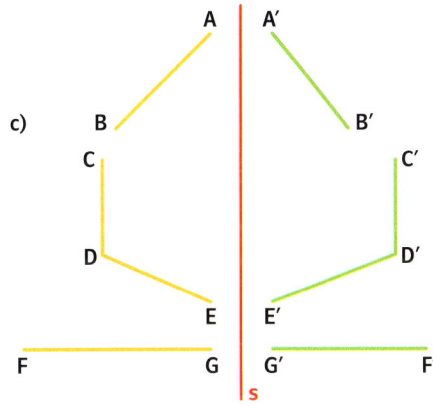

d)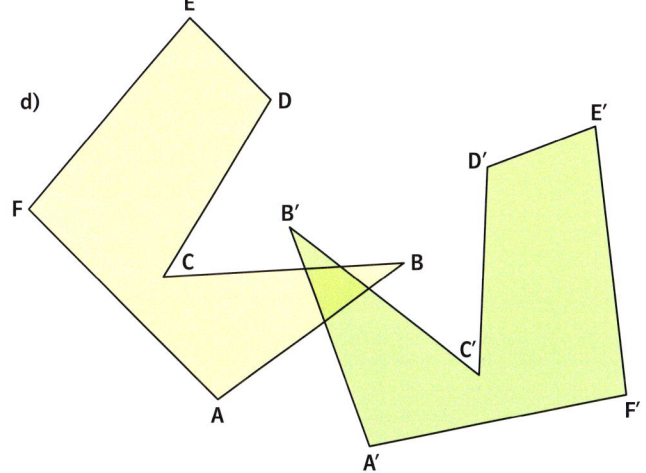

189

## Drehung

**1** Marvins Vater hat einen Briefkasten aus Amerika mitgebracht. Der Briefträger dreht eine Metallfahne nach oben, wenn er etwas einwirft. So ist leicht zu erkennen, ob Post gekommen ist.
a) Um welchen Winkel dreht der Briefträger die Fahne?
b) Nenne die Drehrichtung.
c) Nenne weitere Beispiele für Drehbewegungen.

**2** a) Übertrage die Fahne in dein Heft und drehe sie wie im Beispiel.
b) Um welchen Winkel ist die Fahne im Beispiel gedreht worden?
c) Entwirf eine eigene Fahne und drehe sie um 90° (180°).

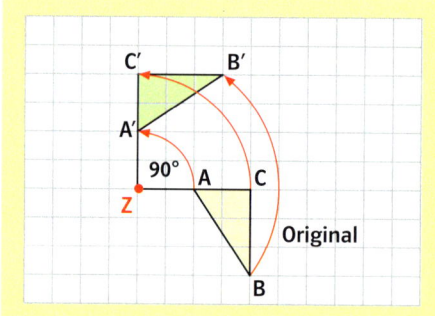

Bei einer **Drehung** wird jeder Punkt der Figur mit dem gleichen Drehwinkel um den Drehpunkt Z gedreht.
**Vereinbarung:**
Man dreht in der Mathematik links herum.

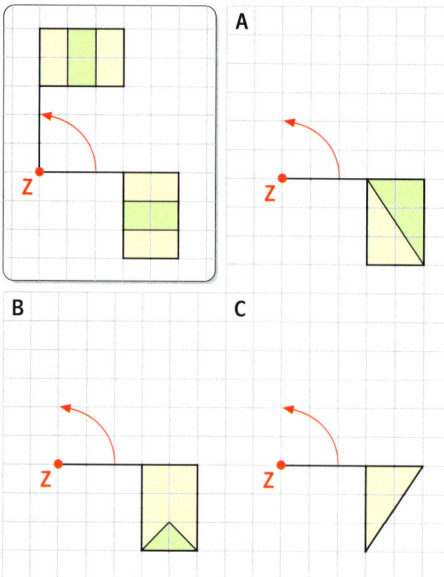

**3** Zeichne die Figur und drehe sie um 90° (180°).

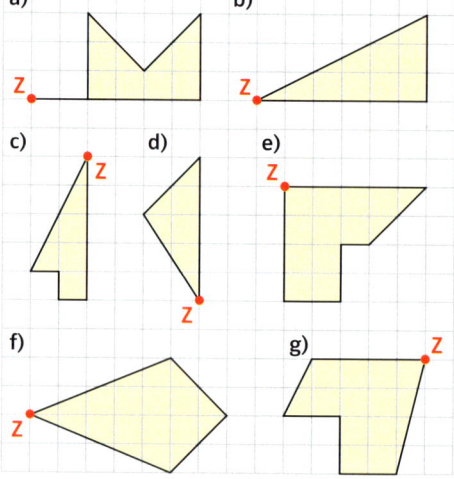

# Drehung

So kannst du einen Punkt A mithilfe von Zirkel und Geodreieck um 90° um den Punkt Z drehen:

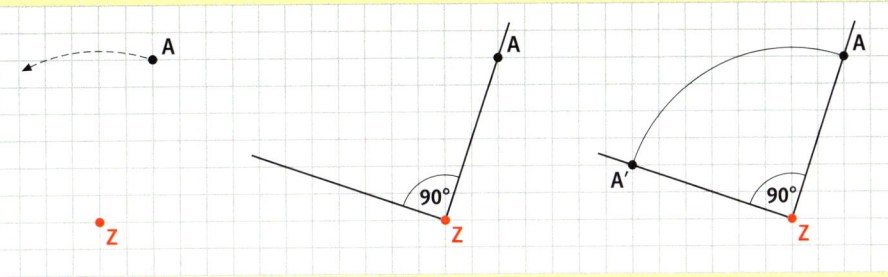

1. Verbinde zunächst Z mit A.
2. Zeichne einen 90°-Winkel mit dem Scheitelpunkt Z.
3. Zeichne um Z einen Kreis mit dem Radius $\overline{ZA}$. Der Schnittpunkt mit dem Schenkel ist der Bildpunkt A'.

**4** Übertrage in dein Heft und drehe den Punkt A mithilfe von Zirkel und Geodreieck um 90° um den Punkt Z.

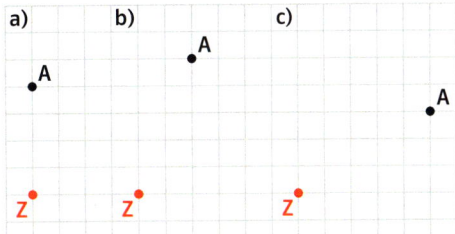

**5** Übertrage in dein Heft und drehe die Figur um 90° um den Punkt Z.

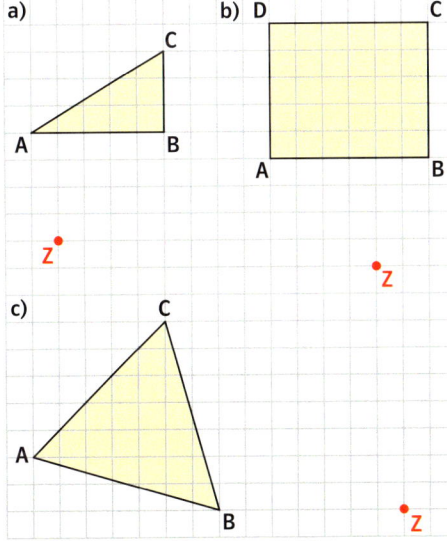

**6** Das Dreieck ABC wird durch eine Drehung um 180° (**Halbdrehung**) auf das Dreieck A'B'C' abgebildet.
a) Warum kann die Halbdrehung auch als **Punktspiegelung** an Punkt Z bezeichnet werden?
b) Beschreibe, wie sich die Bildpunkte sehr einfach konstruieren lassen.

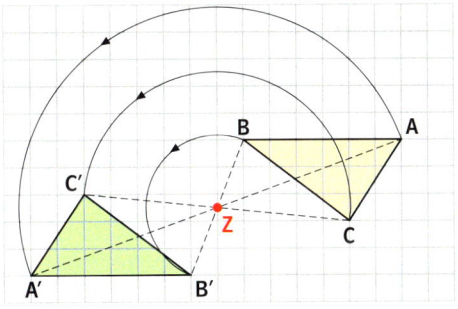

**7** Übertrage in dein Heft und führe eine Halbdrehung um Punkt Z aus.

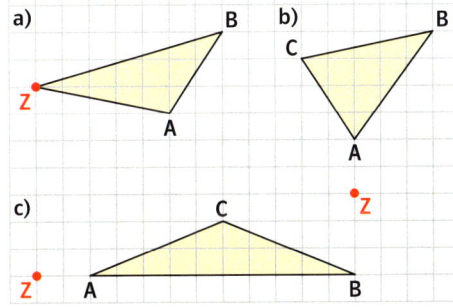

# Drehsymmetrische Figuren

**1** Betrachte die einzelnen Abbildungen. Nenne Gemeinsamkeiten und Unterschiede.

*Der Punkt Z ist Symmetriezentrum der Figur.*

**Drehsymmetrische Figuren** kommen nach einer Drehung um einen bestimmten Winkel (der kein Vollwinkel ist) mit sich selbst zur Deckung.

**2** Übertrage die Figur in dein Heft. Ist die Figur drehsymmetrisch? Begründe deine Antwort.

**3** a) Ergänze die Figur im Heft zu einer drehsymmetrischen Figur.
b) Entwirf selbst drei drehsymmetrische Figuren.

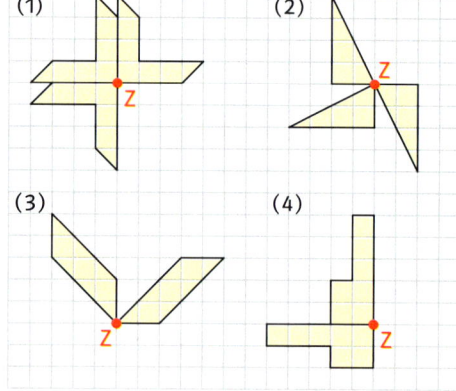

**4** a) Welche der Zeichen sind drehsymmetrisch?
b) Um welchen Winkel musst du die abgebildeten Zeichen jeweils drehen, damit sie wieder mit sich selbst zur Deckung kommen? Gibt es mehrere Lösungen?

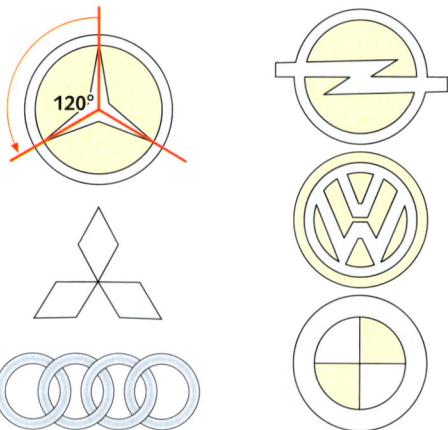

# Punktsymmetrie

**1** Welcher Buchstabe ist drehsymmetrisch? Um welchen Winkel musst du ihn drehen, damit er wieder mit sich selbst zur Deckung kommt?

# NINA

**2** Welche Figur kommt nach einer Halbdrehung (180°) um einen geeigneten Drehpunkt mit sich selbst zur Deckung?

a)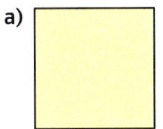
b)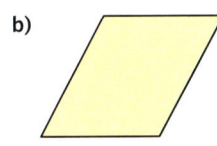
c)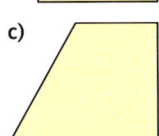
d)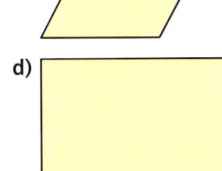

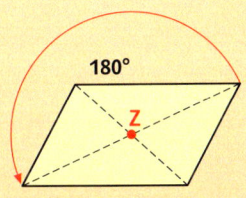

Eine drehsymmetrische Figur, die nach einer Halbdrehung (Punktspiegelung) um ihren Drehpunkt mit sich selbst zur Deckung kommt, heißt **punktsymmetrisch**. Der Punkt Z ist Symmetriezentrum der Figur.

**3** Finde alle punktsymmetrischen Figuren.

a)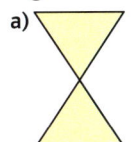
b)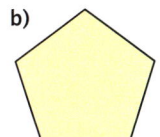
c)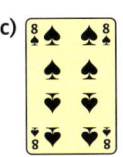
d)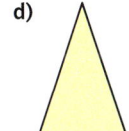
e)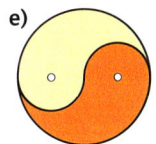
f)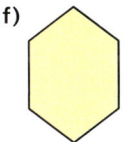

**4** a) Schreibe alle Buchstaben auf, die punktsymmetrisch sind.
b) Finde Wörter, die nur aus punktsymmetrischen Buchstaben bestehen.
c) Gibt es punktsymmetrische Wörter?

 ?

**5** Ergänze die Figur in deinem Heft zu einer punktsymmetrischen Figur. Das Symmetriezentrum Z ist markiert.

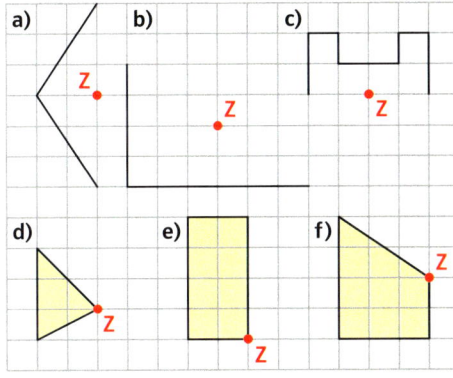

**6** Übertrage die punktsymmetrischen Figuren in dein Heft und markiere jeweils das Zentrum.

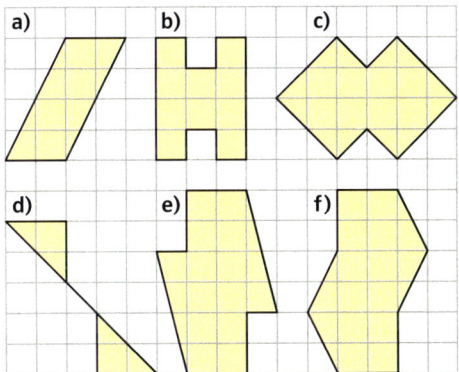

**7** Bei den Abbildungen punktsymmetrischer Figuren sind Fehler gemacht worden. Beschreibe die Fehler.

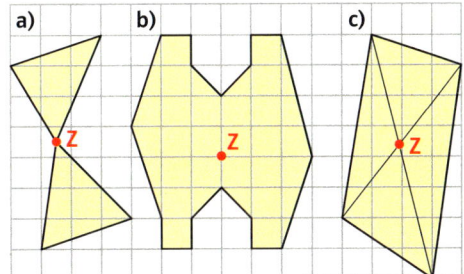

# Punktsymmetrie

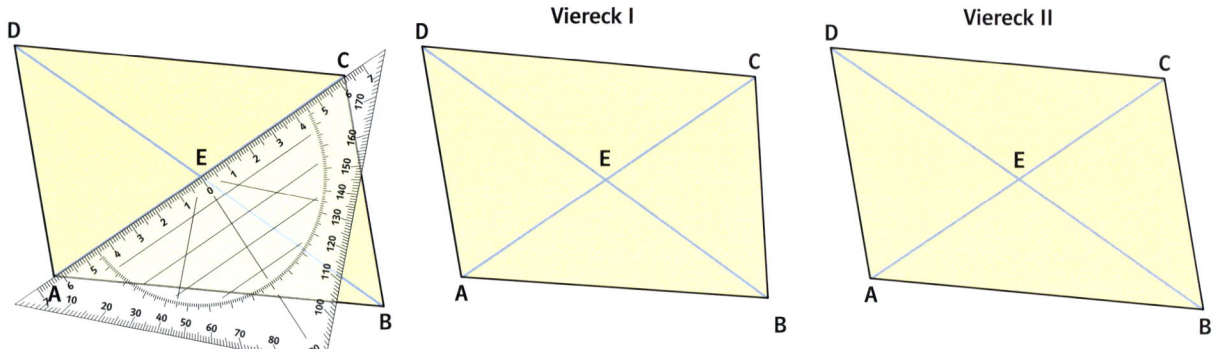

**8** Welches Viereck ist nicht punktsymmetrisch? Vergleiche die Längen der vier Diagonalenabschnitte in jedem Viereck miteinander. Was stellst du fest?

Zu jedem Punkt P einer punktsymmetrischen Figur gibt es einen Punkt P' der Figur, sodass gilt:
– P und P' liegen auf einer Geraden durch den Drehpunkt (oder das Symmetriezentrum) Z.
– P und P' sind gleich weit von Z entfernt.

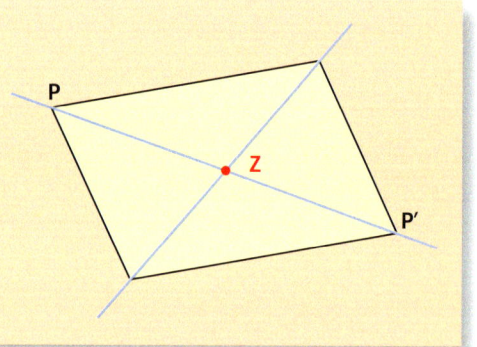

**9** Überprüfe die Figur auf Punktsymmetrie.

**10** Ergänze die Figur im Heft zu einer punktsymmetrischen Figur.

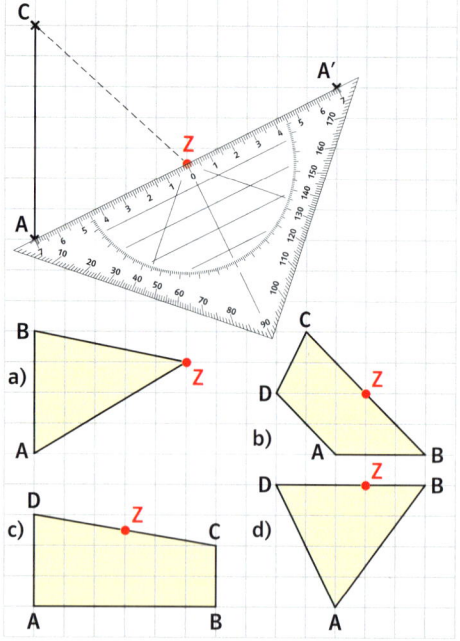

# Grundwissen: Symmetrie

**Achsenspiegelung**

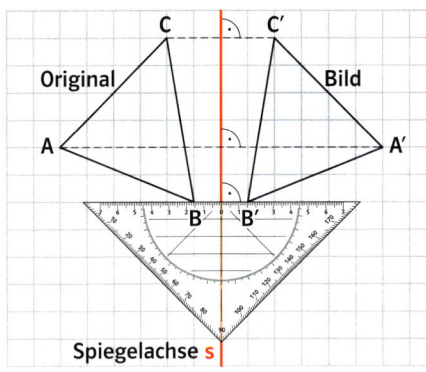

Das Dreieck ABC ist an der Geraden s gespiegelt.

**Verschiebung**

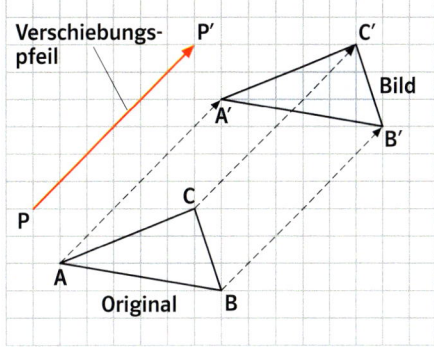

Das Dreieck ABC ist parallel zu dem Verschiebungspfeil $\overrightarrow{PP'}$ verschoben.

**Drehung**

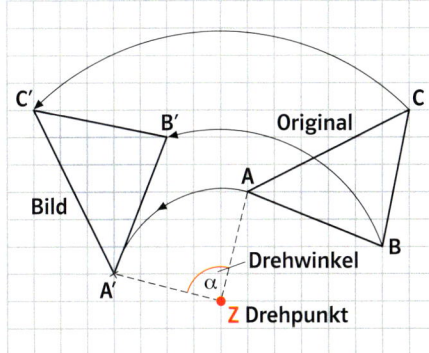

Das Dreieck ABC ist entgegen dem Uhrzeigersinn um Punkt Z um 90° gedreht.

**Punktspiegelung**

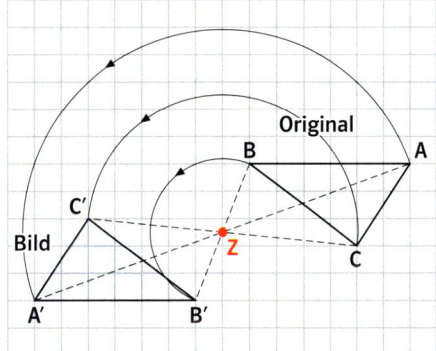

Das Dreieck ABC ist am Punkt Z gespiegelt.

**Achsensymmetrische Figur**

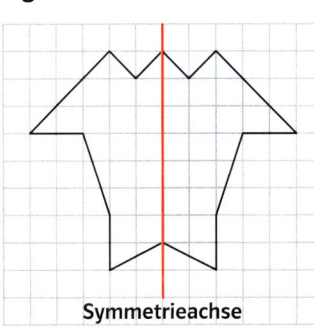

**Drehsymmetrische Figur**

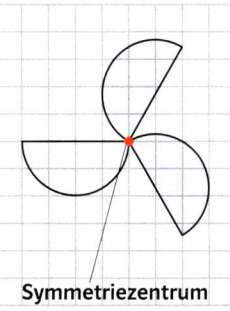

**Punktsymmetrische Figur**

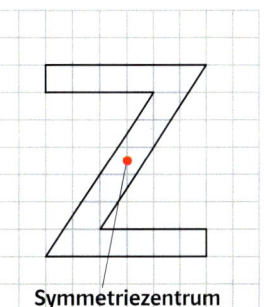

## Werkzeug   Geometriesoftware

Mit DynaGeo kannst du auch punktsymmetrische Figuren konstruieren.
Du brauchst dazu folgende Werkzeugleisten:

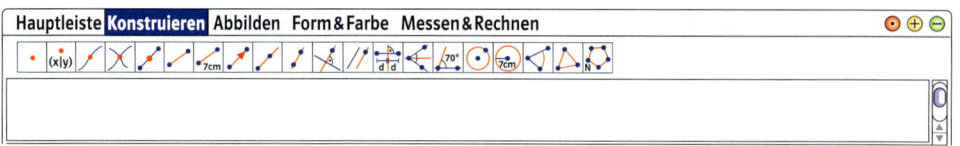

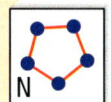

In der Leiste **Konstruieren** kannst du Punkte, Strecken und Vielecke (N-Ecke) zeichnen. Dreiecke, Vierecke, Fünfecke … bezeichnet man als Vielecke.

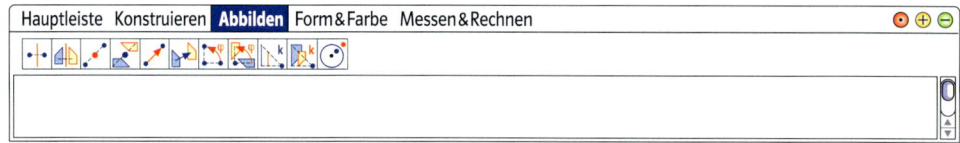

 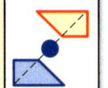

In der Leiste **Abbilden** findest du unter anderem zwei Symbole, um punktsymmetrische Figuren zu erzeugen.

**1** Konstruiere ein punktsymmetrisches Viereck.
Wähle dazu in der Leiste **Konstruieren** das Symbol Basispunkt und zeichne drei Punkte in ähnlicher Lage.
Benenne die Punkte mit A, B und Z. Klicke dafür zweimal (Doppelklick) auf die einzelnen Punkte.

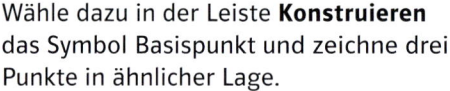
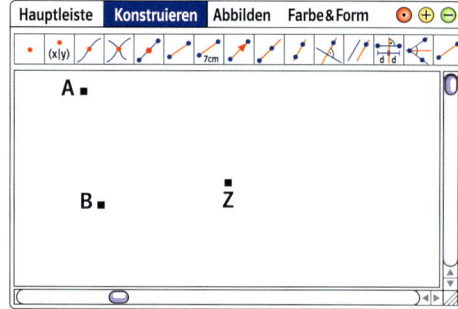

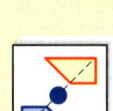

Wähle die Leiste **Abbilden**.
Um den Punkt A' zu erzeugen, klicke auf das Symbol **Objekt an einem Punkt spiegeln**.
Beachte die Anweisungen am unteren Bildschirmrand. Punkt A ist hier das zu spiegelnde Objekt und Punkt Z ist das Symmetriezentrum.

Verfahre ebenso mit Punkt B und erzeuge den Punkt B'.

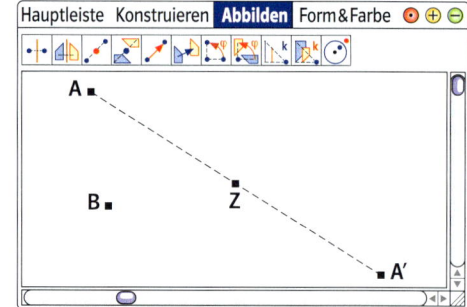

Verbinde die Punkte A, B', A' und B in der angegebenen Reihenfolge zu einem Viereck. Benutze dazu das Symbol **N-Eck** in der Leiste **Konstruieren**.
Ziehe mit der Zange an den Punkten A und B. Beschreibe deine Beobachtung. Wie heißen die Vierecke, die durch Ziehen erzeugt werden?

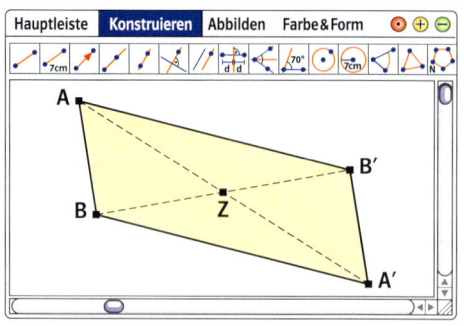

# Geometriesoftware: Punktsymmetrische Figuren konstruieren

**1** a) Konstruiere ein punktsymmetrisches Sechseck.
Spiegele dazu die Punkte A, B und C am Punkt Z. Nenne die Bildpunkte A', B' und C'.

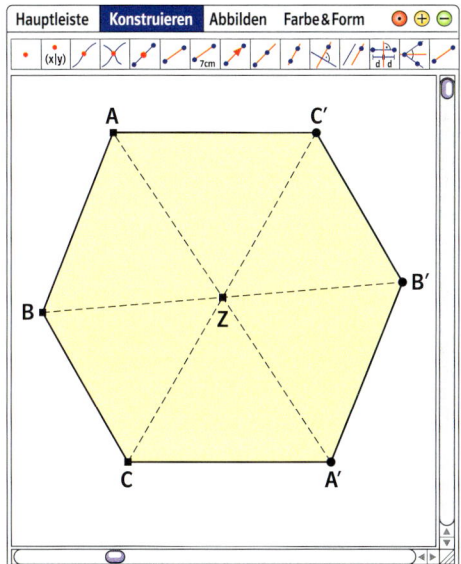

b) Verändere das punktsymmetrische Sechseck durch Ziehen an den Punkten A, B, oder C so, dass die abgebildeten Figuren entstehen.
c) Finde selbst neue punktsymmetrische Figuren und präsentiere sie der Klasse.

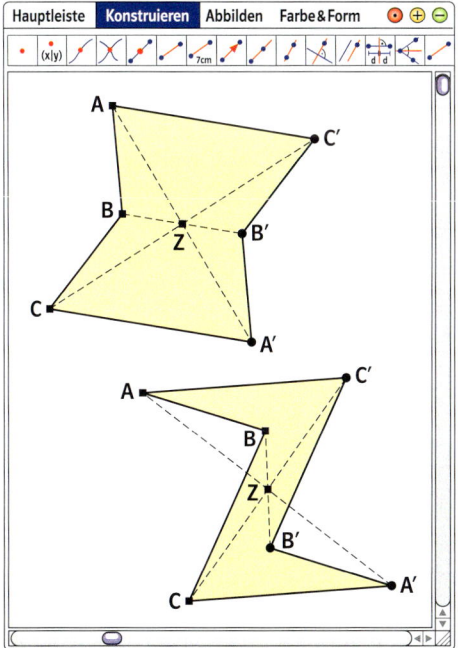

**2** Konstruiere eine Figur, die der abgebildeten punktsymmetrischen Figur ähnlich ist. Überlege dir, mit welcher Grundform du anfangen kannst.

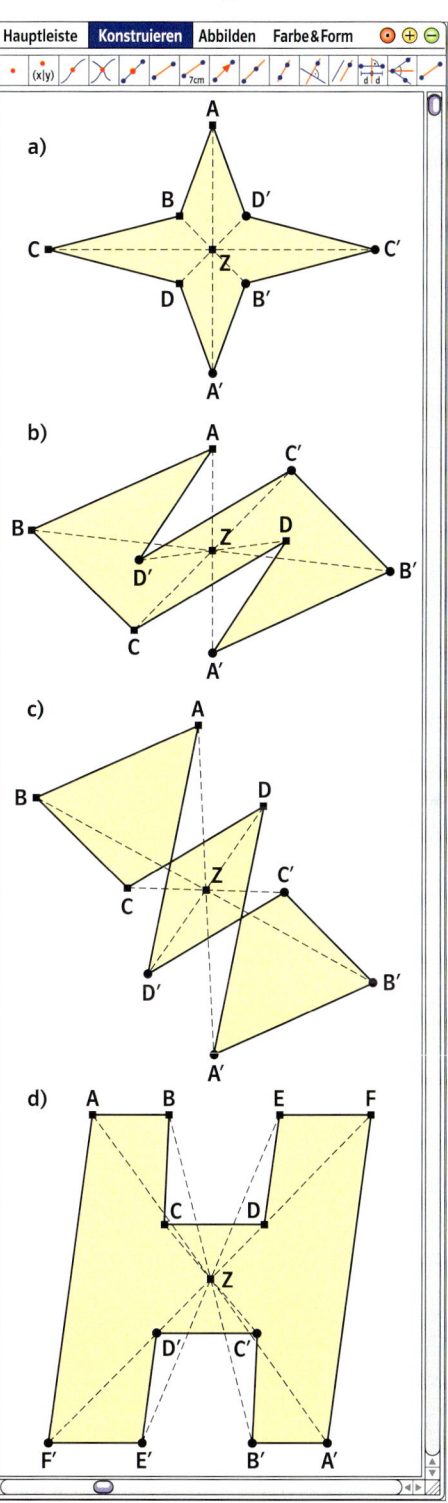

197

# Üben und Vertiefen

**1** Übertrage die Figuren in dein Heft und spiegele sie an der Spiegelachse s.

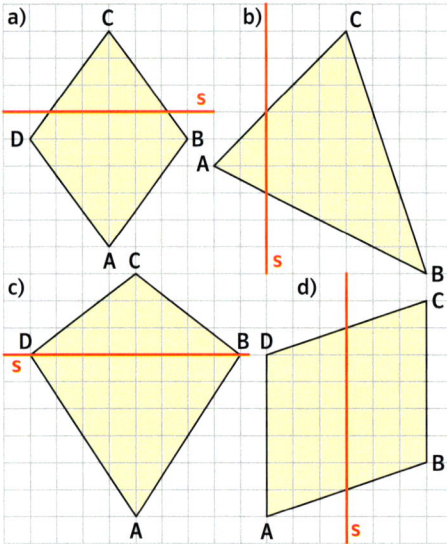

**2** Übertrage die Punkte in ein Koordinatensystem (Einheit 0,5 cm). Konstruiere die Spiegelachse s. Spiegele die Originalfigur an s und gib die Koordinaten der fehlenden Bildpunkte an.

a)
| Original | Bild |
|---|---|
| A (2\|3) | |
| B (7\|2) | B' (13\|6) |
| C (8\|7) | |
| D (3\|8) | |

b)
| Original | Bild |
|---|---|
| A (5\|10) | |
| B (10\|13) | |
| C (5\|16) | C' (16\|5) |
| D (0\|13) | |

**3** Übertrage Original- und Bildfigur einer Drehung ins Heft und markiere den Drehpunkt Z.

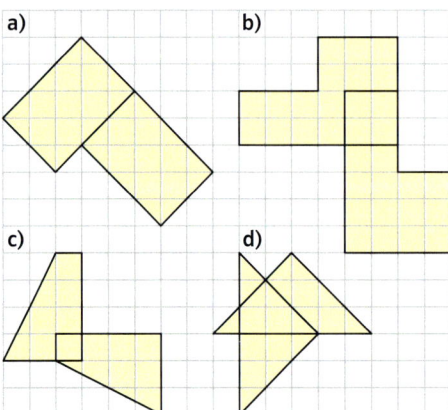

**4** In der Abbildung siehst du jeweils eine Original- und eine Bildfigur. Kannst du entscheiden, ob eine Verschiebung, eine Drehung oder eine Achsenspiegelung vorliegt? Warum wäre eine Bezeichnung der Eckpunkte mit Buchstaben hier hilfreich?

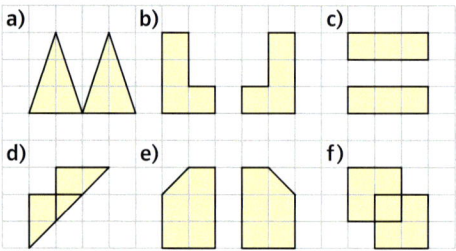

**5** Ergänze das Viereck jeweils zu einer punktsymmetrischen Figur mit dem Zentrum Z und zu einer achsensymmetrischen Figur mit der Symmetrieachse s. Vergleiche.

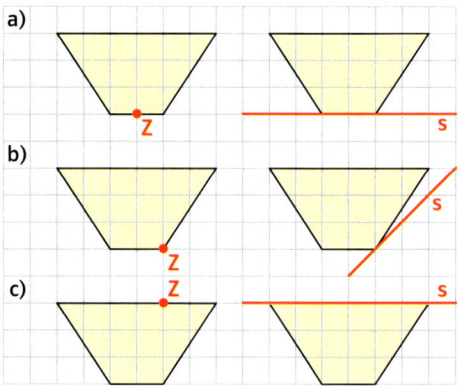

**6** Um welchen Winkel musst du die Figur drehen, damit sie mit sich selbst zur Deckung kommt? Entscheide, ob die Figur auch punktsymmetrisch ist. Begründe deine Antwort.

a) 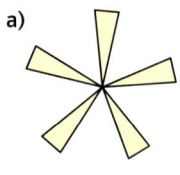  b)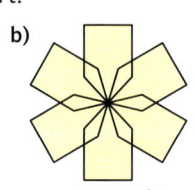

c) 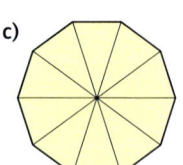  d)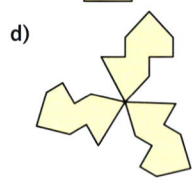

# Vernetzen: Abbildungen und Symmetrien

**1** Übertrage das Viereck in dein Heft und untersuche es auf Punktsymmetrie und Achsensymmetrie. Zeichne, wenn möglich, alle Symmetrieachsen und den Drehpunkt D ein. Wie heißt das Viereck?

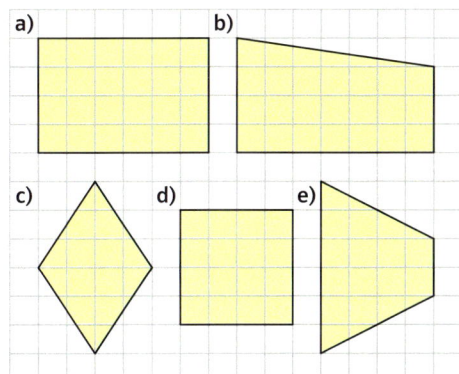

**2** Welche der folgenden Aussagen ist wahr, welche ist falsch?
a) Jedes Parallelogramm ist punktsymmetrisch.
b) Jedes Viereck ist punktsymmetrisch.
c) Jedes punktsymmetrische Viereck ist ein Parallelogramm.
d) Jedes Parallelogramm ist achsensymmetrisch.
e) Es kann kein punktsymmetrisches Dreieck geben.

**3** Zeichne eine Figur, die
a) achsensymmetrisch und punktsymmetrisch ist.
b) drehsymmetrisch, aber nicht punktsymmetrisch ist.
c) acht Ecken hat und punktsymmetrisch ist.

**4** Übertrage die Teilfigur in dein Heft und führe eine Halbdrehung um Z aus. Ist die so entstandene Gesamtfigur auch achsensymmetrisch?

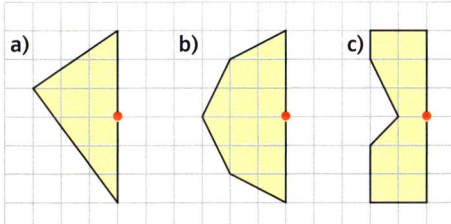

**5** In der Abbildung siehst du regelmäßige Vielecke.
a) Welche Vielecke sind punktsymmetrisch? Kannst du eine Regel formulieren? Begründe schriftlich.

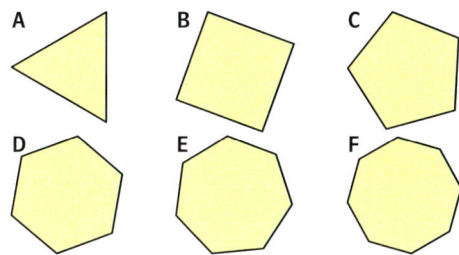

b) Wie viele Symmetrieachsen haben die einzelnen Vielecke? Gibt es eine Gesetzmäßigkeit?

**6** a) Zeichne ein Dreieck mit den Eckpunkten A(1|1), B(3|1), C(3|5) in ein Koordinatensystem (Einheit 0,5 cm) und spiegele es an der Spiegelachse s, die durch D(4|0) und E(4|6) verläuft. Spiegele die entstandene Bildfigur an der Spiegelachse t, die durch die Punkte F(8|0) und G(8|6) festgelegt ist.
b) Ist es möglich, diese Doppelspiegelung durch eine Verschiebung zu ersetzen? Gib eine Vorschrift für die Verschiebung an.
c) Wie müssen die beiden Spiegelachsen verlaufen, damit eine Doppelspiegelung durch eine Verschiebung ersetzt werden kann?

**7** Die Figur A'B'C' ist durch Halbdrehung aus ABC hervorgegangen. Übertrage das Dreieck ABC und erzeuge die Bildfigur durch zwei hintereinander ausgeführte Achsenspiegelungen in deinem Heft.

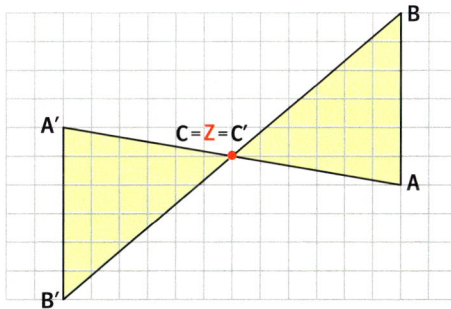

# Lernkontrolle 1

**1** Setze das Bandmuster fort.

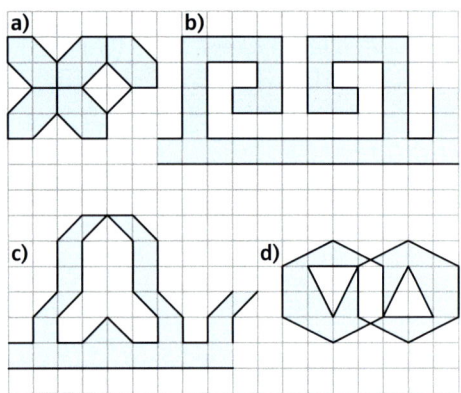

**2** Übertrage die Figur in dein Heft und spiegele sie an den Spiegelachsen. Benenne die Bildpunkte.

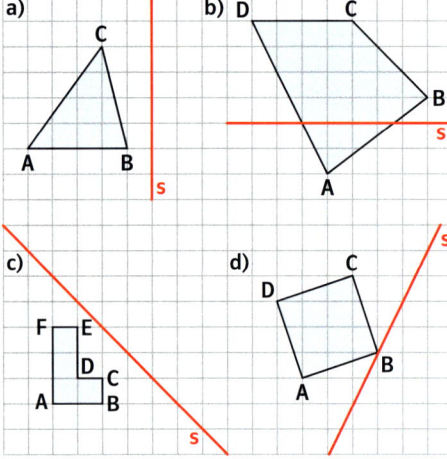

**3** Zeichne die Figur in dein Heft und verschiebe sie mithilfe der angegebenen Verschiebungspfeile.

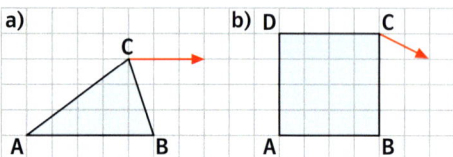

**4** Zeichne das Dreieck ABC mit A(2|2), B(6|2) und C(5|5) in ein Koordinatensystem (Einheit 0,5 cm).
Verschiebe das Dreieck so, dass C auf C'(12|13) fällt. Gib die Koordinaten von A' und B' an.

**5** Übertrage und ergänze zu einer punktsymmetrischen Figur. Der Drehpunkt ist Z.

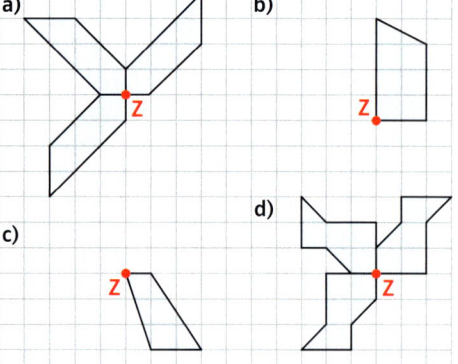

---

**1** Welcher Bruchteil ist gefärbt? Gib jeweils mehrere Lösungen an.

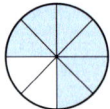  

**2** Bestimme den Platzhalter.

a) $\frac{1}{7} = \frac{}{28}$  b) $\frac{2}{9} = \frac{6}{}$  c) $\frac{3}{5} = \frac{9}{}$

d) $\frac{2}{3} = \frac{}{27}$  e) $\frac{3}{19} = \frac{24}{}$  f) $\frac{3}{13} = \frac{21}{}$

g) $\frac{20}{35} = \frac{}{7}$  h) $\frac{36}{180} = \frac{3}{}$  i) $\frac{60}{75} = \frac{12}{}$

k) $\frac{48}{54} = \frac{}{27}$  l) $\frac{26}{65} = \frac{}{5}$  m) $\frac{96}{136} = \frac{12}{}$

**3** Vergleiche die Brüche. Setze <, > oder = ein.

a) $\frac{3}{5}$  $\frac{4}{5}$   b) $\frac{2}{3}$  $\frac{5}{9}$   c) $\frac{3}{5}$  $\frac{7}{10}$

$\frac{5}{9}$  $\frac{2}{9}$   $\frac{1}{3}$  $\frac{3}{9}$   $\frac{4}{5}$  $\frac{6}{10}$

$\frac{8}{13}$  $\frac{4}{13}$   $\frac{2}{3}$  $\frac{7}{9}$   $\frac{2}{5}$  $\frac{6}{15}$

**4** Schreibe als gemischte Zahl.

a) $\frac{5}{2}$  b) $\frac{9}{4}$  c) $\frac{44}{11}$  d) $\frac{13}{10}$  e) $\frac{29}{12}$

**5** Schreibe als Bruch.

a) $1\frac{3}{4}$  b) $2\frac{2}{3}$  c) $3\frac{1}{5}$  d) $4\frac{2}{7}$  e) $5\frac{1}{6}$

# Lernkontrolle 2

**1** Setze das Bandmuster fort.

a)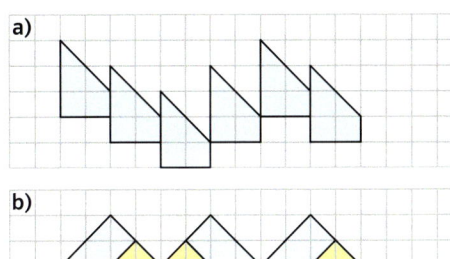

b)

c)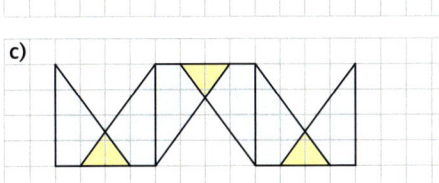

d)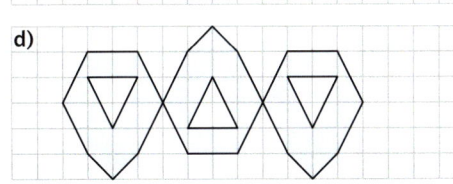

**2** Kann es ein punktsymmetrisches Fünfeck geben? Begründe deine Meinung schriftlich.

**3** Zeichne das Viereck ABCD mit A(2|1), B(6|1), C(7|4) und D(1|5) in ein Koordinatensystem (Einheit 0,5 cm). Ergänze zu einer drehsymmetrischen Figur. Der Drehpunkt ist Z(8|5).

**4** Übertrage und bestimme den Drehpunkt der punktsymmetrischen Figur.

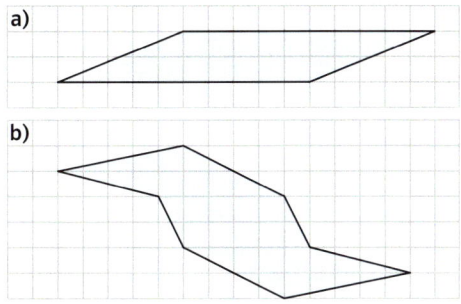

a)

b)

**5** Zeichne eine drehsymmetrische Figur, die bei einer Drehung um 45° mit sich selbst zur Deckung kommt.

**6** a) Zeichne eine drehsymmetrische Figur, die nicht punktsymmetrisch ist.
b) Zeichne eine punktsymmetrische Figur, die nicht achsensymmetrisch ist.

---

**1** Vergleiche die Zahlen. Setze <, > oder = ein.
a) 9,85   9,58     b) 0,030   0,031
   0,70   0,67        7,120   7,012
   0,308  0,380     14,0    10,4

**2** Runde auf Zehntel.
a) 0,0538   b) 8,3328   c) 0,0209
   16,9872     0,8959     10,9991

**3** Runde auf Hundertstel.
a) 9,09044  b) 8,63384  c) 4,29394
   5,439567   9,937248   0,604081

**4** Berechne.
a) 4,34 + 34,6 + 456 + 0,03
b) 1234,026 − 36
c) 45,6 + 24 − 0,0358
d) 680 000 − 0,001

**5** Berechne.
a) 0,5 · 20   b) 2,6 · 40   c) 2,7 · 395
   0,9 · 70      5,8 · 70      9,18 · 45
   0,7 · 40      2,5 · 30      0,678 · 345

**6** Berechne.
a) 2,7 · 0,22   b) 9,04 · 18,003
   3,71 · 55       71,61 · 8
   6,59 · 1,1      15,51 · 10,5

**7** Berechne.
a) 45,3 : 10    b) 0,5 : 10
   345,23 : 100   0,34 : 100
   12 : 1000     0,04 : 1000

**8** Berechne.
a) 4,5 : 5   b) 27 : 0,9   c) 1,6 : 0,2
   12,2 : 2    32 : 0,4     2,4 : 0,06
   13,2 : 3    45 : 0,9     0,64 : 0,016
   15,5 : 20   5 : 0,05    2,352 : 0,03

**Wiederholung**

Du kennst die Dreierreihe, die Fünferreihe und andere Reihen. Diese Reihen kannst du immer weiter fortsetzen.
Die Zahlen der Dreierreihe heißen **Vielfache** von drei, die Zahlen der Fünferreihe Vielfache von fünf.
Jede natürliche Zahl größer als null hat unendlich viele Vielfache.

# 9 Teiler und Vielfache

Warum stehen die Zahlen 15 und 30 im Überschneidungsbereich der beiden Kreise?
Wo musst du die übrigen Zahlen einordnen?

Jedes Vielfache von drei, zum Beispiel zwölf, kannst du ohne Rest durch drei teilen. Man sagt, drei ist ein **Teiler** von zwölf.

Ordne die Zahlen an der passenden Stelle in das Diagramm ein.

# Teiler und Primzahlen

54 ist ohne Rest durch 6 teilbar.

6 ist Teiler  54 ist Vielfaches
von 54.  von 6.

$6$ ⟶ ist Teiler von ⟶ $54$
⟵ ist Vielfaches von ⟵

54 ist nicht durch 5 teilbar.
Beim Teilen bleibt ein Rest.

5 ist nicht  54 ist nicht Viel-
Teiler von 54.  faches von 5.

**3** Bestimme jeweils alle Teiler von
a) 16  b) 25  c) 33  d) 44
   18     31     35     50

**1** a) Im Sportunterricht der Klasse 6.1 wird Volleyball gespielt. Die Klasse hat 30 Schülerinnen und Schüler.
Wie viele Mannschaften kann die Sportlehrerin bilden?
Warum bleibt kein Schüler übrig?
b) Die Klasse 6.2 hat 28 Schülerinnen und Schüler. Wie viele Volleyballmannschaften kann der Sportlehrer bilden?
Warum können nicht alle Schülerinnen und Schüler mitspielen?
c) Eine Handballmannschaft besteht aus sechs Feldspielerinnen oder Feldspielern und einem Torwart.
Überlege, wie viele Handballmannschaften aus der Klasse 6.1 (6.2) gebildet werden können.
Können alle Schülerinnen und Schüler mitspielen?

**2** In der sechsten Jahrgangsstufe einer Gesamtschule sind 120 Schülerinnen und Schüler.
Für einen Staffelwettbewerb sollen sie in gleich große Mannschaften eingeteilt werden. Jede Mannschaft soll aus mindestens acht und höchstens zwölf Schülerinnen und Schülern bestehen.
Welche Möglichkeiten gibt es?

**4** a) Tina hat alle neun Teiler von 36 gefunden. Welche sind es?
b) 48 hat zehn Teiler. Schreibe sie auf.

**5** In der Tabelle stehen jeweils die beiden Teiler von 54 nebeneinander, die miteinander multipliziert 54 ergeben.

| Teiler von 54 | | |
|---|---|---|
| 1 | 54 | 1 · 54 = 54 |
| 2 | 27 | 2 · 27 = 54 |
| 3 | 18 | 3 · 18 = 54 |
| 6 | 9  | 6 ·  9 = 54 |

Gib wie im Beispiel alle Teiler von 60 an.

**6** a) Der Flächeninhalt eines Rechtecks soll 12 cm² betragen. Die Maßzahlen der Seitenlängen müssen ganze Zahlen sein. Begründe, dass es genau diese drei Möglichkeiten gibt.

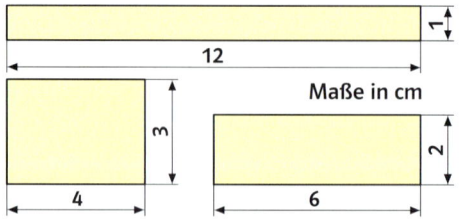

Maße in cm

b) Zeichne alle Rechtecke mit einem Flächeninhalt von 8 cm² (9 cm², 15 cm², 24 cm²), bei denen die Maßzahlen der Seitenlängen ganze Zahlen sind.

# Teiler und Primzahlen

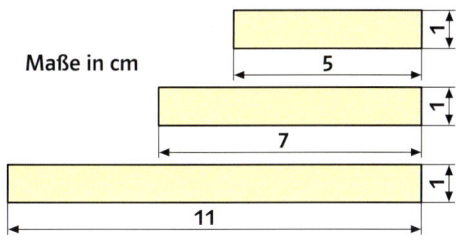

Maße in cm

**7** a) Die Maßzahlen der Seitenlängen eines Rechtecks sollen ganze Zahlen sein. Begründe, dass es nur ein einziges Rechteck gibt, dessen Flächeninhalt 5 cm² (7 cm², 11 cm²) beträgt.
b) Gib weitere Maßzahlen für den Flächeninhalt an, so dass es nur ein einziges Rechteck gibt, dessen Seitenlängen ganze Maßzahlen haben.

> Natürliche Zahlen, die genau zwei Teiler haben, heißen **Primzahlen.** Sie sind nur durch 1 und durch sich selbst teilbar.
>
> Die Zahl 1 hat nur einen Teiler. Deshalb ist sie keine Primzahl.

| Primzahlen kleiner als 100 | | | | |
|---|---|---|---|---|
| 47 | 73 | 41 | 53 | 71 |
| 79 | 29 | 43 | 59 | 83 |
| 5 | 23 | 11 | 97 | 7 |
| 67 | 31 | 13 | 17 | 3 |
| 2 | 89 | 37 | 61 | 19 |

**8** Welche Aussagen sind wahr, welche falsch?
a) Es gibt nur eine gerade Primzahl.
b) Zwischen 30 und 40 gibt es drei Primzahlen.
c) Es gibt fünf zweistellige Primzahlen, deren letzte Ziffer eine 9 ist.
d) Es gibt nur eine Primzahl, deren letzte Ziffer eine 5 ist.

**9** a) Warum gibt es keine zweistellige Primzahl, deren letzte Ziffer eine 2 (eine 8, eine 5) ist?
b) Welche Endziffern können bei zweistelligen Primzahlen auftreten?

**10** In den Beispielen werden die Zahlen 15 und 18 als Produkt von Primzahlen dargestellt.

> 15 = 3 · 5        18 = 2 · 3 · 3

Schreibe wie in den Beispielen als Produkt von Primzahlen.
21 = ▨ · ▨        12 = ▨ · ▨ · ▨
22 = ▨ · ▨        20 = ▨ · ▨ · ▨
26 = ▨ · ▨        66 = ▨ · ▨ · ▨

**11** Große Zahlen kannst du mithilfe eines Teilerbaums in ein Produkt von Primzahlen zerlegen.
Im Beispiel wird die Zahl 90 zunächst in zwei Faktoren zerlegt, dann wird jeder Faktor weiter zerlegt, bis nur noch Primzahlen auftreten. Dabei gibt es mehrere Möglichkeiten.

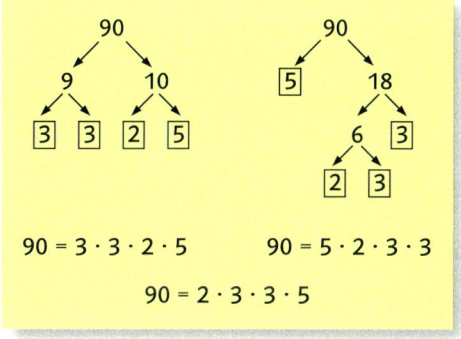

90 = 3 · 3 · 2 · 5        90 = 5 · 2 · 3 · 3
90 = 2 · 3 · 3 · 5

Zeichne einen weiteren Teilerbaum für die Zahl 90.

**12** Zeichne für die Zahlen jeweils einen Teilerbaum und schreibe sie als Produkt von Primzahlen.
a) 24    b) 80    c) 120   d) 320
   30       81      136      400
   32      100      176     1000

> Jede natürliche Zahl, die selbst keine Primzahl ist, kann in ein Produkt von Primzahlen zerlegt werden.
>
> Bei der Zerlegung sind verschiedene Wege möglich, die alle zu demselben Ergebnis führen.
>
> 28 = 2 · 2 · 7        650 = 2 · 5 · 5 · 13

## Größter gemeinsamer Teiler und kleinstes gemeinsames Vielfaches

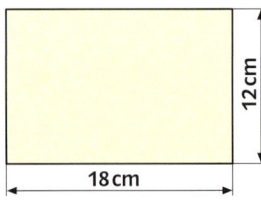

**1** Ein 18 cm langes und 12 cm breites Rechteck soll vollständig mit gleich großen Quadraten ausgelegt werden. Die Maßzahl der Seitenlänge eines Quadrates soll eine ganze Zahl sein.
Wie lang kann die Seite eines Quadrates sein? Es gibt vier Möglichkeiten. Welche Seitenlänge hat das größtmögliche Quadrat?

---

So kannst du den größten gemeinsamen Teiler von 12 und 16 bestimmen:

Teiler von 12: $\underline{1}, \underline{2}, 3, \underline{4}, 6, 12$
Teiler von 16: $\underline{1}, \underline{2}, \underline{4}, 8, 16$

gemeinsame Teiler
von 12 und 16:   1, 2, 4

größter gemeinsamer
Teiler von 12 und 16: ggT (12, 16) = 4

---

**2** Bestimme jeweils den größten gemeinsamen Teiler von
a) 8 und 12
   25 und 30
   22 und 33
b) 28 und 42
   10 und 35
   16 und 40

c) 32 und 44
   45 und 75
   28 und 56
d) 15, 25 und 35
   18, 24 und 42
   10, 15, 45 und 60

**3** Ersetze jeweils den Platzhalter. Es gibt mehrere Möglichkeiten.
a) ggT (12, ■) = 4
   ggT (10, ■) = 5
   ggT (■, 66) = 11
b) ggT (21, ■) = 7
   ggT (36, ■) = 18
   ggT (12, ■) = 1

**4** Die drei Stockwerke eines alten Hauses sind 3,04 m, 2,88 m und 2,56 m hoch. Die Treppe des Hauses soll erneuert werden. Alle Treppenstufen sollen gleich und mindestens 10 cm hoch sein.

**5** Am Hauptbahnhof fahren um 8.10 Uhr gleichzeitig eine Straßenbahn der Linie 2 und eine Straßenbahn der Linie 1 ab. Die Bahnen der Linie 2 verkehren im Abstand von neun Minuten, die der Linie 1 im Abstand von sechs Minuten. Zu welchen Zeiten fahren die Straßenbahnen beider Linien wieder gleichzeitig am Hauptbahnhof ab?

---

So kannst du das kleinste gemeinsame Vielfache von 8 und 12 bestimmen:

Vielfache von 8: 8, 16, $\underline{24}$, 32, 40, $\underline{48}$, …
Vielfache von 12: 12, $\underline{24}$, 36, $\underline{48}$, 60, …

gemeinsame Vielfache von 8 und 12:   24, 48, 72, …

kleinstes gemeinsames Vielfaches
von 8 und 12:     kgV (8,12) = 24

---

**6** Bestimme jeweils das kleinste gemeinsame Vielfache von
a) 4 und 6
   6 und 9
   6 und 8
b) 12 und 16
   15 und 25
   12 und 18
c) 6 und 14
   9 und 11
   22 und 55

**7** Beim Schwimmen im 25-Meter-Becken benötigt Rabea für eine Bahn 30 s, Kerstin 25 s. Sie starten gleichzeitig. Nach wie vielen Sekunden schlagen beide gleichzeitig am Beckenrand an? Wie viele Bahnen ist Rabea geschwommen, wie viele Kerstin?

## Teilbarkeitsregeln

**1** Welche der abgebildeten Zahlen sind durch 2 (durch 5, durch 10) teilbar? Woran erkennst du die Teilbarkeit durch 2 (durch 5, durch 10)?

**2** Schreibe alle zweistelligen Zahlen auf,
a) die durch 2 und durch 5 teilbar sind,
b) die durch 5, aber nicht durch 2 teilbar sind.

**3** In den Beispielen wird gezeigt, dass die Zahlen 124 und 3248 durch 4 teilbar sind.

```
124 : 4 = (100 + 24) : 4
        = 100 : 4 + 24 : 4
        =   25   +   6
        =   31
```

```
3248 : 4 = (3200 + 48) : 4
         = 3200 : 4 + 48 : 4
         =   800    +   12
         =   812
```

a) Zeige ebenso, dass 216 und 1244 durch 4 teilbar sind.
b) Formuliere eine Regel für die Teilbarkeit durch 4.

**4** Welche Zahlen sind durch 4 teilbar?
a) 148   b) 576   c) 3456   d) 11610
   312      650      8242      13736

**5** a) Wie hat Sabrina herausgefunden, dass 41526 durch 3 teilbar ist?
b) Überprüfe durch eine schriftliche Division, dass Sabrina Recht hat.

**6** In den Beispielen wird überprüft, ob 5781 und 2524 durch 3 teilbar sind.

```
         Quersumme von 5781:
         5 + 7 + 8 + 1 = 21
         21 ist durch 3 teilbar.
also:    5781 ist durch 3 teilbar.
```

```
         Quersumme von 2524:
         2 + 5 + 2 + 4 = 13
         13 ist nicht durch 3 teilbar.
also:    2524 ist nicht durch 3 teilbar.
```

Welche Zahlen sind durch 3 teilbar?
a) 567   b) 7359   c) 4287   d) 7685
   405      5588      8697      6819

**7** Begründe mithilfe von Beispielen, dass die Quersummenregel auch für die Teilbarkeit durch 9 gilt.

---

Eine Zahl ist durch 10 teilbar, wenn ihre letzte Ziffer eine 0 ist.
Eine Zahl ist durch 5 teilbar, wenn ihre letzte Ziffer eine 0 oder 5 ist.
Eine Zahl ist durch 2 teilbar, wenn ihre letzte Ziffer eine 0, 2, 4, 6 oder 8 ist.

Eine Zahl ist durch 3 teilbar, wenn ihre Quersumme durch 3 teilbar ist.
Eine Zahl ist durch 9 teilbar, wenn ihre Quersumme durch 9 teilbar ist.

Eine Zahl ist durch 4 teilbar, wenn die beiden letzten Ziffern Nullen sind oder eine durch 4 teilbare Zahl bilden.

# Grundwissen: Teiler und Vielfache

72 ist ohne Rest durch 8 teilbar.

8 ist Teiler von 72.     72 ist Vielfaches von 8.

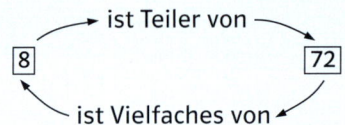

72 ist nicht durch 5 teilbar. Beim Teilen bleibt ein Rest.

5 ist nicht Teiler von 72.     72 ist nicht Vielfaches von 5.

Natürliche Zahlen, die genau zwei Teiler haben, heißen **Primzahlen.**

Sie sind nur durch 1 und durch sich selbst teilbar.

1 ist keine Primzahl.

Primzahlen zwischen 1 und 100:

| 2 | 3 | 5 | 7 | 11 |
|---|---|---|---|---|
| 13 | 17 | 19 | 23 | 29 |
| 31 | 37 | 41 | 43 | 47 |
| 53 | 59 | 61 | 67 | 71 |
| 73 | 79 | 83 | 89 | 97 |

Jede natürliche Zahl, die selbst keine Primzahl ist, kann in ein Produkt von Primzahlen zerlegt werden.

Bei der Zerlegung sind verschiedene Wege möglich, die alle zu demselben Ergebnis führen.

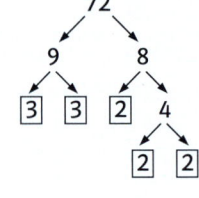

$72 = 3 \cdot 3 \cdot 2 \cdot 2 \cdot 2$

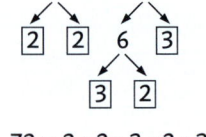

$72 = 2 \cdot 2 \cdot 3 \cdot 2 \cdot 3$

$72 = 2 \cdot 2 \cdot 2 \cdot 3 \cdot 3$

Eine Zahl ist durch 2 teilbar, wenn ihre letzte Ziffer eine 0, 2, 4, 6 oder 8 ist.

Eine Zahl ist durch 5 teilbar, wenn ihre letzte Ziffer eine 0 oder 5 ist.

Eine Zahl ist durch 10 teilbar, wenn ihre letzte Ziffer eine 0 ist.

Eine Zahl ist durch 3 teilbar, wenn ihre Quersumme durch 3 teilbar ist.

582 ist durch 3 teilbar, denn 5 + 8 + 2 = 15 ist durch 3 teilbar.

Eine Zahl ist durch 9 teilbar, wenn ihre Quersumme durch 9 teilbar ist.

765 ist durch 9 teilbar, denn 7 + 6 + 5 = 18 ist durch 9 teilbar.

Eine Zahl ist durch 4 teilbar, wenn die beiden letzten Ziffern Nullen sind oder eine durch 4 teilbare Zahl bilden.

1324 ist durch 4 teilbar, denn 24 ist durch 4 teilbar.

# Üben und Vertiefen

**1** Bestimme die Teiler von 9 (10, 15, 33, 50, 77). Du erhältst jeweils ein Lösungswort.

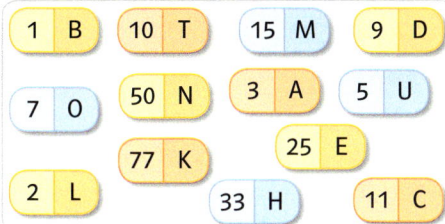

**2** Gib jeweils zwei Zahlen an, die genau vier (sechs, drei) Teiler haben.

**3** Welche Zahlen fehlen hier? Ersetze die Platzhalter.
a) Teiler von ■: 1, ■, 25
b) Teiler von ■: 1, 2, 5, ■
c) Teiler von ■: 1, 2, 4, ■, ■, 28
d) Teiler von ■: 1, 2, ■, 8, 16, ■
e) Teiler von ■: 1, 2, ■, 6, 11, ■, 33, ■
f) Teiler von ■: 1, ■, ■, 6, ■, 14, 21, ■

**4** a) Die Klasse 6.3 besteht aus 27 Schülerinnen und Schülern. Für eine Gruppenarbeit soll sie in gleich große Gruppen aufgeteilt werden. Welche Gruppengrößen sind möglich?
b) Eine Klasse mit 30 (32, 28, 29) Schülerinnen und Schülern soll in gleich große Gruppen aufgeteilt werden. Welche Gruppengrößen sind möglich?

**5** Suche die Primzahlen heraus. Richtig zusammengesetzt ergeben die Buchstaben den Namen einer europäischen Hauptstadt.
a)
b)

**6** a) Gib fünf dreistellige Primzahlen an.
b) Suche vierstellige (fünfstellige, sechsstellige) Primzahlen. Benutze das Internet.

**7** Zeichne für die Zahlen jeweils einen Teilerbaum und schreibe sie als Produkt von Primzahlen.
a) 18        b) 60        c) 110       d) 200
   36           64           144          250
   48           72           150          800

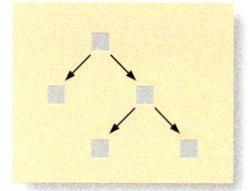

**8** Bestimme jeweils den größten gemeinsamen Teiler von
a) 45 und 60       b) 75 und 100
   8 und 42          16 und 52
   10 und 35         18 und 63

c) 16, 20 und 24   d) 24, 36 und 60
   12, 15 und 21      18, 36 und 54
   14, 35 und 77      32, 64 und 80

**9** Überprüfe, welche Zahlenpaare teilerfremd sind.
a) 25 und 32       b) 81 und 100
   45 und 56          24 und 42
   33 und 39          16 und 27

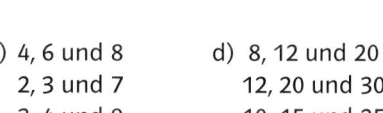

*Zwei Zahlen, deren größter gemeinsamer Teiler 1 ist, heißen teilerfremd.*

**10** Bestimme jeweils das kleinste gemeinsame Vielfache von
a) 16 und 24       b) 12 und 30
   9 und 15           22 und 55
   20 und 25          14 und 35

c) 4, 6 und 8      d) 8, 12 und 20
   2, 3 und 7         12, 20 und 30
   3, 4 und 9         10, 15 und 25

**11** Ersetze jeweils den Platzhalter. Es gibt mehrere Möglichkeiten.
a) kgV (3, ■) = 12    b) kgV (9, ■) = 36
   kgV (■, 8) = 24       kgV (14, ■) = 42
   kgV (5, ■) = 50       kgV (10, ■) = 30

**12** Ein 630 cm langes und 245 cm breites (13 m langes und 7,80 m breites) Rechteck soll vollständig mit Quadraten ausgelegt werden.
Welche Seitenlänge hat das größtmögliche Quadrat?

## Üben und Vertiefen

**14** Welche Zahlen sind durch 3 teilbar, welche sind außerdem durch 9 teilbar?

| 123 | 477 | 5679 | 12 568 |
| 828 | 722 | 9437 | 34 578 |

**15** a) Ersetze jeweils den Platzhalter so, dass eine durch 9 teilbare Zahl entsteht.

45■7  23■88  883 7■3
6■91  1■629  465■71

b) Ersetze jeweils den Platzhalter so, dass eine durch 4 teilbare Zahl entsteht.

11■  2■4  212■  1■12
23■  1■6  316■  21■0

**16** Wie viele zweistellige Zahlen sind durch 4 (durch 5, durch 9) teilbar?

**17** a) Gib die größte dreistellige (vierstellige) Zahl an, die durch 4 teilbar ist.
b) Gib die kleinste vierstellige (fünfstellige) Zahl an, die durch 9 teilbar ist.

**18** a) Welche Zahlen sind durch 5 **und** durch 9 teilbar?

| 225 | 450 | 1990 | 1404 |
| 325 | 558 | 1665 | 1890 |

b) Welche Zahlen sind durch 3 **und** durch 4 teilbar?

| 132 | 234 | 6522 | 3372 |
| 348 | 532 | 4512 | 2442 |

c) Welche Zahlen sind durch 4, aber nicht durch 3 teilbar?

| 156 | 224 | 1314 | 2148 |
| 116 | 272 | 2532 | 3452 |

**19** Wer hat Recht, wer nicht?

*Wenn eine Zahl durch 9 teilbar ist, dann ist sie auch durch 6 teilbar.*

*Wenn eine gerade Zahl durch 3 teilbar ist, dann ist sie auch durch 6 teilbar.*

*Wenn eine Zahl durch 10 teilbar ist, dann ist sie auch durch 4 teilbar.*

*Wenn eine Zahl durch 4 teilbar ist, dann ist ihre letzte Ziffer eine gerade Zahl.*

*Wenn eine gerade Zahl durch 5 teilbar ist, dann ist sie auch durch 10 teilbar.*

**20** *Eine Zahl ist durch 6 teilbar, wenn sie durch 2 und durch 3 teilbar ist.*

a) Prüfe diese Regel für 42 (54, 72, 120).
b) Welche Zahlen sind durch 6 teilbar?

| 428 | 291 | 5004 | 6723 |
| 378 | 684 | 4734 | 1278 |

**21** Für den Ausflug zum Vogelpark hat Andreas von jeder Schülerin und jedem Schüler der Klasse 6 € eingesammelt. Er zählt insgesamt 176 €.
„Das kann nicht stimmen", meint Tabea.

**22** Bilde aus den Ziffern 2, 4, 5 und 8 vierstellige Zahlen, die durch 4 teilbar sind. Es gibt zehn Möglichkeiten.

**23** Finde alle Teiler der acht Zahlen. Die Buchstaben unter den Teilern ergeben zeilenweise gelesen einen Satz.

| die Zahl hat die Teiler | 2 | 3 | 4 | 5 | 9 |
|---|---|---|---|---|---|
| 11 142 | M | A | T | H | N |
| 15 120 | S | I | E | H | T |
| 32 720 | N | E | U | R | O |
| 12 465 | A | M | F | I | T |
| 11 130 | D | E | S | M | U |
| 32 412 | H | E | R | B | L |
| 46 845 | U | Z | D | E | N |
| 21 380 | G | L | U | T | A |

# Vernetzen: Primzahlen entdecken

**1**

*Unter den Zahlen ist nur eine einzige Primzahl.*

a) Begründe, dass 1342 (1235) keine Primzahl ist. Woran erkennst du das?
b) Betrachte jeweils die letzte Ziffer der übrigen Zahlen. Welche könnten Primzahlen sein?

*Bei mehrstelligen Primzahlen ist die letzte Ziffer immer 1, 3, 7 oder 9.*

c) Suche die Zahlen heraus, die durch 3 teilbar sind, indem du die Quersumme überprüfst.
d) 1421 ist nicht durch 2, 3 oder 5 teilbar. Erkläre mithilfe der Rechnung, dass 1421 durch 7 teilbar ist.

$$1421 : 7$$
$$= (1400 + 21) : 7$$
$$= 1400 : 7 + 21 : 7$$
$$= \phantom{00}200 \phantom{0}+\phantom{0} 3$$
$$= \phantom{00}203$$

e) Zerlege 1199 in zwei geeignete Summanden und zeige, dass diese Zahl durch 11 teilbar ist.

f) Die Rechnung zeigt, dass 1589 durch 7 teilbar ist.

$$1589 : 7$$
$$= (1400 + 140 + 49) : 7$$
$$= 1400 : 7 + 140 : 7 + 49 : 7$$
$$= \phantom{0}200 \phantom{0}+\phantom{0} 20 \phantom{0}+\phantom{0} 7$$
$$= 227$$

Zeige mithilfe einer ähnlichen Zerlegung, dass 1631 auch durch 7 teilbar ist.
g) Begründe mithilfe einer geeigneten Zerlegung, dass 1243 durch 11 (1469 durch 13) teilbar ist.
h)

*Ich habe die Primzahl gefunden.*

Welche Zahl ist es?

**2** Suche die einzige Primzahl heraus.
a)

2570, 2241, 2177, 2451, 2318, 2739, 2693, 2367, 2849, 2245

b) 2361, 2821, 2635, 2529, 2912, 2107, 2299, 2467, 2639, 2233

## Vernetzen: Brüche und Teilbarkeit

$\frac{33}{39} = \frac{11}{13}$

**4** a) Kevin hat den Bruch $\frac{33}{39}$ gekürzt. Die Kürzungszahl hat er mithilfe der Teilbarkeitsregeln gefunden. Welche Teilbarkeitsregel hat er verwendet?
b) Prüfe jeweils mithilfe der Teilbarkeitsregeln, durch welche Zahl du die Brüche kürzen kannst.

$\frac{34}{38}$  $\frac{70}{90}$  $\frac{15}{25}$  $\frac{87}{93}$  $\frac{63}{99}$

$\frac{116}{124}$  $\frac{477}{531}$  $\frac{515}{595}$  $\frac{604}{716}$  $\frac{831}{921}$

**5** Vanessa hat den Bruch $\frac{84}{210}$ so weit wie möglich gekürzt.

$\frac{84}{210} = \frac{42}{105} = \frac{14}{35} = \frac{2}{5}$

a) Begründe, dass die Kürzungszahlen gemeinsame Teiler von 84 und 210 sind.
b) Bestimme alle gemeinsamen Teiler von Zähler und Nenner. Kürze dann die Brüche soweit wie möglich.

$\frac{30}{42}$  $\frac{21}{84}$  $\frac{75}{90}$  $\frac{68}{170}$  $\frac{76}{95}$

**1** a) Welche Nenner können Sandra und Patrizia wählen? Welchen Nenner sollten sie wählen, wenn sie mit möglichst kleinen Zahlen rechnen wollen?
b) Berechne, welcher Bruch größer ist.

**2** Vergleiche jeweils die Brüche. Wähle das kleinste gemeinsame Vielfache als gemeinsamen Nenner.

a) $\frac{5}{12}$ und $\frac{9}{20}$    $\frac{9}{16}$ und $\frac{14}{24}$

b) $\frac{17}{18}$ und $\frac{19}{20}$    $\frac{4}{25}$ und $\frac{6}{35}$

c) $\frac{10}{27}$ und $\frac{11}{30}$    $\frac{7}{64}$ und $\frac{5}{48}$

**6** Dominik hat den Bruch $\frac{56}{140}$ mit einer einzigen Kürzungszahl so weit wie möglich gekürzt.

$\frac{56}{140} = \frac{2}{5}$

a) Welche Kürzungszahl hat Dominik verwendet? Wie hat er die Kürzungszahl aus dem Zähler und Nenner des Bruches ermittelt?
b) Formuliere eine Regel für das vollständige Kürzen von Brüchen mit einer einzigen Kürzungszahl.

**3** Bestimme zunächst das kleinste gemeinsame Vielfache der beiden Nenner und erweitere die Brüche. Addiere oder subtrahiere danach.

a) $\frac{5}{6} + \frac{8}{15}$    b) $\frac{9}{14} - \frac{5}{21}$

$\frac{5}{12} + \frac{11}{30}$    $\frac{15}{32} - \frac{21}{80}$

$\frac{7}{18} + \frac{2}{15}$    $\frac{31}{48} - \frac{17}{60}$

$\frac{8}{27} + \frac{8}{45}$    $\frac{11}{36} - \frac{7}{90}$

**7** Bestimme jeweils den größten gemeinsamen Teiler von Zähler und Nenner. Kürze dann den Bruch vollständig.

$\frac{24}{36}$  $\frac{16}{28}$  $\frac{14}{98}$  $\frac{18}{99}$  $\frac{57}{95}$

$\frac{96}{128}$  $\frac{99}{165}$  $\frac{112}{140}$  $\frac{104}{130}$  $\frac{150}{225}$

# Vernetzen: Tüftelaufgaben

**1** Nach wie vielen Umdrehungen des kleinen Zahnrads treffen die beiden Markierungen wieder genau aufeinander?
Wie oft hat sich das große Zahnrad in dieser Zeit gedreht?

a)
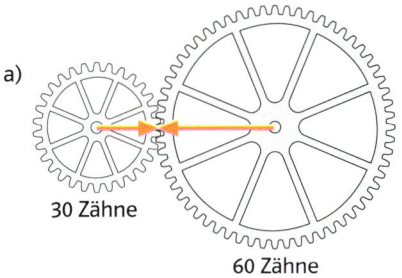
30 Zähne
60 Zähne

b)
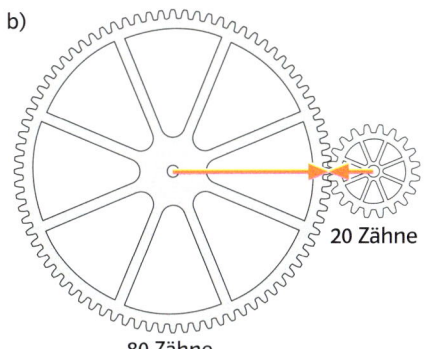
20 Zähne
80 Zähne

c)
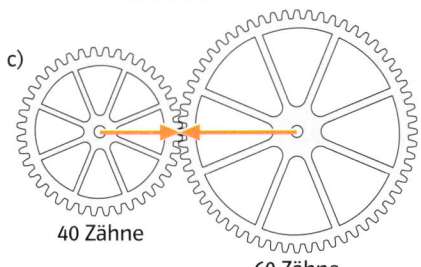
40 Zähne
60 Zähne

d)
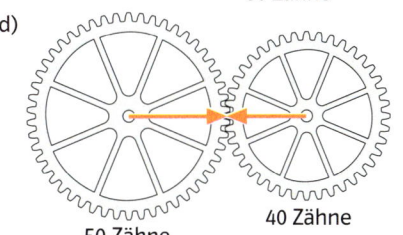
50 Zähne
40 Zähne

**2** Am Freitag, dem 13. März, treffen sich Jim, Jonny und Jonas in Pits Kneipe. Jim kommt an jedem zweiten Tag in diese Kneipe, Jonny an jedem dritten und Jonas immer nur freitags.
An welchem Tag treffen sich alle drei bei Pit wieder?

**3** Lisa hat ein Gefäß, das drei Liter fasst, und ein Gefäß, das sieben Liter fasst. Damit misst sie ein Liter Wasser ab.

a) Erkläre, wie Lisa ein Liter Wasser abgemessen hat.
b) Gib eine andere Möglichkeit an, mit einem Drei- und einem Sieben-Liter-Gefäß ein Liter Wasser abzumessen.
c) Überlege, wie du mit einem Drei- und einem Fünf-Liter-Gefäß (mit einem Fünf- und einem Sieben-Liter-Gefäß) ein Liter Wasser abmessen kannst.
d) Begründe, dass du mit einem Vier- und einem Sechs-Liter-Gefäß (mit einem Sechs- und einem Neun-Liter-Gefäß) ein Liter Wasser nicht abmessen kannst.
e) Gib zwei weitere Paare von Gefäßen an, mit denen du ein Liter Wasser nicht abmessen kannst.

**4** Drei Uhren schlagen nur zur vollen Stunde. Um 8 Uhr schlagen sie gleichzeitig. Die erste Uhr geht pro Stunde drei Minuten vor, die zweite sechs Minuten nach. Die dritte geht genau richtig. Nach wie vielen Stunden schlagen alle drei Uhren wieder gemeinsam?

## Lernkontrolle 1

**1** Bestimme alle Teiler von
a) 18   b) 20   c) 24   d) 30

**2** Welche Zahlen fehlen hier? Ersetze die Platzhalter.
a) Teiler von ■: 1, 2, ■, ■, 16
b) Teiler von ■: ■, ■, 4, ■, 14, 28
c) Teiler von ■: ■, ■, 4, ■, 16, ■
d) Teiler von ■: ■, 2, ■, 6, 7, ■, 21, ■

**3** Bestimme den größten gemeinsamen Teiler von
a) 18 und 30    b) 15 und 55
c) 16 und 40    d) 27 und 45

**4** Bestimme das kleinste gemeinsame Vielfache von
a) 6 und 9      b) 16 und 20
   5 und 7        12 und 18

**5** Zeichne alle Rechtecke mit einem Flächeninhalt von 10 cm², bei denen die Seitenlänge ganze Maßzahlen haben. Wie viele Möglichkeiten gibt es?

**6** Suche die Primzahlen heraus.

7   22   19   34   23
  11   41   33   27
17   38   13   39   21

**7** Suche die Zahlen heraus, die
a) durch 3 teilbar sind.
76    123   422   1377
62    144   352   1497

b) durch 4 teilbar sind.
104   210   448   1180
122   200   452   1250

c) durch 2 und durch 3 teilbar sind.
78    152   690   1678
42    333   488   3444

d) die durch 5, aber nicht durch 2 teilbar sind.
55    560   1265  2240
70    265   1500  2185

**8** Ergänze jeweils eine Ziffer, sodass die Zahl durch 9 teilbar ist.
1■43      247■0     22■33
488■      1■009     ■9874
62■3      82■99     8■873

**9** Die Omnibusse der Linie 8 fahren im Abstand von 15 Minuten, die der Linie 11 im Abstand von 20 Minuten und die der Linie 13 im Abstand von 40 Minuten. Um 10 Uhr fährt ein Omnibus von jeder Linie am Rathaus ab.
Wann fahren die Omnibusse aller drei Linien wieder gemeinsam am Rathaus ab?

## Wiederholung

**1** Sebastian fährt an 191 Tagen im Jahr mit dem Bus zur Schule. Er wohnt 12 km von der Schule entfernt.

**2** Eva hat zwei Zwei-Euro-Münzen, eine 50-Cent-Münze und drei 10-Cent-Münzen. Sie kauft vier Fineliner. Jeder Fineliner kostet 0,85 €.
Wie viel Euro bleiben übrig?

**3** Herr Klinger hat im vergangenen Jahr mit seinem Auto 13 464 km zurückgelegt. Wie viele Kilometer ist er durchschnittlich in einem Monat gefahren?

**4** Ein Supermarkt bietet 4000 Tafeln Schokolade im Sonderangebot an. Am Montag werden 1123 Tafeln verkauft, am Dienstag 887 Tafeln, am Mittwoch 701 Tafeln, am Donnerstag 533 Tafeln und am Freitag 396 Tafeln.
Wie viele Tafeln sind am Samstag noch übrig?

**5** Ein Parkhaus hat 840 Plätze. Während der Nacht stehen 96 Autos im Parkhaus. Bis zwölf Uhr mittags fahren 672 Autos hinein und 271 heraus. Wie viele Plätze sind um zwölf Uhr noch frei?

# Lernkontrolle 2

**1** Bestimme den größten gemeinsamen Teiler von
a) 24 und 32   b) 18 und 63
c) 30 und 36   d) 15, 25 und 40

**2** Bestimme das kleinste gemeinsame Vielfache von
a) 15 und 20   b) 16 und 24
c) 22 und 55   d) 12, 18 und 60

**3** Ersetze die Platzhalter.
a) ggT (16, ■) = 4   b) ggT (12, ■) = 6

**4** Ersetze die Platzhalter.
a) kgV (3, ■) = 24   b) kgV (4, ■) = 20

**5** Begründe: Der größte gemeinsame Teiler von zwei verschiedenen Primzahlen ist gleich 1.

**6** Welche Ziffern können als letzte bei einer mehrstelligen Primzahl vorkommen?

**7** Welche Aussagen sind wahr, welche falsch?
a) Zwischen 20 und 30 gibt es drei Primzahlen.
b) Zwischen 20 und 40 gibt es keine Primzahl, deren letzte Ziffer eine 7 ist.
c) Alle zweistelligen Zahlen, deren letzte Ziffer eine 3 ist, sind Primzahlen.
d) Es gibt sechs zweistellige Primzahlen, deren letzte Ziffer eine 9 ist.
e) Zwischen 10 und 50 gibt es vier Vielfache von 6, die zwischen zwei Primzahlen stehen.

**8** Zerlege mithilfe eines Teilerbaums in Primfaktoren.
a) 63   b) 88   c) 108   d) 450

**9** a) Gib die kleinste vierstellige Zahl an, die durch 9 teilbar ist.
b) Gib die größte vierstellige Zahl an, die durch 4 teilbar ist.

**10** Suche die Zahlen heraus, die
a) durch 5 und durch 9 teilbar sind.
| 3465 | 1565 | 9603 | 8955 |
| 6820 | 2970 | 1555 | 8370 |

b) die durch 3 und durch 4 teilbar sind.
| 222 | 2112 | 2700 | 2772 |
| 104 | 1524 | 3150 | 2562 |

c) die durch 2, aber nicht durch 4 teilbar sind.
| 530 | 1226 | 1386 | 1448 |
| 332 | 1513 | 2558 | 2500 |

d) die durch 3, aber nicht durch 9 teilbar sind.
| 672 | 1422 | 2532 | 2868 |
| 795 | 1576 | 2799 | 5979 |

**11** Suche die einzige Primzahl heraus.
| 125 | 136 | 105 | 127 |
| 147 | 117 | 119 | 141 |

**12** Ein 468 cm langes und 195 cm breites Rechteck soll mit Quadraten ausgelegt werden. Bestimme die Seitenlänge des größtmöglichen Quadrats.

---

**1** Der ICE 859 fährt um 11.48 Uhr in Köln ab. Planmäßig legt er die Strecke nach Berlin in vier Stunden und 22 Minuten zurück. Heute hat er elf Minuten Verspätung.
Wann kommt der Zug in Berlin an?

**2** Ein Radfahrer fährt mit einer Geschwindigkeit von 18 $\frac{km}{h}$.
Welche Strecke legt er in einer Minute zurück?

**3** Ein Fußgänger hat eine Schrittlänge von 75 cm. Er macht zwei Schritte pro Sekunde. Wie viele Minuten benötigt er für eine 4,5 km lange Strecke?

**4** Ein Zug hat zwölf Wagen. Jeder Wagen ist 26,8 m lang. Die Lokomotive ist 18,4 m lang.
Der Zug fährt 20 $\frac{m}{s}$.
Wie viele Sekunden dauert es, bis der Zug ganz in einen Tunnel eingefahren ist?

**Wiederholung**

# Mathematische Reise

## Primzahlen

**1** Schon seit Jahrtausenden interessieren sich Mathematiker besonders für Primzahlen. Sie versuchen, möglichst viele und möglichst große Primzahlen zu entdecken.
Ein altes Verfahren, um Primzahlen zu finden, ist das **Sieb des Eratosthenes**.
Dieser griechische Gelehrte lebte von 284 bis 202 v. Chr. Er war Direktor der damals größten Bibliothek der Welt in Alexandria.

So kannst du mit dem Verfahren des Eratosthenes die Primzahlen zwischen 1 und 100 bestimmen:

- Schreibe alle natürlichen Zahlen von 1 bis 100 auf.
- 1 ist keine Primzahl und wird deshalb gestrichen.
- Kreise die Zahl 2 ein. Streiche alle Vielfachen von 2.
- Die Zahl 3 ist die kleinste nicht durchgestrichene Zahl. Kreise sie ein und streiche alle Vielfachen von 3.
- Kreise die kleinste nicht durchgestrichene Zahl ein und streiche alle ihre Vielfachen.
- Setze das Verfahren weiter fort.

Warum sind die eingekreisten Zahlen Primzahlen?

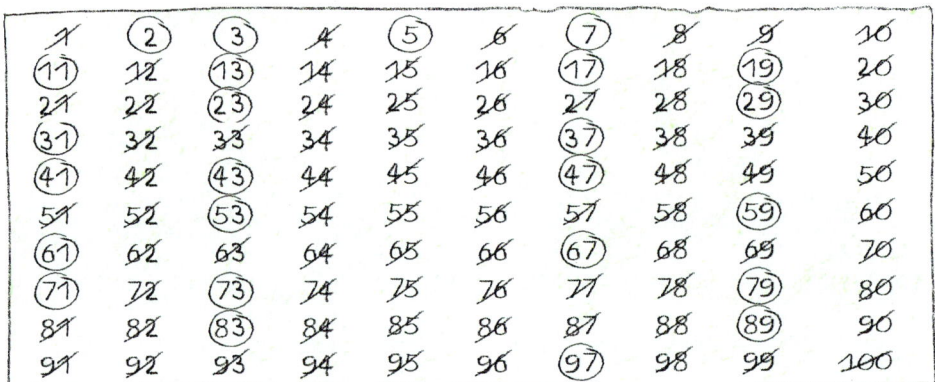

**2** Bevor es Computer gab, war es sehr mühsam, herauszufinden, ob eine große Zahl eine Primzahl ist oder nicht.
Heute werden mithilfe von Computern immer größere Primzahlen entdeckt.
Am 12. September 2006 fanden amerikanische Mathematiker eine Primzahl mit 9 808 358 Ziffern. Wenn man auf Karopapier in jedes Rechenkästchen eine Ziffer dieser Zahl schreiben will, muss der Papierstreifen fast 50 Kilometer lang sein.

Informiere dich im Internet, wie viele Ziffern die größte bisher entdeckte Primzahl hat.

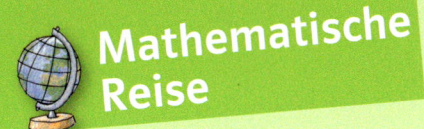

# Mathematische Reise

## Primzahlen

**3** Nach Marin Mersenne (1588–1648), einem französischen Mönch, ist ein Verfahren benannt, mit dessen Hilfe Mathematiker große Primzahlen suchen.

> Mersennesches Verfahren:
> 1. Wähle eine Primzahl.
> 2. Nimm diese Primzahl als Exponent von 2.
> 3. Berechne die Potenz.
> 4. Subtrahiere 1.
> 5. Du erhältst meistens eine Primzahl.

> Gewählte Primzahl: 13
> Rechnung:
> $2^{13} - 1$
> $= \underbrace{2 \cdot 2 \cdot 2 \cdot 2 \cdot 2 \cdot 2 \cdot 2 \cdot 2 \cdot 2 \cdot 2 \cdot 2 \cdot 2 \cdot 2}_{13 \text{ Mal}} - 1$
> $= 8192 - 1$
> $= 8191$
> 8191 ist eine Primzahl.

Je größer die Primzahl ist, die zu Beginn gewählt wird, desto größer ist die Primzahl, die mithilfe des Verfahrens von Mersenne berechnet wird. Wählt man zu Beginn zum Beispiel die Primzahl 31, dann liefert das Verfahren als Ergebnis die Primzahl 2 147 483 647.

Beginnt man aber mit der Primzahl 11, dann ist das Ergebnis des Verfahrens von Mersenne die Zahl 2047. Diese Zahl ist keine Primzahl, sie ist durch 23 teilbar.

Wählt man zu Beginn die Primzahl 67, dann ist das Ergebnis des Verfahrens die Zahl 147 573 952 589 676 412 927.
Im Jahr 1903 fand der Amerikaner Nelson Cole natürlich ohne Hilfe von Computern heraus, dass diese Zahl teilbar ist.

> 147 573 952 589 676 412 927
> ist durch 193 707 721 teilbar.

Prüfe, ob das Verfahren von Mersenne eine Primzahl ergibt, wenn du mit 2 (3, 5, 7) beginnst.

*Zwei Primzahlen, deren Differenz 2 ist, heißen Primzahlzwillinge.*

**4** Zwischen 1 und 100 gibt es acht Primzahlzwillinge, zwischen 100 und 200 sind es sieben. Zwischen 900 und 1000 gibt es gar keine Zwillingspaare, zwischen 1000 und 1100 aber wieder fünf.
Wahrscheinlich kommen unter den Primzahlen unendlich viele Zwillinge vor, bewiesen ist dies aber bis heute nicht.
a) Schreibe alle Primzahlzwillinge zwischen 1 und 100 auf.
b) Suche zwei Zwillingspaare, die größer als 100 sind.

**5** Christian Goldbach (1707–1783) vermutete, dass jede gerade Zahl größer als 2 die Summe von zwei Primzahlen ist.

> 10 = 7 + 3
> 12 = 7 + 5
> 14 = 11 + 3
> 16 = 13 + 3 = 11 + 5
> 18 = 13 + 5 = 11 + 7

Für alle geraden Zahlen, die kleiner als 400 000 000 000 000 sind, ist diese Vermutung bestätigt worden. Ein Beweis ist aber bis heute noch nicht gelungen.
Schreibe alle geraden Zahlen von 20 bis 40 als Summe von zwei Primzahlen. Überlege auch, ob es mehrere Möglichkeiten gibt.

# Natürliche Zahlen

## Die Namen sehr großer Zahlen

| eine Million | 1 000 000 |
| eine Milliarde | 1 000 000 000 |
| eine Billion | 1 000 000 000 000 |
| eine Billiarde | 1 000 000 000 000 000 |
| eine Trillion | 1 000 000 000 000 000 000 |

## Die Menge der natürlichen Zahlen

Die Menge der natürlichen Zahlen wird mit ℕ bezeichnet. ℕ = {0, 1, 2, 3, 4, …}

## Zahlen anordnen

Die natürlichen Zahlen werden in gleichen Abständen auf dem **Zahlenstrahl** angeordnet.
Alle natürlichen Zahlen haben einen **Nachfolger**. Alle natürlichen Zahlen außer 0 (Null) haben einen **Vorgänger**.

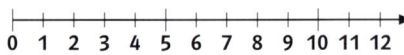

Auf dem Zahlenstrahl steht:
2 links von 6           6 rechts von 2
2 ist kleiner als 6     6 ist größer als 2
2 < 6                   6 > 2

## Zahlen runden

Bei den Ziffern **0 1 2 3 4** runde **ab**!

Bei den Ziffern **5 6 7 8 9** runde **auf**!

       H
Runde 1 4 3 6 3 7 auf Hunderter.
— Diese Stelle gibt an, ob auf- oder abgerundet wird.
— Auf diese Stelle soll gerundet werden.

143 637 ≈ 143 600
auf Tausender gerundet:
143 637 ≈ 144 000

**1** Schreibe in Ziffern.
a) 7 Millionen 605 Tausend 480
   823 Millionen 26 Tausend 9
   37 Millionen 3 Tausend 14

b) 49 Milliarden 14 Millionen 3 Tausend
   111 Milliarden 7 Millionen 535 Tausend 400
   2 Milliarden 74 Tausend 3

**2** Lass dir die Zahlen vorlesen und schreibe sie in dein Heft.
a)     45 006     b)    3 780 500     c)   5 378 000 200
   1 073 508              1 043 007          6 400 050 004
     55 490                235 000 400       890 406 520 095

**3** Ordne in einer Kette nach der Beziehung „ist kleiner als" (1 < 2 < 3).
a) 1115, 1051, 1015, 1501, 1105, 1510, 1511, 1151, 1101
b) 589 785, 578 965, 597 857, 589 784, 578 956, 579 986

**4** Runde
a) auf Tausender    b) auf Zehntausender    c) auf Millionen
   495 671          1 634 080             3 460 350
 1 073 508            273 990             12 675 384
    55 490            49 950             179 945 300

**5** Die folgenden Zahlen wurden gerundet. Wie groß können sie vor dem Runden höchstens (wenigstens) gewesen sein?
a)    1 300      b)    18 000     c)    350 000
    2 000              90 000             700 000
  12 000            101 000          1 500 000

**6**

Ein arabischer Scheich hat in seinem Palast ein Seerosenbecken. Die Seerose darin verdoppelt an jedem Tag die Anzahl ihrer Blätter.
Am 20. Juni sind es 256 Blätter und das Becken ist zur Hälfte zugewachsen.
a) Wann wird das Becken vollständig zugewachsen sein?
b) Wann hatte die Seerose ihr erstes Blatt?

## Addieren und Subtrahieren

**1** Notiere als Aufgabe und berechne.
a) Die Summanden heißen 204 und 49. Berechne die Summe.
b) Addiere zur Zahl 112 die Summe der Zahlen 64 und 156.
c) Wie heißt die Differenz der Zahlen 508 und 306?
d) Subtrahiere von der Zahl 800 die Zahlen 520 und 145.

**2** Der erste Summand ist 264, der zweite Summand ist um 46 größer als der erste Summand, der dritte Summand ist um 35 kleiner als der erste Summand. Wie groß ist die Summe?

**3** Bestimme den Platzhalter.
a)    + 64 = 130      b)    − 46 = 67       c) 155 +    = 233
      − 74 = 235         765 +    = 950           − 355 = 4555

**4** Mirkos Schulweg ist 1400 m lang. Als er gerade die Hälfte des Weges mit dem Fahrrad zurückgelegt hat, muss er noch einmal umkehren, um seine vergessenen Sportschuhe zu holen. Welche Strecke legt er an diesem Morgen insgesamt zurück?

**5** Bei einigen Rechnungen fehlen die Klammern.
a) 48 − 17 − 11 = 20      b) 125 − 35 + 29 = 119
   95 − 48 − 30 = 77         53 − 47 − 14 = 20

**6** Schreibe den Rechenweg zu der folgenden Aufgabe auf. Benutze Klammern.
a) Subtrahiere von 144 die Summe der Zahlen 23 und 54.
b) Subtrahiere die Differenz aus 65 und 33 von der Zahl 83.
c) Addiere zu der Summe der Zahlen 125 und 65 die Differenz aus 124 und 48.

**7** Schreibe zu den folgenden Aufgaben einen Text.
a) 70 + (40 − 10)     b) (48 + 12) − 35     c) 75 − (53 − 17)
d) (75 + 30) + (55 − 20)     e) (120 − 68) − (60 − 15)

**8** Vertausche die Zahlen und setze die Klammer so, dass du vorteilhaft rechnen kannst.
a) 54 + 105 + 46 + 65          b) 11 + 27 + 44 + 89 + 73 + 56
   180 + 86 + 114 + 820           1040 + 48 + 7 + 960 + 52 + 3

**9** a) Die Personen einer Familie wiegen 91 kg, 72 kg, 65 kg und 47 kg. Dürfen sie alle in den Fahrstuhl einsteigen?
b) Drei Männer wiegen 72 kg, 84 kg und 67 kg. Dürfen sie noch eine 80 kg schwere Kiste mitnehmen?

### Addition

Summand   Summand   Summe
   54    +    18   =   72

Auch **54 + 18** wird als **Summe** der Zahlen 54 und 18 bezeichnet.

### Subtraktion

Minuend   Subtrahend   Differenz
   72    −    54      =    18

Auch **72 − 54** wird als **Differenz** der Zahlen 72 und 54 bezeichnet.

### Addition und Subtraktion sind Umkehrungen voneinander.

54 + 18 = 72          72 − 54 = 18
                     72 − 18 = 54

### Rechnen mit Klammern

Die Klammer wird zuerst berechnet.

58 − (15 + 22) = 58 − 37 = 21
73 − (24 − 15) = 73 − 9 = 64

Sind keine Klammern vorhanden, so rechnet man schrittweise von links nach rechts.

58 − 15 + 22 = 43 + 22 = 65
73 − 24 − 15 = 49 − 15 = 34

### Rechengesetze

Bei der Addition darf man beliebig Klammern setzen. Das Ergebnis verändert sich dabei nicht (**Assoziativgesetz**).

(28 + 13) + 45 = 41 + 45 = 86
28 + (13 + 45) = 28 + 58 = 86

Bei der Addition darf man die Reihenfolge der Summanden beliebig vertauschen. Das Ergebnis verändert sich dabei nicht (**Kommutativgesetz**).

6 + 7 = 7 + 6     3 + 64 + 97 = 3 + 97 + 64

# Schriftliches Addieren und Subtrahieren

Bei der schriftlichen **Addition** und **Subtraktion** müssen die Zahlen stellengerecht untereinander geschrieben werden.

439 + 4907 + 87 =

Überschlag:
400 + 5000 + 100 = 5500

```
     439
  + 4907
  +   87
    1 1 2
    5433
```

439 + 4907 + 87 = 5433

8045 − 2378 =

Überschlag: 8000 − 2400 = 5600

```
    8045
  − 2378
    1 1 1
    5667
```

8045 − 2378 = 5667

48 966 − 14 350 − 978 =

Überschlag:
49 000 − 14 000 − 1000 = 34 000

1. Lösungsweg

```
   14 350          48 966
  +   978        − 15 328
     1 1              1
   15 328          33 638
```

48 966 − 14 350 − 978 = 33 638

2. Lösungsweg:

```
    48 966
  − 14 350
  −    978
     1 1 1
    33 638
```

48 966 − 14 350 − 978 = 33 638

**1** a)   347   b)  1673   c)  63 527   d)    28
        + 2706       + 962       + 5 493       + 4 056
        +   89       +4056       +29 058       +21 301

**2** a) 519 + 4623 + 383   b) 6783 + 941 + 5672
     c) 7621 + 25 486 + 617   d) 51 896 + 4175 + 16 690

**3** a)  2874   b) 78 456   c) 276 305   d)  5689
        −  237      −   789      − 58 746      − 1289

**4** a) 5689 − 1298 − 784   b) 189 456 − 6897 − 64 376
     c) 67 894 − 456 − 1289   d) 3914 − 58 − 1345

**5** Um wie viel Euro sind die Geräte reduziert?

2225 €   1998 €          999 €   748 €

**6** Frau Weis kauft folgende Bekleidung ein: eine Hose für 39 € (herabgesetzt von 69 €), eine Jacke für 65 € (herabgesetzt von 95 €) und ein Kleid für 75 € (herabgesetzt von 115 €).

**7** a) Addiere die größte zweistellige Zahl und die kleinste dreistellige Zahl.
b) Subtrahiere die größte vierstellige Zahl von der kleinsten sechsstelligen Zahl.
c) Subtrahiere vom Vorgänger der Zahl 1000 den Nachfolger der Zahl 888.

**8** a) 496 − 371 + 52 + 854 − 79   b) 768 − (630 − 240) + 55
     4006 − 1286 + 375 − 2421       (1380 − 565) − (350 − 178)

**9** Wähle aus den angegebenen Zahlen zwei (drei) Summanden aus und bilde fünf Additionsaufgaben. Die Summe soll immer zwischen 900 und 1000 liegen.

| 84 | 397 | 268 | 409 | 127 | 283 |
|----|-----|-----|-----|-----|-----|
| 414 | 511 | 161 | 97 | 132 | |

**10** Wähle zwei Zahlen aus und subtrahiere. Die Differenz soll unter 1000 liegen. Bilde vier Aufgaben.

| 9306 | 7850 | 5093 | 4829 | 3735 |
|------|------|------|------|------|
| 5295 | 2646 | 2655 | 6879 | 8207 |

# Multiplizieren und Dividieren

**1** a) Die beiden Faktoren eines Produktes heißen 14 und 5. Berechne das Produkt.
b) Das Produkt ist 48. Der eine Faktor heißt 4. Wie groß ist der andere Faktor?
c) Nenne zwei Faktoren, deren Produkt 60 (96, 100, 480, 124) ist.
d) Ein Produkt aus drei Faktoren hat den Wert 280. Der erste Faktor ist 5, der zweite Faktor ist 8. Bestimme den dritten Faktor.

**2** a) Addiere zum Quotienten aus 108 und 12 die Zahl 98.
b) Dividiere das Produkt aus 15 und 8 durch 12.
c) Multipliziere die Zahl 50 mit dem Quotienten aus 78 und 6.
d) Der Quotient von zwei Zahlen ist 12. Wie groß ist der Dividend, wie groß der Divisor? Gib vier unterschiedliche Möglichkeiten an.

**3** a) Julia denkt sich eine Zahl, multipliziert sie mit 9, dividiert dann durch 3 und erhält 21.
b) Vural dividiert seine gedachte Zahl durch 4, multipliziert dann mit 3 und bekommt 24 heraus.

**4** Berechne
a) 160 : (32 − 12)
 8 · 9 + 18
 7 · (64 − 9)
b) 200 − 9 · 14
 5 · (23 + 27)
 169 + 7 · 11
c) (84 − 29) · 6
 125 + 48 : 16
 176 : (36 − 28)

**5** Bei einigen Aufgaben hat Emma vergessen, Klammern zu setzen. Schreibe die Aufgaben richtig in dein Heft.
a) 12 + 9 : 3 = 15
 10 : 2 + 8 = 1
b) 90 : 30 − 15 = 6
 24 + 24 : 6 = 28
c) 36 − 12 : 3 = 32
 80 : 8 + 32 = 2

**6** Rechne vorteilhaft.
a) 39 · 50 · 2
 5 · 2 · 480
 14 · 200 · 5
b) 37 · 20 · 50
 19 · 4 · 25
 250 · 17 · 4
c) 4 · 9 · 6 · 25
 25 · 7 · 2 · 2
 125 · 11 · 3 · 8

**7**
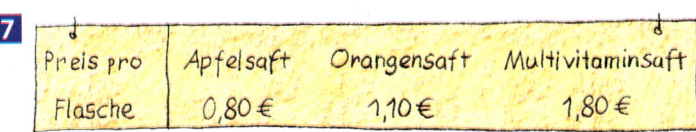

Anne und Lorina kaufen Obstsäfte ein. Anne nimmt 3 Flaschen Orangensaft und 3 Flaschen Multivitaminsaft. Lorina kauft 4 Flaschen Apfelsaft und 4 Flaschen Orangensaft.

**8** Berechne möglichst einfach.
a) 4 · 297 + 4 · 3
 6 · 103 − 6 · 3
b) 198 · 4 + 2 · 4
 1005 · 7 − 5 · 7
c) 8 · 45 + 2 · 45
 14 · 89 − 4 · 89

**9** Schreibe als Produkt und berechne: $6^3$ $9^2$ $5^4$ $10^3$ $7^3$ $20^2$

**10** Schreibe als Potenz mit der Basis 2: 4 64 8 128 512 2

## Wiederholung

### Multiplikation

Faktor · Faktor = Produkt
18 · 12 = 216

Auch **18 · 12** wird als **Produkt** der Zahlen 18 und 12 bezeichnet.

### Division

Dividend : Divisor = Quotient
216 : 12 = 18

Auch **216 : 12** wird als **Quotient** der Zahlen 216 und 12 bezeichnet.

**Multiplikation und Division sind Umkehrungen voneinander.**

18 · 12 = 216   216 : 12 = 18
216 : 18 = 12

### Verbindung der Grundrechenarten

Enthält eine Aufgabe Punkt- und Strichrechnung, dann gilt: Punktrechnung (· und :) geht vor Strichrechnung (+ und −).

48 − 8 · 4      45 + 15 : 3
= 48 − 32       = 45 + 5
= 16            = 50

Enthält eine Aufgabe Klammern, dann gilt: Die Klammer wird zuerst berechnet.

(27 + 4) · 3    (22 + 14) : 3
= 31 · 3        = 36 : 3
= 93            = 12

### Rechengesetze

Kommutativgesetz
a · b = b · a      12 · 6 = 6 · 12

Assoziativgesetz
(a · b) · c = a · (b · c)
8 · (3 · 6) = (8 · 3) · 6

### Potenzen

Ein Produkt aus gleichen Faktoren kann als Potenz geschrieben werden.

5 · 5 · 5 · 5 = $5^4$
(lies: 5 hoch 4)

 Exponent
Basis

## Schriftliches Multiplizieren und Dividieren

**Wiederholung**

483 · 627 = 

Überschlag:
500 · 600 = 30 000

```
483 · 627
 2898
  966
 3381
   ²¹¹
302841
```

483 · 627 = 302 841

3888 : 8 = 

Überschlag:
4000 : 8 = 500

```
3888 : 8 = 486
32
 68
 64
  48
  48      Probe: 486 · 8
   0              3888
```

3888 : 8 = 486

4937 : 12 = 

Überschlag:
4800 : 12 = 400

```
4937 : 12 = 411  Rest 5
48
 13
 12
  17
  12
   5
```

Probe:  411 · 12        4932
         411          +    5
          822           4937
        4932

4937 : 12 = 4511 Rest 5

---

**1** Berechne. Manchmal ist es sinnvoll, die beiden Faktoren vorher zu vertauschen.
a) 345 · 24  b) 9 · 230 068  c) 66 · 7076  d) 12 · 89 456  e) 2464 · 135

**2** Umut hat drei Aufgaben falsch gerechnet. Finde den Fehler und berichtige ihn.

```
68 · 70     864 · 43     234 · 234     468 · 203
 6076        3456          468           936
             2592          702          1404
            36052         ₁₁936         10764
                          54756
```

**3** Berechne.
a) 9 324 : 6    b) 54 312 : 8    c) 34 350 : 50    d) 20 680 : 11
   2 583 : 7       39 395 : 5       21 360 : 40       3 276 : 14
   72 729 : 9      79 008 : 8       48 090 : 70       4 995 : 15

**4** So kannst du das Alter einer Mitschülerin einfach bestimmen: Sie soll zunächst ihr Alter mit 259 multiplizieren und anschließend das Ergebnis mit 39. Hat sie richtig gerechnet, kannst du aus der Ergebniszahl leicht das gesuchte Alter ablesen.

**5** Schreibe den Rechenweg auf und gib die Lösung an.
a) Multipliziere die Summe der Zahlen 89 und 126 mit 35.
b) Multipliziere den Quotienten aus 291 und 3 mit 1234.
c) Addiere die Zahl 1478 zu dem Produkt der Zahlen 83 und 29.
d) Subtrahiere von dem Produkt aus 23 und 32 den Quotienten aus 266 und 7.

**6** Zu jedem Rest gehört ein Buchstabe. Die Buchstaben ergeben in der Reihenfolge der Aufgaben einen Satz mit drei Wörtern.

| E = 7 | I = 6 | A = 4 | H = 11 | C = 9 | D = 1 | L = 5 |
|---|---|---|---|---|---|---|
| R = 3 | | T = 10 | | S = 2 | | W = 8 |

a) 1660 : 7    b) 9 048 : 20    c) 8288 : 11    d) 4 692 : 21
   5890 : 9       7 984 : 20       3103 : 12       17 464 : 31
   3650 : 8       10 593 : 30      7221 : 13       3 801 : 17

**7** Den größten Eisenbahnhof der Welt in New York (USA) befahren im Durchschnitt 16 500 Züge im Monat (30 Tage) und 5 400 000 Fahrgäste benutzen ihn monatlich. Wie viele Züge und wie viele Fahrgäste sind es im Durchschnitt pro Tag?

**8**
```
4 ·    =  48                    : 540 = 560
·  ·   ·                         :      :
       =                   630 :      =
=  =   =                        =   =    =
    · 72 = 2016                    :    = 8
```

222

# Längen

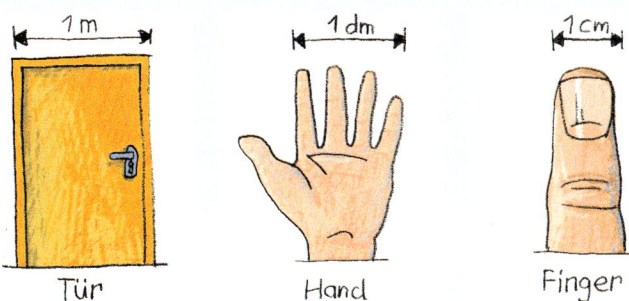

**Längeneinheiten**

Längen werden in Kilometern (km), Metern (m), Dezimetern (dm), Zentimetern (cm) und Millimetern (mm) gemessen.

$$1 \text{ km} = 1000 \text{ m}$$

$$1 \text{ m} = 10 \text{ dm}$$
$$1 \text{ dm} = 10 \text{ cm}$$
$$1 \text{ cm} = 10 \text{ mm}$$

$$\underbrace{\underset{\text{Maßzahl}}{37} \quad \underset{\text{Einheit}}{\text{cm}}}_{\text{Größe}}$$

**1** a) Schätze in deinem Klassenzimmer jeweils die Längen von drei Gegenständen, die länger als 1 m sind, die zwischen 1 cm und 10 cm lang sind.
Vergleiche anschließend deine Schätzungen mit der tatsächlichen Größe der Gegenstände.
b) Nenne jeweils drei Gegenstände, deren Länge (Breite, Höhe) in Kilometern, in Metern, in Zentimetern oder in Millimetern gemessen wird.

13,65 km + 485 m =

13 650 m + 485 m = 14 135 m
13,650 km + 0,485 km = 14,135 km

**2** Berechne.
a) 4,8 m + 75 cm
11,3 cm + 48 mm
5,4 dm − 27 cm

b) 48 km + 2335 m + 7,2 km
11,25 m − 380 cm + 9 m
7,7 km + 11,50 m − 0,65 km

**Wandle beim Rechnen die Größen in die gleiche Einheit um.**

**3** Gib an, welche Länge in der Wirklichkeit jeweils 1 cm auf der Landkarte darstellt.
a) Wanderkarte im Maßstab 1 : 25 000
b) Fahrradkarte im Maßstab 1 : 50 000
c) Europakarte im Maßstab 1 : 25 000 000

**Maßstab**

Auf Bauplänen, Stadtplänen und Landkarten werden Strecken verkleinert abgebildet.
Der Maßstab einer Karte gibt an, wie viel mal so groß die Strecken in Wirklichkeit sind.

Der **Maßstab 1 : 1000** bedeutet:
1 cm in der Karte entspricht 1000 cm in der Wirklichkeit.

**1 cm ≙ 1000 cm = 10 m**

| Länge in der Zeichnung | Länge in der Wirklichkeit |
|---|---|
| 3,5 cm = 35 mm | 35 mm · 1000 = 35 000 mm = 35 m |
| 3,5 cm ≙ 35 m | |

**4** Moritz überlegt, wie er in der neuen Wohnung sein Zimmer einrichten kann. Entnimm der Zeichnung die dafür notwendigen Längen und berechne ihre Größe in Wirklichkeit.

**5** Der Äquator (Erdumfang) ist 40 000 km lang. Auf einem Globus ist der Äquator 1 m lang. In welchem Maßstab ist die Länge auf diesem Globus dargestellt?

**Wiederholung**

223

## Umfang und Flächeninhalt von Rechteck und Quadrat

**Umfang eines Rechtecks**

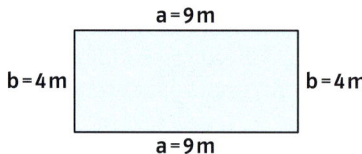

u = 9 m + 4 m + 9 m + 4 m = 26 m
oder u = 2 · 9 m + 2 · 4 m = 26 m
oder u = 2 · (9 m + 4 m) = 26 m

**u = a + b + a + b**
**u = 2 · a + 2 · b**
**u = 2 · (a + b)**

**Umfang eines Quadrats**

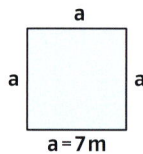

u = 7 m + 7 m + 7 m + 7 m = 28 m
oder u = 4 · 7 m = 28 m

**u = a + a + a + a**
**u = 4 · a**

**Flächeneinheiten**

Zum Messen von Flächeneinheiten werden Einheitsquadrate mit festgelegten Flächeninhalten verwendet.

| Quadrat mit der Seitenlänge | Flächeninhalt | Name |
|---|---|---|
| 1 mm | 1 mm² | Quadratmillimeter |
| 1 cm | 1 cm² | Quadratzentimeter |
| 1 dm | 1 dm² | Quadratdezimeter |
| 1 m | 1 m² | Quadratmeter |
| 10 m | 1 a | Ar |
| 100 m | 1 ha | Hektar |
| 1 km | 1 km² | Quadratkilometer |

**1** Wie groß ist der Umfang des Rechtecks mit den angegebenen Seitenlängen? Achte auf die Einheiten.

|  | a) | b) | c) | d) |
|---|---|---|---|---|
| Seitenlänge a | 27 cm | 840 mm | 2,30 m | 0,95 m |
| Seitenlänge b | 12 cm | 17 cm | 165 cm | 11 dm |

**2** a) Zum Training laufen Spieler zehnmal um das 110 m lange und 80 m breite rechteckige Spielfeld.
b) Wie viele Runden müssen sie für 10,64 km laufen?

**3** Berechne den Umfang eines Quadrats mit der Seitenlänge 18 cm (1,30 m).

**4** Finde drei weitere Rechtecke mit dem Umfang u = 54 m (60 m). Gib jeweils Länge und Breite des Rechtecks an.

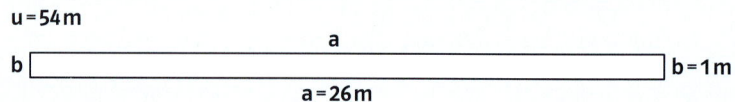

**5** Berechne den Umfang der abgebildeten Figur. Beschreibe deinen Lösungsweg.

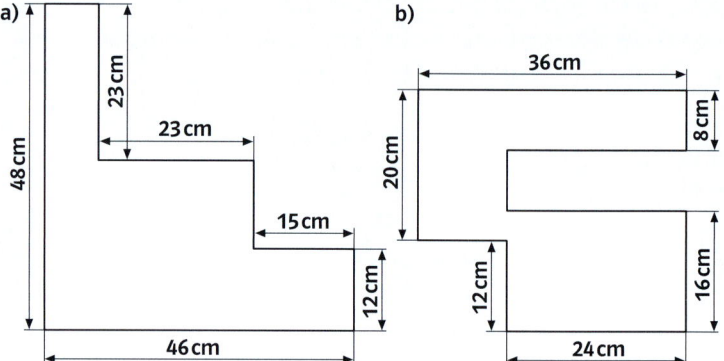

**6** Die gesamte Waldfläche in Deutschland ist ungefähr 10 Millionen Hektar groß.
a) Auf rund zwei Fünftel dieser Fläche stehen Fichten, auf ein Viertel Buchen.
b) Ein Buchenblatt ist etwa 20 cm² (eine Seite) groß. Der Flächeninhalt einer Seite einer Fichtennadel beträgt etwa 20 mm². Schätze zunächst, wie viele Fichtennadeln auf ein Buchenblatt passen. Berechne anschließend und vergleiche mit deiner Schätzung.
c) Eine ausgewachsene Buche hat etwa 200 000 Blätter, eine Fichte etwa 3 000 000 Nadeln.
Welche Fläche könnte man mit den Nadeln einer Fichte bedecken, welche mit den Blättern einer Buche?

## Umfang und Flächeninhalt von Rechteck und Quadrat

**7** Wandle in die Einheit um, die in Klammern steht.
a) 37 a (m²)
   5 ha (a)
   11 km² (ha)
b) 135 dm² (cm²)
   78 cm² (mm²)
   9 m² (dm²)
c) 4300 a (ha)
   1700 dm² (m²)
   500 mm² (cm²)

**8** Schreibe in der nächstgrößeren Einheit.
a) 753 m²
   1136 cm²
   178 a
b) 53 dm²
   10 ha
   8 mm²
c) 235,5 a
   46,8 ha
   9,4 m²

**9** Berechne den Flächeninhalt des Rechtecks mit den angegebenen Seitenlängen. Achte auf die Einheiten.

|  | a) | b) | c) | d) |
|---|---|---|---|---|
| Seitenlänge a | 35 cm | 720 mm | 5,20 m | 0,87 m |
| Seitenlänge b | 14 cm | 21 cm | 380 cm | 12 dm |

**10** Gib vier verschiedene Rechtecke mit einem Flächeninhalt von 64 cm² (100 m²) an.

**11** a) Berechne den Flächeninhalt eines Quadrats mit der Seitenlänge 12 cm (0,9 dm; 1,50 m).
b) Der Umfang eines Quadrats beträgt 32 m (5,20 m). Berechne seinen Flächeninhalt.
c) Ein Quadrat hat einen Flächeninhalt von 36 cm² (169 m²; 0,49 m²; 625 m²) . Berechne seinen Umfang.

**12** Wie verändert sich der Flächeninhalt eines Quadrats, wenn man die Seitenlänge verdoppelt (verdreifacht, vervierfacht)?

**13** Berechne den Flächeninhalt der abgebildeten Figur. Übertrage dafür zunächst die Figur in dein Heft. Beschreibe anschließend deinen Lösungsweg.

a) 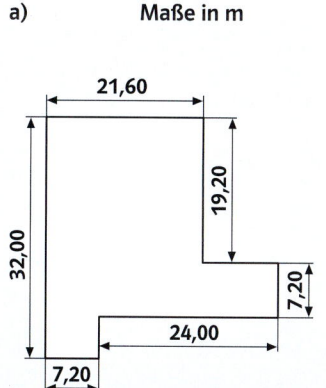   b)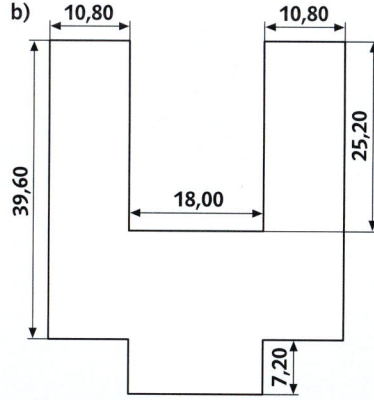

**14** Ein Rechteck hat einen Umfang von 48 cm (60 cm, 72 cm). Bestimme die Seitenlängen so, dass der Flächeninhalt so groß wie möglich wird. Was stellst du fest?

---

**Die Umwandlungszahl für Flächeneinheiten ist 100.**

1 km² = 100 ha
1 ha  = 100 a
1 a   = 100 m²
1 m²  = 100 dm²
1 dm² = 100 cm²
1 cm² = 100 mm²

4 cm² = 400 mm²      23 m² = 2300 dm²
3 ha = 300 a         56 km² = 5600 ha

2300 cm² = 23 dm²    1700 a = 17 ha
98 000 m² = 980 a    4500 dm² = 45 m²

548 mm² = 5,48 cm²   2350 m² = 23,50 ha
56 dm² = 0,56 m²     7 ha = 0,07 km²

**Flächeninhalt eines Rechtecks**

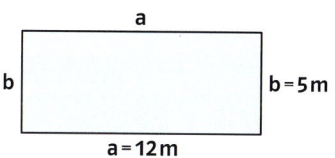

$A = 12\,m \cdot 5\,m = 60\,m^2$

$A = a \cdot b$

**Flächeninhalt eines Quadrats**

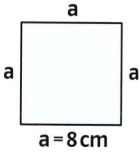

$A = 8\,cm \cdot 8\,cm = 64\,cm^2$

$A = a \cdot a = a^2$

# Geometrische Grundbegriffe

**Koordinatensystem**

Die waagerechte **x-Achse** und senkrechte **y-Achse** bilden ein Koordinatensystem.

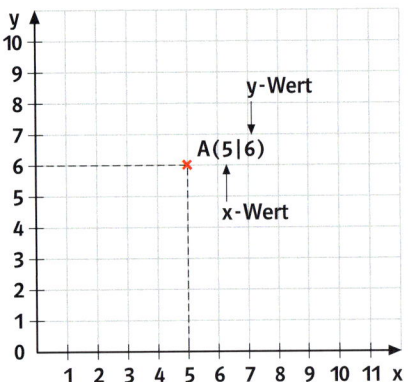

Der Punkt A hat die **Koordinaten 5** und **6**:

A (5 | 6)

Eine **Strecke** ist die kürzeste Verbindung zwischen zwei Punkten. Eine Strecke wird durch ihre Endpunkte oder mit kleinen Buchstaben bezeichnet. Die Länge einer Strecke kannst du messen.

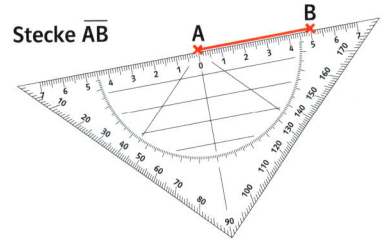

Strecke $\overline{AB}$

Ein **Strahl** (eine **Halbgerade**) hat einen Anfangspunkt, aber keinen Endpunkt.

Strahl $\overline{AB}$

**1** a) Nenne den Namen der im Koordinatensystem abgebildeten Vierecke. Beschreibe die Eigenschaften der einzelnen Figuren.
b) Gib jeweils die Koordinaten der Eckpunkte an.

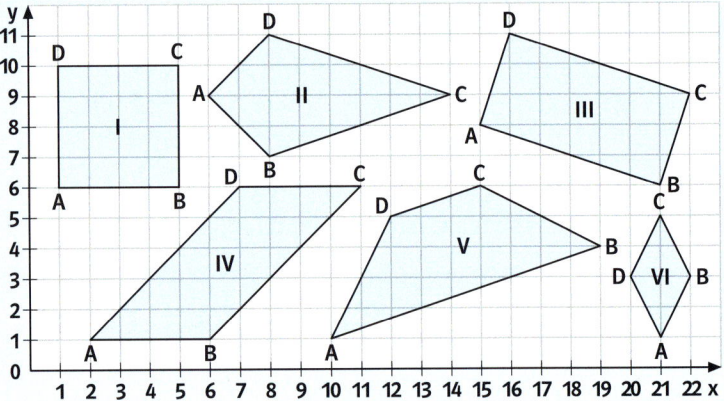

**2** Zeichne die Vierecke mit den angegebenen Eckpunkten in ein Koordinatensystem (Einheit 0,5 cm). Welche Figur erhältst du?

| Viereck I | Viereck II | Viereck III | Viereck IV |
|---|---|---|---|
| A (3 \| 2) | A (13 \| 0) | A (13 \| 11) | A (1 \| 11) |
| B (9 \| 4) | B (21 \| 3) | B (17 \| 8) | B (9 \| 13) |
| C (7 \| 10) | C (21 \| 8) | C (21 \| 11) | C (8 \| 17) |
| D (1 \| 8) | D (13 \| 5) | D (17 \| 14) | D (0 \| 15) |

**3** Bestimme in einem Koordinatensystem (Einheit 0,5 cm) die Koordinaten des fehlenden Eckpunktes.
a) Quadrat: A (2 | 2), B (8 | 3), C (7 | 9), D ( | )
b) Rechteck: A (2 | 14), B ( | ), C (11 | 12), D (3 | 16)
c) Raute: A (17 | 12), B (21 | 15), C ( | ), D (13 | 15)
d) Parallelogramm: A ( | ), B (17 | 4), C (19 | 11), D (14 | 10)

**4** Miss jeweils die Längen der abgebildeten Strecken. Notiere dein Ergebnis ($\overline{AB}$ = cm). Zeichne anschließend die einzelnen Strecken in dein Heft.

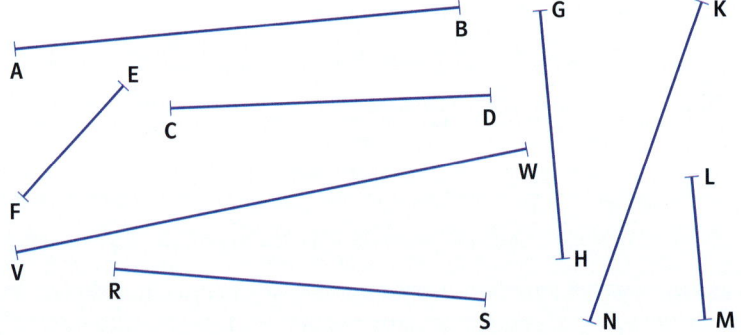

# Geometrische Grundbegriffe

**5** Wie viele Geraden, Strahlen und Strecken findest du in der Abbildung?

**6** a) Trage die Punkte A (2|2), B (11|5), C (6|1), D (2|10), E (12|3) und F (0|6) in ein Koordinatensystem (Einheit 0,5 cm) ein.
b) Zeichne die Strecken $\overline{AB}$, $\overline{CD}$ und $\overline{EF}$. In welchen Punkten schneiden sie sich? Gib jeweils die Koordinaten der Schnittpunkte an.

**7** Übertrage die Abbildung in dein Heft. Zeichne durch jeden Punkt die Senkrechte zur Geraden g. Bestimme anschließend die Abstände der einzelnen Punkte von g.

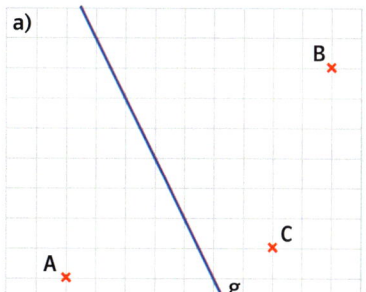
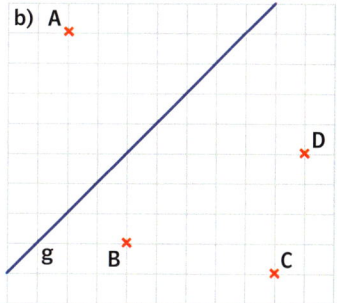

**8** Zeichne in einem Koordinatensystem (Einheit 0,5 cm) durch die beiden angegebenen Punkte jeweils eine Gerade. Überprüfe, welche Geraden zueinander senkrecht sind.

| Gerade g | Gerade h | Gerade e | Gerade f |
|---|---|---|---|
| A (3|2) | C (1|4) | E (9|6) | G (6|7) |
| B (1|10) | D (6|9) | F (13|2) | H (14|9) |

**9** Zeichne eine Gerade g schräg in dein Heft. Zeichne zu g eine Parallele mit dem folgenden Abstand.
a) 3 cm    b) 4,8 cm    c) 37 mm    d) 5,5 cm    e) 0,26 dm

**10** In der Abbildung sind einzelne Strecken zu einem Streckenzug aneinander gereiht.

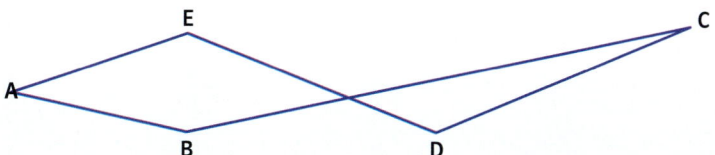

Versuche sechs Punkte so anzuordnen, dass du sie zu einem geschlossenen Streckenzug verbinden kannst, bei dem zwei (drei) Überschneidungen auftreten.

---

## Wiederholung

Eine **Gerade** hat keinen Anfangspunkt und keinen Endpunkt. Geraden werden mit kleinen Buchstaben (g, h, a, b, ...) bezeichnet. Zwei Punkte legen genau eine Gerade fest.

Gerade g

Gerade AB

Die Geraden g und h stehen **senkrecht zueinander**, sie bilden **rechte Winkel**.

Man schreibt: g ⊥ h
Man sagt: g steht senkrecht zu h

In einer Zeichnung wird ein rechter Winkel durch das Symbol ⌐ gekennzeichnet.

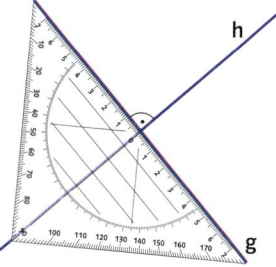

Zwei Geraden g und h, die zu einer dritten Geraden senkrecht stehen, heißen **zueinander parallel**.

Man schreibt: g ∥ h
Man sagt: g parallel zu h

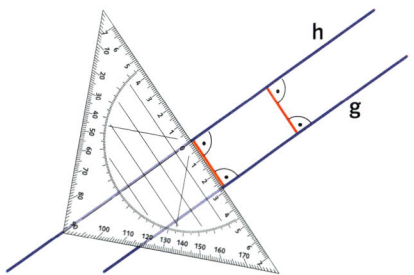

## Lösungen zu den Lernkontrollen

### zu Seite 38

**1** a) 0,9   0,08   0,004   b) 0,63   0,052   0,701

**2** a) 3,78 < 3,87   9,03 > 9,023   0,042 < 0,204
b) 2,310 = 2,31   7,887 > 7,878   0,002 < 0,020

**3** a) 3,48   0,96   6,09   b) 2,5   0,1   1

**4** a) 56,7   170,2   33,4   b) 2,14   0,135   0,00522

**5** a) 16,8   b) 0,9502

**6** a) 2,55   b) 0,271

**7** a) 11,3563   b) 1,70316

**8** a) 59,4   b) 9,57

**9** a) Das Komma des ersten Summanden steht nicht unter dem Komma des zweiten Summanden.
b) Beim Minuenden sind die Nullen falsch ergänzt.
c) Beim Ergebnis ist das Komma eine Stelle zu weit nach rechts gesetzt.
d) Beim Ergebnis ist das Komma eine Stelle zu weit nach rechts gesetzt.

**10** 64,75 €

**11** 2,13 €

**W1** a) Strecke   b) Gerade   c) Strahl   d) Gerade
e) Strecke   f) Strahl   g) Gerade   h) Strahl

**W2** f ∥ b   e ∥ d   f ⊥ e   f ⊥ d   b ⊥ d   b ⊥ e   a ⊥ c

### zu Seite 39

**1** a) 0,84   0,092   b) 0,48   0,027   1,2

**2** a) 3,334 < 3,34 < 3,4 < 3,43 < 3,443
b) 0,778 < 0,7787 < 0,7788 < 0,87 < 0,8787
c) 0,0032 < 0,0203 < 0,023 < 0,03 < 0,302
d) 1,001 < 1,01 < 1,011 < 1,101 < 1,11

**3** 
Wariner   44,0 s
Harris   44,2 s
Brew   44,4 s
Francique   44,7 s
Simpson   44,8 s
Clarke   44,8 s
Djhone   44,9 s
Blackwood   45,6 s

**4** a) 35,264   1,6524   b) 0,00036024   0,00002444

**5** a) 2,47   0,578   b) 2,58   5,14

**6** a) 7,55   b) 5,25   c) 10

**7** a) Beim Ergebnis ist das Komma eine Stelle zu weit nach rechts gesetzt.
b) Beim Ergebnis ist das Komma eine Stelle zu weit nach rechts gesetzt.

**8** a) 0,075 l   7,5 l

**9** a) 34,1 l

**W1** –

**W2** a) Abstand Ag: 2,1 cm   Bg: 2,2 cm
b) Ag: 1,7 cm   Bg: 2,0 cm

### zu Seite 66

**1** –

**2** 5 cm

**3** –

**4** a) Ein rechter Winkel ist 90° groß.
b) Ein gestreckter Winkel ist 180° groß.
c) Ein spitzer Winkel ist größer als 0° und kleiner als 90°.
d) Ein stumpfer Winkel ist größer als 90° und kleiner als 180°.

**5** α = 65°   β = 130°   γ = 330°   δ = 90°

**6** –

**W1** a) 80 mm   b) 6 cm   c) 370 cm   d) 46 mm
600 mm   70 cm   1,48 m   6 mm
90 cm   48 dm   53 m   5,8 cm
540 dm   64 m   323 cm   3 m

**W2** a) 1 m 3 dm 6 cm < 256 cm 60 mm < 26 dm 4 cm < 2 m 87 cm < 3,58 m < 557 cm
b) 4 km 630 m < 48 624 dm < 5 km 39 m < 5122 m < 5 887 000 mm

# Lösungen zu den Lernkontrollen

**W3**  a) 268,22 m = 26 822 cm   b) 670 m = 0,670 km
       c) 814,83 m = 81 483 cm   d) 4937 m = 4,937 km
       e) 660

**W4**  20 cm

## zu Seite 67

**1**  a) 150°   b) 8   c) 120°

**2**  15°

**3**  a) α = 65°   β = 115°   δ = 115°
       b) α = 30°   β = 105°   γ = 45°   δ = 105°

**4**  a) falsch   b) wahr

**5**  a) α = ∢ASB = 160°   β = ∢DFE = 330°
       b) Der Bereich, der mit einem unbewegten Auge gesehen werden kann, wird als Gesichtsfeld eines Auges bezeichnet. Das Gesichtsfeld beider Augen ist der Bereich, der von beiden Augen gleichzeitig gesehen wird.

**6**  a) α = 50°   β = 75°   γ = 55°
       b) α = 110°   β = 90°   γ = 80°   δ = 80°

**W1** a) 2000 g    b) 87 t    c) 0,200 t    d) 3,456 kg
       51 000 mg   70 g       0,128 g       0,060 g
       820 000 kg  9 kg       0,217 kg      1,320 t

**W2** a) 2500 g > 2 kg 50 g       b) 900 g = 0,900 kg
       c) 7 kg 5 g < 7050 g        d) 8 t 21 kg < 8210 kg
       e) 19 g = 19000 mg

**W3** a) 3705,946 kg = 3705946 g   b) 4931,326 t = 493 1326 kg
       c) 227,400 kg = 227 400 g

**W4** 80 kg

**W5** a) 281 Steine
       b) Nein
          (250 · 800 g = 200 000 g = 200 kg; 200 kg + 50 kg = 250 kg)

## zu Seite 92

**1**  a) $\frac{5}{16}$ $\left(\frac{11}{16}\right)$   b) $\frac{2}{5}$ $\left(\frac{3}{5}\right)$   c) $\frac{4}{9}$ $\left(\frac{5}{9}\right)$   d) $\frac{8}{16} = \frac{1}{2}$ $\left(\frac{8}{16} = \frac{1}{2}\right)$

       e) $\frac{3}{11}$ $\left(\frac{8}{11}\right)$   f) $\frac{1}{6}$ $\left(\frac{5}{6}\right)$   g) $\frac{3}{4}$ $\left(\frac{1}{4}\right)$   h) $\frac{6}{10} = \frac{3}{5}$ $\left(\frac{4}{10} = \frac{2}{5}\right)$

       i) $\frac{1}{8}$ $\left(\frac{7}{8}\right)$   k) $\frac{7}{4}$ $\left(\frac{1}{4}\right)$

**2**  a) 0,3   0,67   0,75   0,15
       b) 0,$\overline{3}$   0,375   0,$\overline{4}$   0,$\overline{27}$
       c) 2,31   5,07   3,47   1,012

**3**  a) 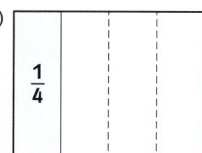   b)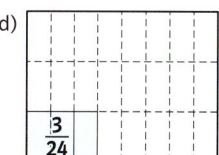

       c)   d)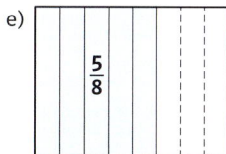

       e)

**4**  a) $\frac{5}{7}$   $\frac{2}{3}$   b) $\frac{3}{5}$   $\frac{6}{13}$   c) $\frac{3}{7}$   $\frac{5}{11}$

**5**  a) $\frac{75}{100}$   $\frac{6}{21}$   b) $\frac{6}{15}$   $\frac{10}{45}$   c) $\frac{30}{100}$   $\frac{25}{65}$

**6**  a) $\frac{3}{5} < \frac{7}{10}$   $\frac{2}{7} < \frac{3}{4}$   $\frac{4}{9} > \frac{2}{5}$

       b) $\frac{2}{3} < \frac{5}{7}$   $\frac{3}{11} < \frac{2}{3}$   $\frac{1}{9} < \frac{2}{7}$

**7**   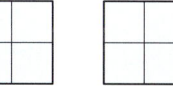 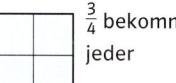 $\frac{3}{4}$ bekommt jeder

**8**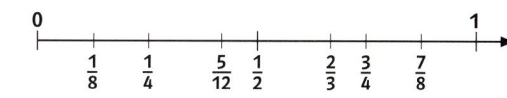

**W1** a) 21 cm²   b) 27 cm²

**W2** a) u = 22 cm    A = 28 cm²
       b) u = 28 cm    A = 40 cm²

# Lösungen zu den Lernkontrollen

## zu Seite 93

**1** 3600 g

**2** a) 750 g   300 kg   60 cm
b) 1700 mm   170 min   96 min

**3** $\frac{8}{20} = \frac{2}{5}$; 9600 m²

**4** a) $\frac{1}{4}$   b) $\frac{2}{5}$   c) $1\frac{1}{2}$   d) $\frac{2}{50}$   e) $\frac{1}{200}$
f) $3\frac{3}{4}$   g) $2\frac{4}{5}$   h) $\frac{1}{3}$

**5** a) 0,125   b) $0,\overline{5}$   c) $0,\overline{6}$   d) 0,4375

**6** a) $\frac{10}{3}$  $\frac{12}{5}$  $\frac{21}{4}$   b) $\frac{51}{7}$  $\frac{42}{11}$  $\frac{27}{10}$

**7** a) $\frac{2}{3} = \frac{8}{12}$   $\frac{5}{7} = \frac{15}{21}$   $\frac{2}{11} = \frac{20}{110}$
b) $\frac{2}{9} = \frac{18}{81}$   $\frac{4}{7} = \frac{16}{28}$   $\frac{2}{13} = \frac{10}{65}$

**8** a) 17 %   b) 14 %   c) 75 %   d) 60 %

**9** a) Wohnung: 320 €;  Handy 80 €
   Essen u. Trinken: 240 €;  Kleidung: 160 €
b) 160 €

**W1** a) Foto: A = 104 cm²;  gelbe Karte: A = 126 cm²
b) 46 cm

## zu Seite 118

**1** a)

| 1 | 𝍰 IIII |
|---|---|
| 2 | 𝍰 𝍰 |
| 3 | 𝍰 𝍰 II |
| 4 | 𝍰 𝍰 |
| 5 | 𝍰 IIII |

b)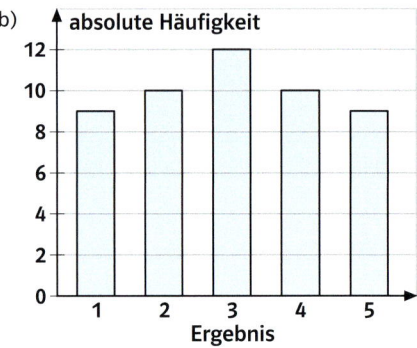

c)

| Ergebnis | abs. Häufigkeit | relative Häufigkeit |
|---|---|---|
| 1 | 9 | 0,18 |
| 2 | 10 | 0,20 |
| 3 | 12 | 0,24 |
| 4 | 10 | 0,20 |
| 5 | 9 | 0,18 |

d) $\bar{x}$ = 3,0

**2** a)

| Anzahl | abs. Häufigkeit | relative Häufigkeit |
|---|---|---|
| 1 | 11 | 0,22 |
| 2 | 30 | 0,60 |
| 3 | 6 | 0,12 |
| 4 | 3 | 0,06 |
| Summe | 50 | 1,00 |

b)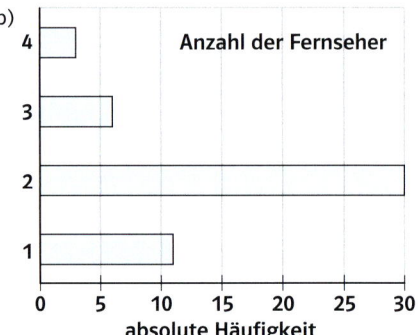

c) $\bar{x}$ = 2,02

# Lösungen zu den Lernkontrollen

**3** a)

| Taschengeld (€) | abs. Häufigkeit | rel. Häufigkeit |
|---|---|---|
| 10 | 16 | 0,200 |
| 12 | 26 | 0,325 |
| 16 | 24 | 0,300 |
| 20 | 8 | 0,100 |
| 24 | 6 | 0,075 |
| Summe | 80 | 1,000 |

b) $\bar{x}$ = 14,50 €

**4** a) Johanna: $\bar{x}$ = 345,8 cm   $\tilde{x}$ = 352 cm
     Larissa: $\bar{x}$ ≈ 347,5 cm   $\tilde{x}$ = 344 cm

**W1** Die Miete für das Dachgeschoss beträgt 333 €.

**W2** Melissa kann höchstens fünf Hefte kaufen.

**W3** a) Sebastian kann von seinem Geburtstagsgeld nicht mehr ins Kino gehen.
b) Natascha kann sich die T-Shirts leisten.

**W4** –

## zu Seite 119

**1** a)

| Ergebnis | abs. Häufigkeit | relative Häufigkeit |
|---|---|---|
| Farbe 1 | 12 | 0,12 |
| Farbe 2 | 29 | 0,29 |
| Farbe 3 | 21 | 0,21 |
| Farbe 4 | 38 | 0,38 |
| Summe | 100 | 1,00 |

b) Farbe 1 = rot, Farbe 2 = grün, Farbe 3 = blau und Farbe 4 = gelb, weil die Anteile der entsprechenden farbigen Kugeln in der Urne 0,1; 0,3; 0,2 und 0,4 sind.

**2** P (rot) = 0,40; P (weiß) = 0,25; P (blau) = 0,15; P (schwarz) = 0,20

**3** P (keine Mängel) = $\frac{1275}{2500}$

P (leichte Mängel) = $\frac{875}{2500}$

P (erhebliche Mängel) = $\frac{350}{2500}$

**4** a)

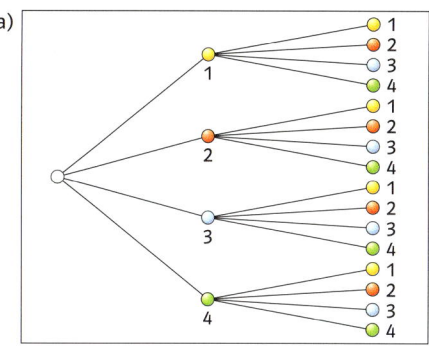

mögliche Ergebnisse: (1, 1), (1, 2), (1, 3), (1, 4),
(2, 1), (2, 2), (2, 3), (2, 4),
(3, 1), (3, 2), (3, 3), (3, 4),
(4, 1), (4, 2), (4, 3), (4, 4)

b) P (3,3) = $\frac{1}{16}$
c) P (genau einmal die 1) = $\frac{6}{16}$

**5** Die Urne muss mindestens fünf rote, neun weiße und sechs schwarze Kugeln enthalten. Aber es können auch gleiche Vielfache dieser Anzahlen sein.

**W1** a) Der Schulweg ist 8,94 km lang.
b) Robin hat auf dem Weg zur Schule und von der Schule zurück nach Hause insgesamt 3629,64 km zurückgelegt.

**W2** Sie haben durchschnittlich 53 km pro Tag zurückgelegt.

**W3** Die Busfahrt kostet dann für jeden Schüler 15,00 €.

**W4** a) Jedes Stockwerk hat im Durchschnitt 850 m² Bürofläche.
b) Sie braucht 263,5 h = 10 d 23,5 h. Das sind rund elf Tage ohne Pause.

## zu Seite 134

**1** a) $\frac{5}{8} - \frac{3}{8} = \frac{2}{8}$   b) $\frac{6}{8} - \frac{2}{8} = \frac{4}{8}$   c) $\frac{10}{12} - \frac{5}{12} = \frac{5}{12}$

d) $\frac{4}{12} + \frac{5}{12} = \frac{9}{12}$   e) $\frac{2}{3} + \frac{1}{6} = \frac{4}{6} + \frac{1}{6} = \frac{5}{6}$

f) $\frac{1}{2} + \frac{3}{8} = \frac{4}{8} + \frac{3}{8} = \frac{7}{8}$

**2** a) $\frac{4}{4} = 1$   $\frac{4}{12} = \frac{1}{3}$   $\frac{12}{11} = 1\frac{1}{11}$   $\frac{5}{5} = 1$

b) $\frac{7}{10}$   $\frac{5}{12}$   $1\frac{11}{24}$   $\frac{5}{8}$

**3** a) $\frac{4}{16} = \frac{1}{4}$

# Lösungen zu den Lernkontrollen

4  a) $\frac{13}{12} = 1\frac{1}{12}$   b) $\frac{26}{30} = \frac{13}{15}$   c) $\frac{25}{30} = \frac{5}{6}$   d) $\frac{15}{24} = \frac{5}{8}$

5  a) $\frac{8}{12} = \frac{2}{3}$   $\frac{15}{20} = \frac{3}{4}$   $\frac{25}{40} = \frac{5}{8}$

   b) $\frac{8}{10} = \frac{4}{5}$   $\frac{20}{24} = \frac{5}{6}$   $\frac{21}{24} = \frac{7}{8}$

6  a) $2\frac{3}{8}$   $3\frac{1}{3}$   $6\frac{2}{9}$   $5\frac{7}{12}$   $13\frac{4}{16} = 13\frac{1}{4}$

   b) $3\frac{6}{7}$   $6\frac{4}{7}$   $2\frac{3}{5}$   $3\frac{5}{9}$   $5\frac{18}{24} = 5\frac{9}{12}$

7  a) $8\frac{1}{24}$   $1\frac{7}{15}$   $7\frac{9}{40}$   $10\frac{8}{12} = 10\frac{2}{3}$   $6\frac{11}{42}$

   b) $6\frac{3}{12} = 6\frac{1}{4}$   $1\frac{7}{40}$   $4\frac{11}{36}$   $3\frac{11}{24}$   $7\frac{13}{72}$

8  $\frac{2}{3} + \frac{1}{2} + \frac{1}{5} = 1\frac{11}{30}$  Summe muss 1 ergeben

W1  a)  b)

W2  a)  b)

3  a) 0,25   b) 0,875   c) 1,15
   d) 0,05   e) 1,75   f) 2

4  $3\frac{1}{20}$ t

5  $10\frac{23}{30}$

6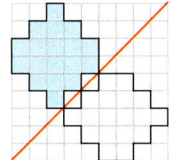

7  a) 10 %   b) $\frac{55}{100} = \frac{11}{20}$   c) 47 %

W1

W2  S (4 | 4)

W3  D (10 | 8) oder B (11 | 0)

## zu Seite 158

1  a) V = 60 cm³   b) V = 680 dm³
   O = 94 cm²   O = 517 dm²

2  a) 24 000 mm³   b) 53 dm³   c) 1400 mm²   d) 24 dm²
   2000 cm²   70 m³   300 cm²   60 m²
   5600 dm³   0,36 cm³   260 dm²   0,67 cm²

3  0,5 l

4  a) 68 000 cm³   b) 68 l   c) O = 14 400 cm² (1,44 m²)

W1  A (6 | 10)   B (3 | 5)   C (7 | 1)   D (10 | 0)   E (8 | 8)

W2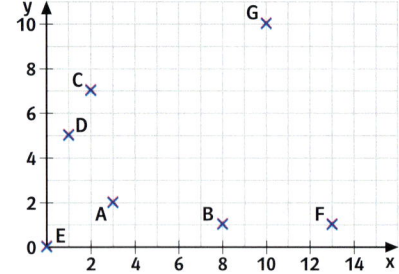

## zu Seite 135

1  a) $\frac{7}{36}$ Wald   b)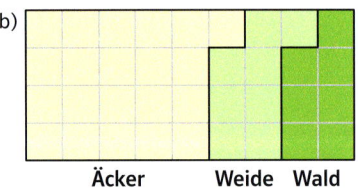

                         Äcker  Weide  Wald

2  a) $3\frac{5}{8}$   $4\frac{7}{15}$   $6\frac{6}{35}$   $3\frac{5}{12}$

   b) $6\frac{2}{3}$   $4\frac{23}{40}$   $5\frac{7}{12}$   $1\frac{11}{14}$

# Lösungen zu den Lernkontrollen

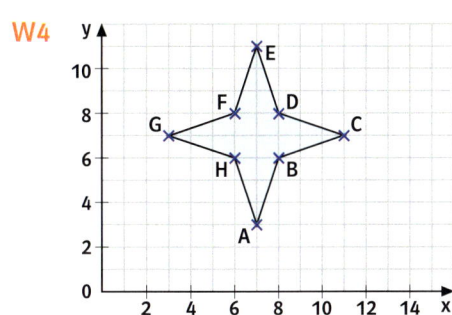

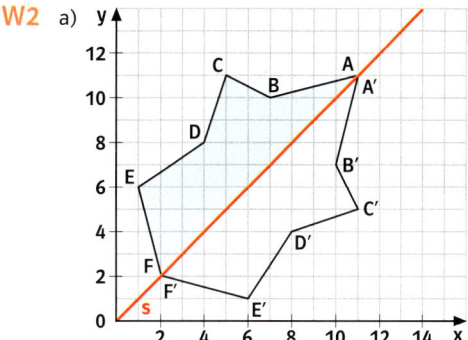

A (11|11)   A' (11|11)
B (7|10)    B' (10|7)
C (5|11)    C' (11|5)
D (4|8)     D' (8|4)
E (1|6)     E' (6|1)

x- und y-Koordinaten sind vertauscht

b) G (5|5)   H (6|6)

### zu Seite 159

1  a) $V = 52{,}46$ cm³         b) $b = 2{,}5$ dm
   $O = 94{,}06$ cm²            $O = 339$ dm²

2  a) 4100 mm³                  b) 9,3 dm³
   2400 cm³                     0,07 m³
   6200 dm³                     0,086 cm³

3  Für 87,6 m²

4  a) 216 l                     b) 3,6 l

5  2 cm

### zu Seite 200

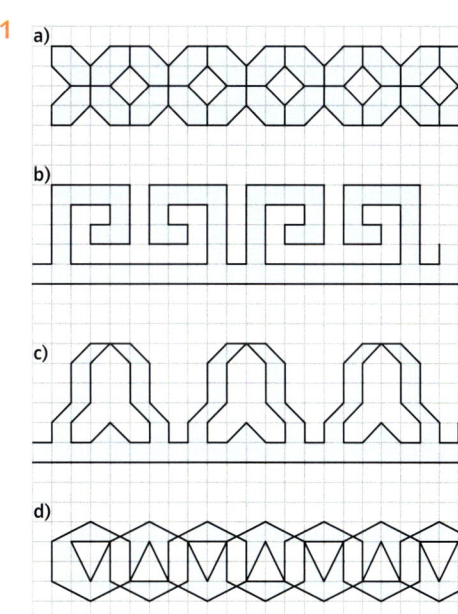

# Lösungen zu den Lernkontrollen

**2**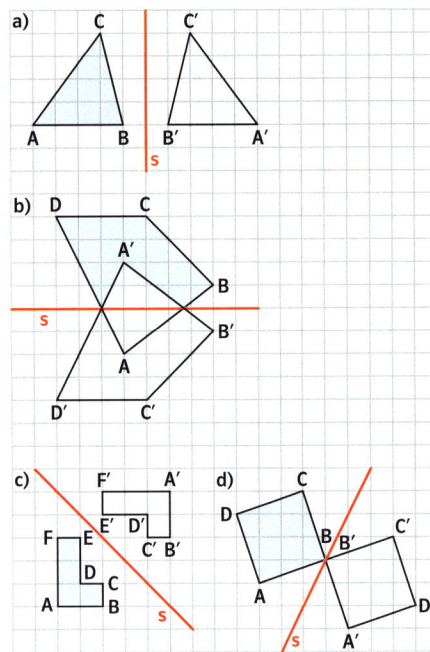

**3**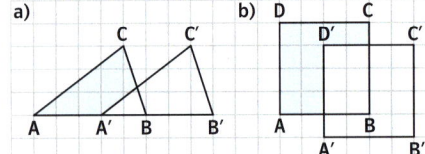

**4**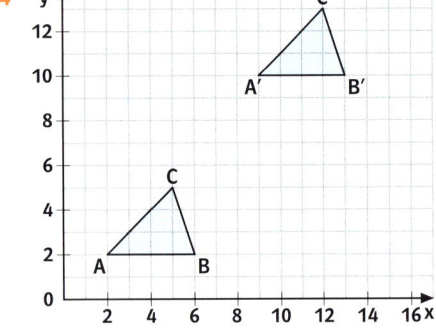

**5**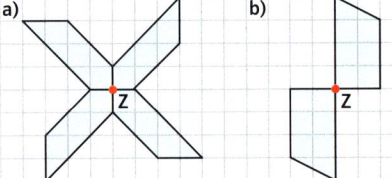

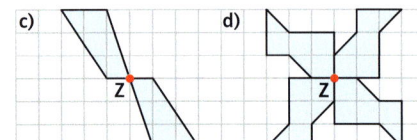

**W1** $\frac{3}{4} \binom{6}{8}$   $\frac{2}{6} \binom{1}{3}$   $\frac{2}{10} \binom{1}{5}$

**W2** a) $\frac{4}{28}$   b) $\frac{6}{27}$   c) $\frac{9}{15}$

d) $\frac{18}{27}$   e) $\frac{24}{152}$   f) $\frac{21}{91}$

g) $\frac{4}{7}$   h) $\frac{3}{15}$   i) $\frac{12}{15}$

k) $\frac{24}{27}$   l) $\frac{2}{5}$   m) $\frac{12}{17}$

**W3** a) $\frac{3}{5} < \frac{4}{5}$   b) $\frac{2}{3} > \frac{5}{9}$   c) $\frac{3}{5} < \frac{7}{10}$

$\frac{5}{9} > \frac{2}{9}$   $\frac{1}{3} = \frac{3}{9}$   $\frac{4}{5} > \frac{6}{10}$

$\frac{8}{13} > \frac{4}{13}$   $\frac{2}{3} < \frac{7}{9}$   $\frac{2}{5} = \frac{6}{15}$

**W4** a) $2\frac{1}{2}$   b) $2\frac{1}{4}$   c) $4$   d) $1\frac{3}{10}$   e) $2\frac{5}{12}$

**W5** a) $\frac{7}{4}$   b) $\frac{8}{3}$   c) $\frac{16}{5}$   d) $\frac{30}{7}$   e) $\frac{31}{6}$

## zu Seite 201

**1**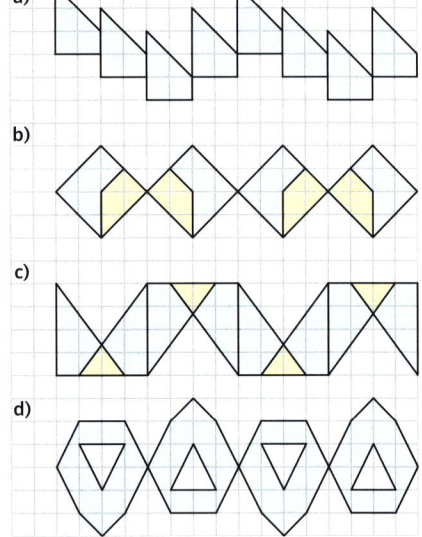

# Lösungen zu den Lernkontrollen

**2** Nein! Anzahl Eckpunkte muss gerade sein.

**3**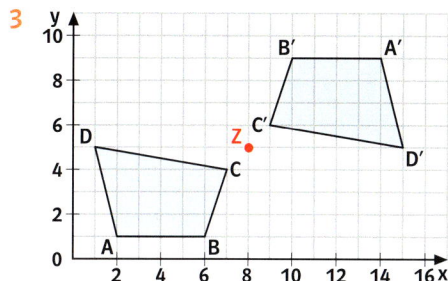

**4** a)
b)
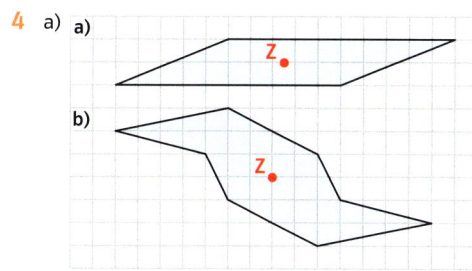

**5**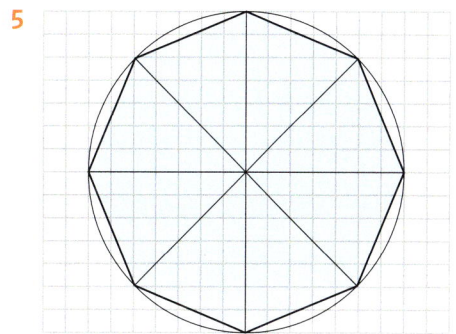

**6** a) z. B. ein gleichseitiges Dreieck
b)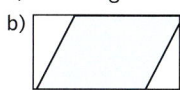

**W1** a) 9,85 > 9,58      b) 0,030 < 0,031
       0,7 > 0,67           7,120 > 7,012
       0,308 < 0,380        14,0 > 10,4

**W2** a) 0,1     b) 8,3    c) 0,0
       17,0      0,9        11,0

**W3** a) 9,09    b) 8,63   c) 4,29
       5,44      9,94       0,60

**W4** a) 494,97   b) 1198,026   c) 69,5642   d) 679 999,999

**W5** a) 10       b) 104        c) 1066,5
       63         406            413,1
       28         72             233,91

**W6** a) 0,594    b) 162,74712
       204,05     572,88
       7,249      162,855

**W7** a) 4,53     b) 0,005
       3,4523     0,0034
       0,012      0,00004

**W8** a) 0,9      b) 30         c) 8
       6,1        80             40
       4,4        50             40
       0,775      100            78,4

## zu Seite 214

**1** a) 1, 2, 3, 6, 9, 18         b) 1, 2, 4, 5, 10, 20
   c) 1, 2, 3, 4, 6, 8, 12, 24   d) 1, 2, 3, 5, 6, 10, 15, 30

**2** a) 1, 2, 4, 8, 16            b) 1, 2, 4, 7, 14, 28
   c) 1, 2, 4, 8, 16, 32         d) 1, 2, 3, 6, 7, 14, 21, 42

**3** a) ggT (18, 30) = 6          b) ggT (15, 55) = 5
   c) ggT (16, 40) = 8           d) ggT (27, 45) = 9

**4** a) kgV (6, 9) = 18    kgV (5, 7) = 35
   b) kgV (16, 20) = 80   kgV (12, 18) = 36

**5** zwei Möglichkeiten

**6** 7   19   23   11   41   17   13

**7** a) 123  144  1377  1497   b) 104  200  448  452  1180
   c) 78  42  690  3444        d) 55  265  1265  2185

**8** 1143   4887   6273   24 750   18 009   82 899
   22 833   89 874   81 873

**9** um 12 Uhr

**W1** 2292 km

**W2** 1,40 €

**W3** 1122

235

# Lösungen zu den Lernkontrollen

**W4** 360 Tafeln

**W5** 343 Plätze

## zu Seite 215

**1** a) ggT (24, 32) = 8   b) ggT (18, 63) = 9
   c) ggT (30, 36) = 6   d) ggT (15, 25, 40) = 5

**2** a) kgV (15, 20) = 60   b) kgV (16, 24) = 48
   c) kgV (22, 55) = 110   d) kgV (12, 18, 60) = 180

**3** unendlich viele Möglichkeiten

**4** a) kgV (3, 8) = 24 oder kgV (3, 24) = 24
   b) kgV (4, 5) = 20 oder kgV (4,10) = 20 oder
      kgV (4, 20) = 20

**5** Jede der beiden Primzahlen hat genau zwei Teiler: 1 und die Primzahl selbst. Da die beiden Primzahlen verschieden sind, ist 1 der größte gemeinsame Teiler.

**6** 1, 3, 7, 9

**7** a) falsch   b) falsch   c) falsch   d) falsch   e) wahr

**8** verschiedene Lösungen möglich

**9** a) 1008   b) 9996

**10** a) 3465  2970  8955  8370   b) 2112  1524  2700  2772
    c) 530  1226  1386  2558   d) 672  795  2532  2868  5979

**11** 127

**12** 39 cm

**W1** 16.21 Uhr

**W2** 300 m

**W3** 50 min

**W4** 17 s

# Register

**A**chsenspiegelung 187
arithmetisches Mittel 103

**B**alkendiagramm 98
Bildpunkt 187
Brüche
- und Tangram 70
- darstellen 72
- erweitern und kürzen 73
- vergleichen 74
- ungleichnamige 74
- am Zahlenstrahl 77
- und Dezimalzahlen 80 ff.
- und Prozentzahlen 82
- und Teilbarkeit 212
- addieren und subtrahieren 122, 125
- in Ägypten 136
Bruchteile von Größen 78

**D**ezimalzahlen
- addieren und subtrahieren 15
- anordnen 13
- schreiben 12
- multiplizieren 18
- dividieren 20
- runden 21
- abbrechende 81
- periodische 81
drehsymmetrische Figuren 192
Drehung 190
Durchmesser 45

**E**ntfaltung 89

**F**lächeneinheiten 142, 224

**G**emischte Zahl 75
Geometriesoftware 196
- Winkel messen 55
- punktsymmetrische Figuren konstruieren 197
Gesichtsfeld 42 ff.
Gruppenarbeit 90

**H**albdrehung 191
Häufigkeit
- absolute 101
- relative 101
Häufigkeitstabelle 96

**I**ch-du-wir-Aufgaben 133, 167

**K**ettenschaltung 88
Kreis 45
Kreismuster 47, 60
Koordinatensystem 226

**L**ängen 223

**M**edian 105
Mittelpunkt 45
Muster 182

**N**äherungswerte 33
Natürliche Zahlen 218
- addieren und subtrahieren 219
- multiplizieren und dividieren 221

**O**riginalpunkt 187

**P**erimeter 44
Periode 81
Periodenkreis 91
Primzahl 205
Punktspiegelung 191
Punktsymmetrie 193

**Q**uader
- Oberflächeninhalt 143
- Volumen 150
Quadrat
- Umfang 224
- Flächeninhalt 225
Quersumme 207

**R**adius 45
Raumeinheiten 148
Rechteck
- Umfang 224
- Flächeninhalt 225

**S**achprobleme erfassen 163
Sachprobleme lösen
- durch Messen und Überschlagen 165
- durch Vorwärts- und Rückwärtsrechnen 168
- durch Probieren 170
Säulendiagramm 98
Sieb des Eratosthenes 216
Spiegelachse 187
Spiegelung 186
Steigung 59
Stichprobe 104
Strahl 226

# Register

Strecke 226
Streifendiagramm 99
Strichliste 96

**T**eiler 204
– größter gemeinsamer 206
Teilbarkeitsregeln 207
Temperaturänderungen 176

**Ü**bersetzung 89
Urliste 105

**V**erschiebung 184
Vielfache 204
– kleinstes gemeinsames 206
Volumen 146

**W**ahrscheinlichkeit 106
Winkel 48
– in ebenen Figuren 62
– Linksdrehung 49
– messen 52
– Scheitelpunkt 48
– Schenkel 48
Winkelgrößen 50

**Z**entralwert 105
Zufallsexperiment 100
zuverlässige Ziffern 33

# Bildquellennachweis

Bildquellenverzeichnis
|123RF.com, Hong Kong: Pavel Timofeev 64; tobi 172. |A1PIX - Your Photo Today, Ottobrunn: 136. |action press, Hamburg: 27; VON DER LAAGE 58. |Adler-Schiffe GmbH & Co. KG, Westerland/Sylt: 161, 161. |akg-images GmbH, Berlin: 50; Herve Champollion 61. |Arco Images GmbH, Lünen: Diez, O. 171. |auto motor und sport/Motor Presse Stuttgart, Stuttgart: Hans Dieter Seufert 168. |BBS GmbH, Schiltach: 192. |BilderBox Bildagentur GmbH, Breitbrunn/Hörsching: Wodicka 175. |Bridgeman Images, Berlin: 78, 137; The Stapleton Collection 180; © Sims 6, 180. |Deuter, Wolfgang, Germering: 64. |Deutsches Museum, München: 88, 88. |dreamstime.com, Brentwood: Klorklor 167. |Druwe & Polastri, Cremlingen/Weddel: 4, 16, 19, 20, 30, 30, 33, 35, 40, 40, 42, 42, 42, 42, 43, 43, 43, 43, 43, 44, 45, 46, 50, 51, 55, 71, 71, 71, 71, 71, 71, 71, 74, 76, 76, 76, 76, 76, 82, 87, 87, 88, 88, 89, 89, 89, 90, 90, 93, 95, 95, 95, 96, 97, 97, 98, 98, 100, 103, 108, 109, 112, 113, 115, 125, 131, 131, 131, 133, 133, 133, 145, 145, 145, 145, 145, 145, 145, 147, 147, 147, 147, 147, 147, 149, 149, 149, 149, 153, 153, 165, 166, 166, 168, 168, 168, 168, 168, 168, 168, 169, 171, 171, 183, 183, 183, 183, 183, 183, 183, 183, 183, 212, 220, 220. |ecopix Fotoagentur, Berlin: Andreas Froese 206; Gruetjen 169. |fotolia.com, New York: Tomislav 172. |G E S - Sportfoto / augenblick im sport, Dettenheim: 17; Rauchensteiner 10. |Getty Images, München: Titel; Clevenger, Ralph A. 78; Owen Franken 166; Stuart Westmorland 166. |Glaswarenfabrik Karl Hecht GmbH & Co KG „ASSIST®", Sondheim/Rhön: 157. |Hessischer Rundfunk, Frankfurt: Andreas Frommknecht 94. |IPN - Stock, Berlin: Clay McLachlan 184. |iStockphoto.com, Calgary: nickfree 161; zodebala 179. |juniors@wildlife Bildagentur GmbH, Hamburg: 138, 139, 139; S.Stuewe 41. |Killig, Oliver, Dresden: Oliver Killig 129. |Luftbild Hans Blossey, Hamm: 162. |MAN Truck & Bus AG, München: 35. |mauritius images GmbH, Mittenwald: 54; AGE 180; André Pöhlmann 107; Hans-Peter Merten 180; imagebroker 60; imagebroker/Schauhuber, Alfred 48; JIRI 170; Jo Kirchherr 170; Kerstin Layer 48; Manfred Rutz 54; Peter Widmann 179; Steve Vidler 179. |Picture-Alliance GmbH, Frankfurt/M.: AJG/Lade, Helga 192; Bildagentur Huber 181; David Kraus/OKAPIA KG 162; dpa 11, 13, 29, 164, 165; dpa/AAP Image/Smith, Julian 27; dpa/dpaweb/Ingo Wagner 5, 163; dpa/dpaweb/Keystone 15; dpa/Felix Heyder 60; dpa/Hasse Persson 11; dpa/Horst Ossinger 87; dpa/Ingo Wagner 163, 164; dpa/Peter Steffen 5, 94; dpa/Read, Mark 181; dpa/Thomas Muncke 181; dpa/WTB 36; EPA 11; Helga Lade Fotoagentur GmbH 79; KEYSTONE 80; Keystone/Cabrice Coffrini 4, 11; Okapia 47; OKAPIA KG/Dagner, Gerhart 79; Okapia/Dr. Eckart Pott 47; Photoshot 105; www.euroluftbild.de 172; ZB 57; ZB/Andreas Lander 36. |Pitopia, Karlsruhe: Martina Berg 35; Matthias Orgle 61. |plainpicture, Hamburg: S. Kuttig 168. |Scheele, Uwe, Bad Salzuflen: 160. |Schicke, Jens, Berlin: 129. |Schullandheim Langeoog, Langeoog: 162. |Schuran OHG, Jülich: 139. |Schwarzbach, Hartmut /argus, Hamburg: 164. |Semmler, Thomas, Lünen: 192. |Shutterstock.com, New York: Irmairma 182; Sidneyphotos 167. |Sportphoto by Laci Perényi, Meerbusch: 10. |stock.adobe.com, Dublin: Ihlenfeld, Wilm 64. |Technisch-Grafische Abteilung Westermann: 3, 14, 18, 19, 23, 24, 58, 65, 74, 78, 80, 82, 84, 85, 86, 116, 127, 148, 152, 170, 174, 199, 209, 224. |Tierbildarchiv Angermayer, Holzkirchen: 36. |ullstein bild, Berlin: joko 114; Phil Schermeister 204; R. Janke 192; Schmitt 167; Shirley 192. |underwater-world, Aichach: 138, 139. |vario images, Bonn: Norbert Schaefer 129. |Visum Foto GmbH, München: Jörg Müller 171. |Vollmer, Manfred, Essen: 95. |Wefringhaus, Klaus, Braunschweig: Titel, 90, 103. |Weigl, Werner, Weinheim: 41. |WetterKontor GmbH, Ingelheim: 173.

Alle Illustrationen: Matthias Berghahn, Bielefeld
Technische Zeichnungen: Technische Grafik Westermann (Hannelore Wohlt), Braunschweig